U0457137

SHUIDIANZHAN JISUANJI JIANKONG

水电站计算机监控

主 编 曾 云 吴正义

副主编 郝秀峰 戎 刚 贺 洁 钱 晶

中国电力出版社
CHINA ELECTRIC POWER PRESS

内 容 提 要

本书是昆明理工大学"特色精品系列教材"之一，介绍了水电站计算机监控系统的发展历程及集控中心计算机监控系统、抽水蓄能电站计算机监控系统及机组状态监测系统，阐述了当前国内主流的、成熟的水电站计算机监控系统主要构成、主要功能、性能指标、网络类型、重点设备，重点分析了机组控制单元的控制原理、软件功能、硬件设计及工程应用案例，同时对水电站内开关站、公用、辅助设备、闸门控制单元也进行了详细分析，对计算机监控系统信息安全与防护、监控系统高级应用（AGC/AVC/EDC）等高级功能也做了简要描述，并探讨了智能化水电站未来技术发展趋势。

本书理论与实践相结合，内容全面、通俗易懂、指导性强，可供高等院校和相关专业科研技术人员使用，各水电站、流域水电开发公司的运行人员、维护人员、管理人员以及设计单位设计人员和设备供应商人员亦可参考。

图书在版编目（CIP）数据

水电站计算机监控 / 曾云，吴正义主编 . —北京：中国电力出版社，2020.7
ISBN 978-7-5198-4834-7

Ⅰ . ①水… Ⅱ . ①曾…②吴… Ⅲ . ①水力发电站－计算机监控系统 Ⅳ . ① TV736

中国版本图书馆 CIP 数据核字（2020）第 138459 号

出版发行：中国电力出版社
地　　址：北京市东城区北京站西街 19 号（邮政编码 100005）
网　　址：http://www.cepp.sgcc.com.cn
责任编辑：谭学奇
责任校对：黄　蓓　李　楠
装帧设计：张俊霞
责任印制：吴　迪

印　　刷：三河市万龙印装有限公司
版　　次：2020 年 7 月第一版
印　　次：2020 年 7 月北京第一次印刷
开　　本：787 毫米×1092 毫米　16 开本
印　　张：21.75
字　　数：453 千字
印　　数：0001—1500 册
定　　价：88.00 元

序

计算机监控系统在水电站的应用在我国始于 20 世纪 80 年代中后期，至今已广泛应用于水电站。为适应水电站技术的发展和对人才培养的需求，于 1998 年在昆明理工大学本校能源与动力工程（原水利水电动力工程）专业开设"水电站计算机监控"课程，采用曾云主编的《水电站计算机监控》讲义。课程开设伊始，就本着以实践为主线的教学模式组织教学，利用工业通用组态软件作为辅助的实践教学工具，对水电站部分子系统或控制单元进行控制界面组态设计，取得了较好的教学效果。这种以实践为主线的教学思想和教学组织模式一直沿用至今。

随着本科教学和课程体系改革的不断深入，尤其是近年来加强本科教学的新形势下，"水电站计算机监控"课程建设开展了一系列的工作。2016 年 12 月，校级项目"水电站动力设备虚拟仿真实验教学中心"立项建设，将虚拟仿真引入本课程教学；2018 年 9 月，昆明理工大学立项建设"特色精品系列教材"《水电站计算机监控》；2019 年 9 月，校级"核心金课群"立项建设；2019 年昆明理工大学能源与动力工程专业获首批国家双万计划之"国家级一流本科"专业建设，本课程是重点建设课程之一；按照新工科理念和"金课"建设思想，实现产业新技术与学科理论融合的要求，联合国网电力科学研究院（南瑞集团有限公司）工作在水电站计算机监控系统研发、生产一线的工程师共同编写本教材。教材编写中，将水电站监控系统技术发展历程、技术趋势分析、最新产业技术成果写入教材，便于学习把握该技术领域发展脉络；对本专业关键知识点的深入剖析、基础理论与产业技术的结合、实践性环节的构建指导、每章安排探索与思考环节等，尝试将"金课"所要求的高阶性、创新性和挑战度融入教材中。

工科专业课教材建设是课程建设的核心任务，如何更恰当的融入新工科要素，实现基础理论与产业新技术结合的同时保持本科课程教学的深度和广度，仍需在教学实践中进行持续的探索和改进。

本书出版由"国家级一流本科"建设经费资助。

《水电站计算机监控》
编写委员会

主　　编： 曾　云　吴正义

副主编： 郝秀峰　戎　刚　贺　洁　钱　晶

编写人员： 孙尔军　程国清　谢传萍　尤万方

芮　钧　邢晓博　陈　龙　姜海军

杜晨辉　喻洋洋　徐　进　陈　鹏

吕顺利　朱传古　徐　麟　刘　健

李志强　王　栋　王宇航　李　丹

前言

  人类的生存和发展与能源问题有着极其密切的关系，当前时代堪称"能源时代"，人们从来没有像今天这样重视能源问题。能源结构不平衡是我国当前及未来一段时间内长期面临的挑战，水电是清洁且不随使用而枯竭的能源，是我国优先发展的符合可持续发展要求的产业，我国水能资源理论蕴藏量和技术可开发量均居世界第一，水电发展潜力巨大，前景也非常光明。

  2018 年，我国水电装机容量已达 3.52 亿 kW，发电量超过 1.1 万亿 kWh，新核准开工金沙江白鹤滩、巴塘，澜沧江托巴等多个大型水电项目；抽水蓄能电站建设持续推进，河北抚宁、吉林蛟河、浙江衢江、山东潍坊、新疆哈密 5 座抽水蓄能电站工程开工兴建；国家"西电东送"战略骨干项目乌东德水电工程稳步推进。水电已经成为国家优化能源结构、实现节能减排、改善生态环境、主动应对全球气候变化的重要举措，水电的科学有序发展为促进经济社会可持续发展做出了积极贡献。

  近年来，随着我国经济和电力工业的快速发展，各类新兴技术快速发展并广泛应用于水电建设领域，水电站的自动化和信息化技术水平明显提升。特别是随着三峡、龙滩、向家坝等一批特大型水电站的投产，水电站计算机监控系统的控制技术日益成熟，监控系统的数据采集、信息处理、控制策略和安全容错等技术手段愈发完善，水电站的安全稳定运行水平越来越高。白鹤滩百万千瓦水轮机组成功自主研发，标志着中国的电力装备在继百万千瓦火电等技术实现了国产化的基础上，全面进入了水电装备自主创新的百万时代。此外，随着水电行业的建设重心逐步向抽水蓄能电站偏移，抽水蓄能电站自动化控制也逐步实现了国产化，对于打破国外计算机监控系统对抽水蓄能电站的垄断具有重要意义。在流域集控方面，通过 20 多年的积极开发，我国已初步形成了三峡、澜沧江、雅砻江、大渡河、乌江和黄河上游等多个大型梯级水电基地，梯级水电开发在流域水资源综合利用、节能减排、减少河道泥沙淤积、改善水体环境等方面发挥了重要作用，在计算机技术、通信技术、测控技术、高级算法研究的多方推动下，梯级电站控制的集中化、自动化程度越来越高，集中控制中心已基本实现了对远方电站的控制功能，产生了巨大的社会效益和经济效益。

  本书介绍了水电站计算机监控系统的发展历程、集控中心计算机监控系统、抽水蓄能电站计算机监控系统，阐述了当前国内主流的水电站计算机监控系统主要构成、主要功能、性能指标、网络类型、重点设备，重点分析了机组、开关站、公用及辅助控制单元的控制原理、软件功能、硬件设计及工程应用案例，展望了未来智能化水电站技术发展趋势，力求严谨清晰。本书理论与实践相结合，内容全面、通俗易懂，可供高等院校和相关专业科研技术人员使用。

本书编写工作由昆明理工大学和南京南瑞水利水电科技有限公司承担，曾云、吴正义担任主编，郝秀峰、戎刚、贺洁、钱晶担任副主编。本书主要内容为：第一章，水电站计算机监控系统的发展、集控中心计算机监控系统、抽水蓄能电站计算机监控系统、智能化水电站未来发展；第二章，计算机监控系统主要构成、主要功能、性能指标；第三章，计算机监控系统网络结构、厂站层设备及功能、现地层设备及功能；第四章，水轮发电机组控制原理、机组 LCU 硬件设计、机组 LCU 软件设计、机组状态监测系统；第五章，公用LCU 监控系统、厂用电 LCU 监控系统、辅助设备 LCU 监控系统、闸门 LCU 监控系统、典型辅助设备控制实例分析；第六章，开关站 LCU 硬件设计、开关站主要设备操作流程、开关控制实例分析；第七章，监控系统信息安全总体要求、监控系统信息安全硬件设备、监控系统信息安全软件设备、典型工程应用案例分析；第八章，自动发电控制、自动电压控制、经济调度与控制、智能预警报警、设备状态分析评价；第九章，SC2000 组态软件简介、实时与历史数据库、画面及报表、控制操作、报警及通信、组态实例。第一章由戎刚、邢晓博、芮钧编写，第二章由贺洁、谢传萍编写，第三章由郝秀峰、陈龙编写，第四章由程国清、喻洋洋、杜晨辉、朱传古编写，第五章由刘健、钱晶编写，第六章由李志强、姜海军编写，第七章由陈鹏、王宇航编写，第八章由徐麟、王栋编写，第九章由徐进、吕顺利编写。

水电站计算机监控系统是综合性系统，涉及计算机、通信、工业控制等多门学科，技术体系比较庞大，内容较为繁复。尽管编者在编写过程中做了很多努力，但由于系统的复杂性以及时间的限制，书中难免有疏漏、不妥或错误之处，敬请广大读者批评指正。

编者

2019 年 12 月

目录

第一章　水电站计算机监控概述

第一节　水电站计算机监控系统发展

一、我国水电站自动化系统发展历程

我国水电站自动化技术总体发展起步较晚。1979 年，在福建古田电站由原电力部组织召开了"全国水电站自动化技术经验交流会"，会上就我国当时水电站的自动化水平进行了分析和讨论。会议得出的结论是我国当时的水电站自动化水平相对比较落后，提出了1979～1985 水电站自动化发展规划，确定了在葛洲坝、富春江、浑江梯级和永定河梯级四个水电站开展我国水电站自动化技术试点工作，同时在励磁、调速、自动化原件等方面开展相关研究研制工作。

为了进一步开展水电站自动化方面的研制和推广工作，中国水力发电工程学会于 1986 年先后分别成立了水电站自动化和水轮机调速器两个标准化委员会，之后于 1987 年、1988 年、1989 年相继分别成立了励磁专业委员会和计算机控制专业委员会。几个委员会相继颁布了《水电厂计算机监控系统基本技术条件》[1]、《水力发电厂计算机监控系统设计规定》[2]及调速器、励磁等水电站自动化系统相关行业标准，对我国后续水电站自动化系统的研制与发展起到了关键作用。

1993 年 5 月，原电力部在成都组织召开了"全国水电厂计算机监控系统工作会议"，本次会议对当时我国的水电站计算机监控系统情况进行了统计。据当时不完全统计，我国总共有 24 个水电站或梯级水电站初步实现了计算机监控系统控制，可通过计算机实现基本的设备监视和简单控制功能。计算机监控系统在水电站已可基本实现自动化运行，达到了实用化水平。会议认为我国水电站计算机监控系统已能够达到国外 20 世纪 80 年代控制水平，具备了推广和普及应用的条件。会议制定了"八五"规划目标："八五"期间应有43 个水电站实现计算机监控和经济运行，同时还制定了相应的技术政策和措施，如新建的大型水电站及有条件的梯级水电站，都要坚持采用计算机监控系统，已运行的水电站也要有相应的改造政策。

1994 年 10 月，原电力部会同中国水力发电工程学会等机构，在东北太平湾水电站召开了水电站"无人值班（少人值守）"专题研讨会。本次会议提出了水电站值班方式改革的三个渐进步骤，即先从"机电合一"值班开始，逐步转变到中控室少人值班，最后实现"无人值班（少人值守）"，对我国水电站工作方式未来发展明确了方向。

1996 年 8 月，原电力部颁布了《电力行业一流水力发电厂考核标准》。该标准中明确规定了一流水力发电站必须实现"无人值班（少人值守）"的工作方式。该标准的颁布这有力地推动了"无人值班（少人值守）"在我国水电站的推广，对水电站自动化系统提出了更可靠，更安全，更方便的技术要求。

1996 年 11 月，采用全套引进国外设备，自动化系统和管理方式的广州抽水蓄能电站通过了原电力部组织的"一流电站"验收。同年 12 月，东北太平湾梯级长甸水电站通过了"无人值班（少人值守）"验收。长甸水电站是第一个采用国内厂家（原电力自动化研究所，现南瑞集团公司）计算机监控等自动化系统并通过验收的水电站。标志着国内厂家自主研制的自动化系统已能够满足水电站"无人值班（少人值守）"的技术及运行管理要求。随后，葛洲坝、隔河岩、鲁布革、漫湾和莲花等多个采用国产自动化系统的水电站也陆续都通过了电力部"无人值班（少人值守）"验收，标志着我国自主研制的自动化系统成熟可靠，具备了全面推广的条件。

截至 2002 年，我国先后有 30 余个水电站通过了电力部或国家电力公司组织的"无人值班（少人值守）"验收。"无人值班（少人值守）"要求全面推动了我国水电站自动化系统水平的提高，实现了从监控、调速、励磁、辅控等自动化系统在水电站的推广和普及。"无人值班（少人值守）"是水电站计算机监控系统技术发展到一定水平的产品，它对自动化系统的功能、稳定性、可靠性、操作成功率、通信、自动发电/电压控制等都有了统一的标准和严格的要求。实现"无人值班（少人值守）"是水电站内自动化系统达到较高水平的一个标志。

随着计算机和自动化技术的发展，各种自动化系统开始逐步开始应用于水电站。自动化系统经历了一段从低级到高级，从顺序控制到闭环调节控制，从局部控制到全站控制，从电能生产领域扩展到水情测报、水工建筑物的监控、航运管理控制等各个方面，从个别电站监控到整个梯级和流域监控的发展过程。这一过程中出现了一批用微机构成的调速器、励磁调节器、同期、测速、测温和辅控等各种自动化系统。多媒体技术应用使电站中控室的设计发生了巨大的变化。巨大的模拟显示屏正在逐渐被计算机显示器所代替；常规操作盘基本上已被计算机监控系统的值班员控制台所取代；运行人员的操作已从过去的扭把手、按开关转为计算机键盘和鼠标操作。运行人员的工作性质也发生了质的变化，从过去的日常监盘和频繁操作转变为巡视，经常的监测和控制调节工作都由各自动化系统自动去完成。运行人员的劳动强度大大减轻，人数也大大减少，各种自动化系统已成了水电站必备的基础设备。

二、水电站计算机监控系统发展历程

1. 国外水电站计算机监控系统发展

国外水电站计算机监控系统从 20 世纪 70 年代起，逐步取得一些实质性的进展，出现了用计算机系统进行控制的水电站。早期，计算机设备价格比较昂贵，一般全站只配置一台计算机，主要用于对发电设备基本的监视和操作，功能较为简单。随着计算机性能的快速提高和价格下降，逐渐出现了在水电站系统配置多台计算机实现较为复杂闭环调节控制功能的计算机监控系统，并逐步在水电站站中得到普及，新建设的水电站基本都采用了由多台计算机设备构成的计算机监控系统。

国外研制水电站计算机监控系统公司有很多，其中技术成熟，应用广泛，比较著名的有：加拿大的 CAE 公司、瑞士的 ABB 公司、德国的西门子公司、法国的 ALSTOM 公司（原 CEGELEC 公司）、日本的日立公司和东芝公司、美国和加拿大的贝利公司、奥地利的依林（ELIN）公司等。各公司都推出自己的监控系统系列产品，并持续保持着更新升级。

2. 国内水电站计算机监控系统发展

我国水电站计算机监控系统的研制起步工作也比较早。20 世纪 70 年代末，原水电部就组织了南京自动化研究所（现南瑞集团公司/国网电力科学研究院）、长江流域规划办公室（现长江水利委员会）和华中工学院（现华中科技大学）等机构开始研究葛洲坝水电站采用计算机监控系统问题。随后，中国水利水电科学院研究院（简称水科院）自动化研究所开始富春江水电站计算机监控系统的研制工作。天津电气传动设计研究所（简称天传所）也开始永定河梯级水电站计算机监控系统的研制工作。这些监控系统均于 80 年代中期先后投入运行。

经过几十年的不懈努力，国产监控系统的可靠性、稳定性均达到或超过了国外监控系统水平。许多新技术，如分层分布处理、分布式数据库、开放系统、通信、网络安全性和多媒体展示等，都得到了应用。国内厂家的计算机监控系统产品不仅在国内水电站得到广泛的应用，还出口到东南亚、非洲、美洲和欧洲等地区。

3. 水电站计算机监控方式的演变

随着计算机技术的不断发展，水电站控制的方式也随之改变。计算机在水电站监控系统中的作用及其与常规设备的关系也发生了变化，其过程大致如下：

（1）以常规控制装置为主、计算机为辅的监控方式。

早期由于计算机价格比较昂贵，而且人们对它的可靠性不够信任，计算机只起监视、记录打印、经济运行计算和运行指导等作用。水电站的直接控制功能仍由常规控制装置来完成。采用此方式时，对计算机可靠性的要求不是很高，即使计算机局部发生故障，水电站的正常运行仍能维持，只是性能方面有所降低。采用这种控制方式的典型例子是伊泰普水电站运行的初期（80 年代上半期）。当时采用这种控制方式的理由是，根据巴西和巴拉圭的国情，认为采用计算机监控系统的经验还不够成熟，缺乏相应的技术力量，故而先采用能实现数据采集和监视记录等功能的计算机系统，而水电站的控制仍由常规设备来完成。这样可以为将来可实现控制功能的系统作准备，同时可以减少前期的投资。

国内采用这种控制方式的典型例子是富春江水电站综合自动化的一期工程（80 年代上半期）。一期工程是一个实时监测系统，实现数据的采集和处理、提供机组经济运行指导和全厂运行状态的监视记录，计算机不直接作用于生产过程的控制。

这种控制方式的缺点是功能和性能都比较低，并对整个水电站自动化水平的提高有一定的限制，目前新建水电站已很少采用。

（2）计算机与常规装置双重监控系统。

水电站具备两套各自独立的监控系统可以相互备用，一套为常规控制装置，一套为计算机监控系统，两套系统同时运行。在计算机监控系统故障或不完善的情况下，可通过常规控制装置进行控制。这是由计算机监控为辅向计算机监控为主过渡的一种系统。

（3）以计算机为主的监控系统。

水电站的主要监控功能均由计算机监控系统完成，常规的控制装置可以取消，仅保留小部分现地操作控制设备作为特殊情况下的备用操作。这种模式对计算机监控系统的可靠性有很高的要求，各种提高系统安全性和可靠性的软硬件措施和新技术不断引入，例如：配置双 CPU、多 CPU 的装置、双总线等冗余技术，使监控系统的利用率接近 100％。计算机监控为主的方式是水电站实现计算机监控的发展方向，目前国内许多大、中型水电站均采用这种系统。

4. 水电站计算机监控技术发展

水电站计算机监控技术发展，大致经历了五个阶段：

第一阶段：机旁监视控制。此阶段设备的控制和操作均在设备旁完成，自动化水平较低，目前已完全淘汰。

第二阶段：全站集中和机旁两级监控。此阶段在全站设置集中监控系统，但受当时自动化原件和设备的性能水平限制，尚不能完全满足自动化控制要求，机旁仍需设值班人员并完成相关设备的现地人工操作。目前已基本淘汰，仅有极少数电站还保有早期建设阶段保留的机旁控制设备。

第三阶段：全厂集中监视和控制。电站设立中控室，通过计算机监控系统实现全站设备的监视和控制，可以实现自动开停机、事故停机、负荷调整等功能。在机旁及其他设备旁均不再设立值班和运行人员。这是目前水电站主流的监控系统运行模式。

第四阶段：集控（远控）运行。水电站仅需要很少的值班人员，在远程监视集控或远控中心，日常的监视控制由集控（远控）运行人员完成。这是目前较高水平的水电站自动运行方式。国内大部分流域电站运行管理单位均建立了远程集控中心，在集控中心完成电站的日常运行工作。

第五阶段：智能水电站。随着智能电网及流域水电站群建设的不断深入，对水电站运行可靠性、源网协调能力及智能决策能力提出全新的要求。以南京南瑞集团公司为代表的相关科研单位，于 2008 年前后提出了"智能水电站"的新理念，并开展了智能水电站技术体系及运行管理模式、水电标准通信总线、水电公共信息建模、流域经济运行、主设备状态检修等理论和应用技术研究，研制了一体化管控平台、流域经济运行、主设备状态检修决策支持智能应用组件，以及智能监控装置、智能调速装置、智能励磁装置等系列化现地智能电子装置，实现了水电站自动化技术的整体升级，有效解决了水电站信息孤岛和业务协同问题，提高了数据挖掘和智能决策能力，提升了水资源综合优化利用水平。

作为智能电网的六大环节之一，智能水电站不仅促进了水电站运行管理向一体化、智能化模式转变，也使得水电站与电网建立了友好互动机制，提升了电网调峰调频能力，提高了电网接纳间歇性新能源的能力，有力地支撑了我国智能电网的发展。目前，"智能水电站"理念已经获得了加拿大、美国、法国等国家许多水电自动化专家的高度认可。因此，智能水电站建设在中国水电发展史上具有里程碑意义，将有力推动中国水电自动化技术的发展与进步，甚至引领世界水电自动化的发展方向。

三、小水电监控系统的发展

在我国水力资源分布中，中小河流的小水电资源占有相当大的比重。习惯上将单站装机容量在50MW及以下的水电站归属于小水电站，甚至把与小水电站有关的农村电网统称为小水电，故在我国小水电也常称为农村水电。目前已建成的小水电已超过47000座。

最早针对小水电特点而专门进行的研究是在20世纪90年代中期进行的。由当时的国电自动化研究院和石景山发电总厂对下苇甸电站的5号机组和6号机组进行发电综合控制装置（GCU）研究试验，设计思想是集调速、励磁、顺控、同期和测量5个功能于一体，也称为"五合一"自动化装置[3]。这种集成化应用极大地减小了电站的运行维护工作，一定程度上缓解了小水电站技术人员短缺的难题。

随着对集成技术的研究深入，按照一体化结构设计的五合一装置也越来越成熟可靠，逐渐形成了集监控、保护、励磁、调速和同期等功能于一体的更为全面的"五合一"小水电综合自动化系统，并将测温、交采、测速等功能设备进行高度集成，形成多合一的小水电综合自动化系统[4,5]。集成化简化了通信和信号采集接口，可实现信息共享，同时也极大地降低了自动化系统建设成本和运维成本，加速了小水电自动化水平的提升，为小水电向"无人值班，少人值守"的运行模式转变提供了技术保障。经过多年的工程实践积累，在结构模式上已日趋成熟[6-10]。

近年来，为进一步降低小水电运维成本，依托网络技术将区域（行政县、地区）小水电集中控运行方式得到迅速发展[11-16]，其运行控制类似于梯级和流域集控，只是更多地考虑了参与集控的小水电的特殊性。根据小水电适用性、经济性要求和标准化、集成化、智能化的特点，研发集成度更高、功能更完备的综合自动化系统，促使小水电不断向绿色生态、集群远控、优化调度和智能化管理等方向发展已成为必然趋势。

第二节 集控中心计算机监控系统

一、集控中心监控系统概述

为充分发挥流域梯级电站群的规模效益,科学合理地利用流域水能资源,满足电力市场的负荷需求,实现电站"少人值守",降低生产管理成本,实现梯级电站集中控制、优化调度和经济运行,有必要建立集控中心计算机控制系统,统一对流域内各水电站进行集中监视、控制、运行管理,实现梯级优化调度。集控中心计算机监控系统的建设,同时也为提高设备管理水平、改善职工工作环境、降低劳动强度,提高劳动生产效率创造条件,是当前和未来流域梯级水电站开发利用的发展方向。

二、集控中心监控系统结构及功能

集控中心计算机监控系统是对下属电站实行远方集中控制。一般集控中心计算机监控系统分为三层:集控中心集中计算机监控系统、厂站级计算机监控系统及现地控制单元。集控中心和厂站级计算机监控系统一般采用双机双网热备冗余的系统结构,系统主干网络为双星形或双环形工业以太网,现地控制单元主控模块采用双 CPU 热备冗余结构,充分保证了监控系统高可靠性和高可利用率。

集控中心计算机监控系统位于安全分区的生产控制Ⅰ区,接受上级电网调度机构的调度命令和要求,向下级各电站计算机监控系统发送远程监视和控制指令,并且通过电站各现地控制单元,直接实现遥控、遥调、遥测、遥信功能,实时、准确、可靠及有效地完成对各电站所有被控对象的安全监视和控制,同时与生产控制Ⅱ区的经济安全运行系统实现联合控制,形成"调控一体化"系统。

集控中心计算机监控系统拓扑结构示例见图1-1。

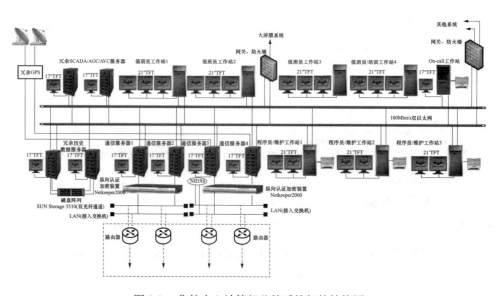

图 1-1　集控中心计算机监控系统拓扑结构图

（一）集控中心计算机监控系统结构

集控中心计算机监控系统的可靠性和实时性要求高，要求选择性能高、运行速度快的计算机。系统服务器采用冗余的服务器以及磁盘阵列，操作员工作站、工程师工作站采用高性能、多任务型的计算机。

1. 系统组成

集控中心计算机监控系统由应用程序服务器、实时数据服务器、历史数据库服务器、通信服务器、操作员工作站、工程师/维护工作站、生产管理信息服务器、ON-CALL 设备、报表管理工作站、防火墙、纵向认证加密装置、隔离装置、控制网交换机、非控制网接入交换机、数据交换网交换机、打印机和 GPS 等设备组成。

2. 体系架构

系统采用分布式体系结构。符合技术发展趋势，系统以双局域网为核心，实现各服务器、工作站功能分担，数据分散处理。处理速度快、工作效率高。

各工作站/服务器在系统中处于平等地位，系统以后扩充时不引起原系统大的变化，并为整个系统不断完善创造条件。

在系统中，各工作站的故障只涉及局部功能，使整个系统的复杂性降低，可靠性大为提高。

3. 开放式系统环境

开放式环境分为应用开发环境、用户接口环境和系统互联环境。采用开放式系统环境要求：

（1）保证用户在更新计算机硬件的同时，应用软件能继续使用，解决不同产品间的可移植性。

（2）保护用户资源的投资，提供不同计算机的互操作性。

（3）提供一个网络环境，用户可选择适合自己的不同厂商的硬件，提高系统对计算机设备可集成性。

（4）系统通过双局域网将全图形工作站/服务器连接为基础，将整个系统组成分布式开放系统。

4. 安全防护

集控中心计算机监控系统为实时控制系统，按安全防护规定处于Ⅰ区，通过网关或防火墙与处于Ⅱ区的内网数据平台连接，使各系统相对独立，保证集控中心计算机监控系统的安全。

作为通信方式的通信服务器在靠广域网（WAN）侧设置专用网段（接入交换机），用通信服务器将监控系统所处的内网段（内网交换机）隔离，在系统边界上广域网（WAN）侧网段上布置一套基于网络的入侵监测系统（IDS），重点检测数据网的边界流量，分析可疑现象，检测入侵。在接入交换机与数据网（通道）之间部署一套纵向加密认证装置，为集控中心监控系统提供网络屏障。

集控中心计算机监控系统局域网按 IEEE 802.3 设计，采用全开放的分布式结构，网络介质采用光纤电缆，通信规约 TCP/IP，网络的传输速率不小于 100Mbit/s。

（二）集控中心计算机监控系统功能

集控中心计算机监控系统位于控制区（安全Ⅰ区），它接受上级电网调度机构的调度命令和要求，向下级各电站计算机监控系统发送远程监控指令，实现"四遥"功能、经济运行、优化调度和管理功能，实时、准确、可靠及有效地完成对各电站所有被控对象的安全监视和控制，同时与安全Ⅱ区的系统实现联合控制。主要功能介绍如下。

1. 数据采集与监视控制

（1）数据采集和处理。

通过对所属各电站各种电量、非电量、设备状态、通信通道等进行监视，对各电站进行统一调度和管理。

周期性、召唤采集以及随机地采集各电站的实时数据。

自动接受调度下达的水库调度、发电调度等命令信息。

接受操作员手动登录的数据信息。

接受监控系统以外的数据信息。

对采集的各电站各种数据进行合理性、有效性检查，对不可用的数据给出不可用信息，并禁止系统使用，数据处理满足实时性要求。

实时数据库，以支持系统完成监视、调度、控制和管理功能。

运行数据存盘，历史数据保存和检索，保证数据的连续。

（2）运行监视和事件报警。

操作员能通过该系统的人机接口设备对各电站监视对象的运行工况进行监视，监视对象包括电站所有机电设备、辅助设备、断路器、隔离开关、闸门和水库水情等。

状态变化监视：各电站所有开关量的状态改变都显示、记录，并可根据需要选择打印。

越/复限报警：集控中心能接受各电站上送的模拟量信号，并在越限时自动报警。

过程监视：集控中心值班人员在执行各操作过程中，能够对操作过程进行监视，当发生过程阻滞时，能够显示阻滞原因，在机组操作中能将机组自动转换到安全状态或停机。

趋势分析和异常状态在线实时监视：使用曲线、列表等形式显示趋势数据，进行在线趋势显示，及时发现故障征兆，实现状态监测和故障诊断，提高各电站运行的安全性。

事件顺序记录：反映各电站系统或设备状态的离散变化顺序记录，并能区分已给出标志的那些因设备停运检修，控制操作电源断电等其他原因出现的故障。

2. 人机联系及操作

人机联系功能主要由操作员站完成，监控系统应支持不同权限的用户，通过口令能准确地、独立的登录和退出。

集控中心各计算机配置全套外部设备，具有通用字符标准键盘和鼠标，彩色显示器。以运行实时应用程序并执行如下功能：

（1）管理各电站自动化运行的设备。

（2）实现对各电站的实时的监视、控制调节和参数设置等。

（3）有功/无功功率控制调节。

（4）机组自动、分步开/停/紧急停机，同期并网以及蓄能机组运行工况的转换等。

（5）断路器、隔离开关合闸、分闸操作。

（6）辅助设备启、停操作。

（7）闸门开启、关闭、停止操作。

（8）历史数据保存和检索；对所有的信号变位、测值变化、用户登录、自动诊断、设备操作、事故动作信息等进行记录，并可支持以图表、曲线等多种形式进行展示。

（9）打印功能。

3. 自动发电/电压控制（AGC/AVC）

自动发电控制（AGC）的任务是在遵守各项限制条件的前提下，以流域水电站各级总蓄能（水）量最大为原则优化分配厂间负荷；迅速、经济地控制各流域水电站的有功功率，使其满足电力系统需要。实现的功能包括以下项：

（1）使各电站的频率保持或接近额定值，其允许偏差不超过±0.1Hz。且调频速度满足电力系统要求。

（2）维持各电站联络线的输送功率及交换电能量保持或接近规定值。

（3）根据调度要求的发电功率或下达的负荷曲线，按安全、可靠、经济的原则确定最佳运行的机组台数、机组的组合方式和机组间最佳有功功率分配，进行各电站机组出力的闭环调节。

自动电压控制（AVC）根据设定的母线电压值或由省中调给定的各站无功功率或电压曲线及安全运行约束条件，并考虑机组的限制，合理分配机组间的无功功率，经机组控制单元调节机组励磁，维持母线电压在给定的变化范围。

在实际应用中，受制于多方面的因素，如上网电价不同、调度给定不断变化、机组振动区等，很难按照理想工况进行流域控制。因此，在实际的工程应用实践中，多不在集控中心设置独立的AGC/AVC，而是借用电站的AGC/AVC功能实现全站控制。根据调度控制方式的不同，集控控制分为以下两种方式：

（4）调度直接控制电站，集控中心辅助操作。

集控中心根据调度的要求，通过远程操作，将电站的AGC/AVC投入，并通过电站与调度通信，接收调度下发的全厂AGC/AVC调节或单机AGC/AVC调节命令。

集控中心也可以对电站下发全厂AGC调节及单机调节指令。

（5）调度通过集控控制电站，电站与调度通信作为应急措施

集控中心执行调度下发的全厂 AGC/AVC 调节或单机调节命令，并自动向各电站下达该命令，各电站执行集控下达的控制令，并将实时数据及主要运行参数同时上送集控中心与调度。

当集控中心与某个电站通信中断时，也可以由调度直接向该电站下达 AGC/AVC 命令，同时电站通过专用网络向调度上送电站执行实时数据及主要运行参数。

受制于当前的管理制度，目前的集控中心控制方式以第一种居多，但随着集控监控技术的不断成熟，通信网络越加稳定，集控的优势逐渐凸显，第二种控制方式将成为以后集控控制的趋势。

4. 数据通信功能

集控中心监控系统具备完善的通信功能，实现整个系统资源、数据共享、运行高效和实时。系统通信规约基于 TCP/IP 协议，系统内各设备与局域网的信息交换采用客户—服务器模式，遵循开放系统规则。与各电站和调度的通信采用广域通信方式，通信协议满足各电站计算机监控系统和调度中心电力数据网的要求。

（1）通过网关计算机，经专用通道与电站及调度系统进行数据交换。

（2）通过通信服务器与集控中心水调自动化系统等进行数据交换。

（3）通过经认证的横向物理安全隔离设备与 Web 服务器连接，实现监控系统与办公系统网络方式互连。

5. 系统时钟同步

集控中心计算机监控系统通过接收 GPS 时钟同步装置的时钟同步信息，以保持全系统的时钟同步。

6. 系统自诊断和自恢复

系统具备自诊断能力，在线运行时对系统内的硬件及软件进行自诊断，并指出故障部位。自诊断内容包括以下几类：

（1）计算机硬件自检。

（2）外围设备、通信接口、各种功能模件自检。

（3）软件及硬件具有自恢复功能。

（4）掉电保护。

三、集控中心监控系统控制模式

集控中心计算机监控系统与流域内各厂站计算机监控系统的组网方式可以采用 2 种方式，分别为"扩大厂站"模式和"电站群集控"模式。集中计算机监控系统直接控制到流域电站的现地控制单元 LCU，称之为"扩大厂站"模式；集中计算机监控系统与各厂站计算机监控上位机系统通信，并经各厂站计算机监控系统网络控制到各流域电站机组及其他主要设备，称之为"电站群集控"模式。

1．"扩大厂站"模式

"扩大厂站"模式是指集控中心计算机监控系统接受电网调度机构命令下，实现对流域内水电站的集中监控功能。主要体现在集控中心直接接入电站各LCU，通过"直采直送"方式直接采集各电站各LCU数据，并向各LCU直接发送远程监视和控制指令，以此实现遥控、遥调、遥测、遥信及相关功能[17]。集控中心计算机监控系统实时、准确、可靠及有效地完成对各电站所有被控对象的安全监视和控制。

一般对于电站较少的集控中心，如图1-2所示，建议采用第一种组网方式。这样在满足集控中心各项监控需求的前提下，数据直采直送，效率更高，也便于监控系统以后的升级和扩展。

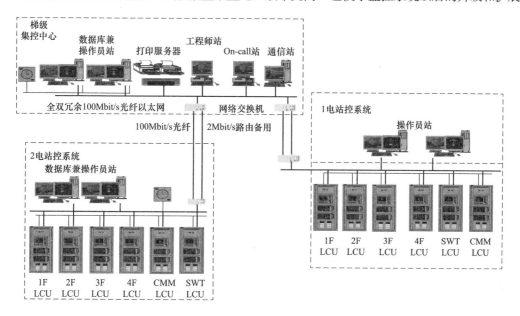

图1-2 "扩大厂站"模式集控中心计算机监控系统示意图

2．"电站群集控"模式

"电站群集控"模式的计算机监控系统采用的全开放式分层分布系统，监控功能和实时数据均分布到各个电站计算机监控系统和各个现地控制单元中，流域梯级电站内的计算机监控系统和各个现地控制单元通过交换机和光缆，构成一个汇聚层网络；各电站汇聚层网络中的交换机，同时作为整个流域监控系统网络接入交换机，通过单模光口和贯穿流域各梯级电站的单模光缆相连，构成集控中心计算机监控系统的实时控制网络。根据该原则，集控中心计算机监控系统网络架构将分为两个层次，如图1-3所示。

核心层：以集控中心的上位机设备为主，通过骨干通信网络与各梯级电站的汇聚层网络（站级网络）互联，拟采用1000Mbit/s/100Mbit/s的交换式以太网。

汇聚层：以各梯级电站的操作员站和调度通信网关计算机为主，通过骨干通信网络与集控中心的核心层网络互联，并与站内的各现地接入层交换机采用光缆互联，拟采用100M的工业以太网。

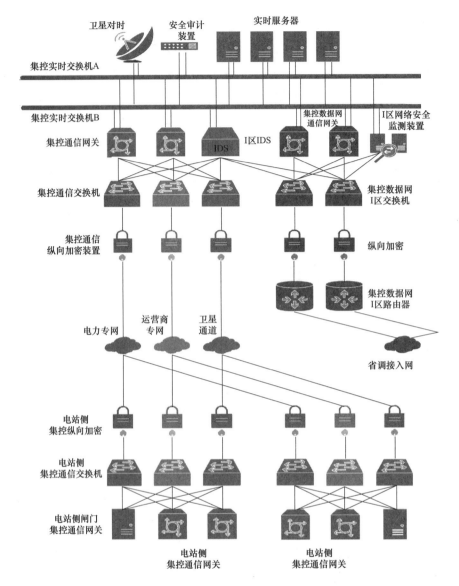

图 1-3　"电站群集控"模式计算机监控系统结构图

由于第一种组网方式可以使得集控中心监视控制的数据实时性高、系统抗干扰性强和故障点少，同时各厂站现地控制单元和网络设备性能要求较高。第二种方式各系统的功能及分工明确，对各流域电站监控系统的本体设计要求较少，当流域中各扩大厂站及电站监控系统由不同的系统软件产品实现时，也比较容易实现系统之间的互联，但需要部署较多上位机设备。不同的集控中心根据实际需求选取适合自身的集控模式。

大型流域或梯级集控中心的是依托网络技术对水电站厂站层功能的"远程"延伸，且在集控中心平台实现多站多因素协同，其基础是水电站计算机监控及其功能延伸，核心是多站多因素优化协同。这些要素在本节的上述介绍中都能找到。由于集控中心建设投入较大，各种建设方案都经过充分的分析论证后，在功能配置上趋于相似。已建成的集控中心基本都能反映当时的技术进步，且拥有自己的特色[18-20]。在智能水电和智慧水电概念下，集控中心建设构架等问题已开展积极的探索[21-26]。

第三节 抽水蓄能电站计算机监控系统

一、抽水蓄能电站及监控系统发展

世界上第一座抽水蓄能电站于 1882 年诞生在瑞士苏黎世，至今已有一百多年的历史。从诞生之初直到 20 世纪 50 年代末期，抽水蓄能一直处于缓慢发展状态。从 20 世纪 60 年代开始，抽水蓄能才进入快速发展时期，美国、日本、欧洲等国家兴建了一大批抽水蓄能电站。

我国抽水蓄能电站资源丰富，发展空间广阔。从 20 世纪 80 年代开始，随着我国电网容量的不断扩大和核电、风电和太阳能等新能源的逐步建设，我国加快了抽水蓄能电站建设步伐，兴建了一批抽水蓄能电站，如广州、十三陵、天荒坪、泰安、桐柏、琅琊山、宜兴、张河湾和西龙池等抽水蓄能电站。

抽水蓄能电站计算机监控的发展历程[27,28]与常规水电站计算机监控的发展历程基本一致。计算机监控系统的监控方式经历了以常规控制装置为主计算机为辅的监控方式，计算机与常规控制装置双重监控方式，以计算机为主常规控制装置为辅的监控方式等三个阶段。20 世纪 80 年代之后，新建的抽水蓄能电站都采用计算机监控系统进行全面监视和控制。

国外研制抽水蓄能电站计算机监控系统的公司主要有：加拿大的 BAILEY 公司（现 ABB 公司）、德国的 SIEMENS 公司、法国的 ALSTOM 公司（现 GE 公司）、奥地利的 VATECH 公司（现 ANDRITZ 公司）和日本的 MITSUBISH 公司等。各公司都推出自己的系列产品，在世界各地得到了广泛的应用。

我国早期兴建的抽水蓄能电站主要机电设备（包括计算机监控系统），都是从国外进口。广州抽水蓄能一期、河北张河湾、湖北白莲河和河南宝泉等抽水蓄能电站采用法国 ALSTOM 公司的 ALSPA P320 计算机监控系统；浙江天荒坪、北京十三陵抽水蓄能电站采用加拿大 BAILEY 的 INFI-90 计算机监控系统；安徽琅琊山、浙江桐柏、湖南黑麋峰和福建仙游等抽水蓄能电站采用奥地利 VATECH 公司生产的 NeTVune 计算机监控系统；山西西龙池抽水蓄能电站采用日本 MITSUBISH 的 MELHOPE 计算机监控系统。进口监控系统价格昂贵，系统长期运行后的售后服务和备品备件得不到保证，抽水蓄能电站计算机监控系统自主化能力的不足，加大了电站的投资及运维成本，影响了抽水蓄能电站的发展。

20 世纪 90 年代开始，我国也开始了抽水蓄能电站计算机监控系统的研制工作，南瑞集团公司在河北岗南抽水蓄能电站（1×11MW）和北京密云（2×11MW）投运了自主研制的抽水蓄能电站计算机监控系统。

2001 年，南瑞集团公司在江苏沙河抽水蓄能电站（2×50MW）投运了自主研制的抽水蓄能电站计算机监控系统。2001 年南瑞集团公司和华北电网公司合作，对全国首座全套引进国外设备的潘家口抽水蓄能电站（3×90MW）监控系统进行了全面改造，并取得了成功。

2004 年 8 月，南瑞集团公司、华北电网有限公司和北京十三陵抽水蓄能电站共同开展大型抽水蓄能电站计算机监控系统自主化研究。于 2006 年 2 月自主研制开发出具有完全自主知识产权的大型抽水蓄能电站监控系统，首次将采用以南瑞集团公司 MB80 型 PLC 为核心控制平台的 SJ-600 型现地控制单元对北京十三陵蓄能电站 4 号机组监控系统进行了改造。完成了发电、发电调相、抽水、抽水调相和背靠背运行等所有控制过程，并与原监控系统无缝连接，完成自动发电控制（AGC）、自动电压控制（AVC）等高级应用。

2008 年 2 月，辽宁蒲石河抽水蓄能电站（4×300MW）选用了南瑞集团公司研制的抽水蓄能电站计算机监控系统，上位机采用南瑞集团公司的 NC2000 监控系统，下位机采用基于南瑞集团公司 MB80E 智能 PLC 为核心控制器的 SJ-600 现地控制装置。

随后，南瑞集团公司又于 2011 年 12 月将自主化计算机监控系统成功地应用于安徽响水涧抽水蓄能电站（4×250MW），进一步提高了大型抽水蓄能电站计算机监控系统研制和生产能力。

截至 2017 年，南瑞集团公司抽水蓄能电站监控系统和设备已成功应用于广州抽水蓄能电站二期（进口系统改造）（4×300MW）、浙江仙居（4×375MW）、江西洪屏（4×300MW）、江苏溧阳（6×250MW）、广东深圳（4×300MW）、海南琼中（3×200MW）和河南回龙（进口系统改造）（2×60MW）等抽水蓄能电站，并将进一步推广应用于安徽绩溪（6×300MW）、河北丰宁（12×300MW）、吉林敦化（4×350MW）、黑龙江荒沟（4×300MW）、安徽金寨（4×300MW）、河南天池（4×300MW）、山东文登（6×300MW）、山东沂蒙（4×300MW）和福建永泰（4×300MW）等新建抽水蓄能电站。

2010 年 9 月，北京中水科水电科技开发有限公司与广东清远抽水蓄能有限公司开始了清远抽水蓄能电站计算机监控系统的研制工作，于 2016 年 8 月将自主研制的 H9000V4.0 计算机监控系统成功应用于清远抽水蓄能电站。

二、抽水蓄能电站工作原理及工况

抽水蓄能电站是利用兼具抽水和发电两种功能的抽水蓄能机组来实现储能的水电站。在电力系统负荷低谷时（夜间）做水泵运行，用低谷时的剩余电能从下水库向上水库抽水，将下水库的水抽到上水库储存起来；在电力系统负荷高峰时（下午及晚间）做水轮机运行，从上水库向下水库放水发电，将水的势能转换为电能，可称为巨型"蓄电池"，如图 1-4 所示。

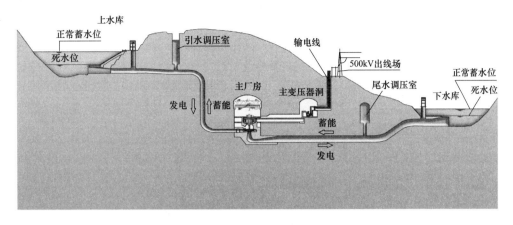

图 1-4　抽水蓄能电站工作原理示意图

抽水蓄能机组与常规水电机组相比，在运行方式和控制过程上都有很大的区别。常规水轮发电机组的运行工况不外乎停机、发电和调相 3 种，工况转换亦不过 6 种，如图 1-5（a）所示；抽水蓄能机组的工况除了有常规机组相同的 3 种外，还有抽水和抽水调相 2 种工况，其常用的工况变换则有 20 余种，如图 1-5（b）所示。

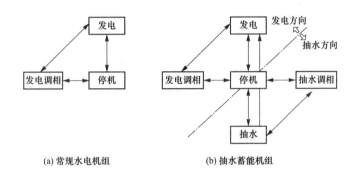

(a) 常规水电机组　　　　　　(b) 抽水蓄能机组

图 1-5　水电机组和抽水蓄能机组的运行工况及工况变换

抽水蓄能机组运行方式较复杂，机组日平均启停 10 次（开、停一循环为 1 次），运行工况有：停机、旋转备用（空载）、发电、发电调相、抽水、抽水调相 6 种基本运行工况，其中抽水启动有静止变频器（SFC）启动和背靠背（BTB）启动两种方式，SFC 启动方式为主用方式，BTB 启动方式为备用方式；当使用 BTB 启动方式时，被启动机组外的电站任何一台机组均可被选为驱动机；同时具备黑启动带线路零起升压的能力。

抽水蓄能机组工况转换主要有：停机→旋转备用，旋转备用→发电，发电→发电调相，发电调相→发电，发电→旋转备用，旋转备用→停机，停机→发电，发电→停机，停机→发电调相，发电调相→停机，旋转备用→发电调相，发电调相→旋转备用，停机→抽水调相，抽水调相→抽水，抽水→抽水调相，抽水调相→停机，停机→抽水，抽水→停机，抽水→发电，停机→黑启动，黑启动→停机，停机→线路充电，线路充电→停机。

运行工况转换如图 1-6 所示，运行工况启停和转换参考时间如表 1-1 所示。

15

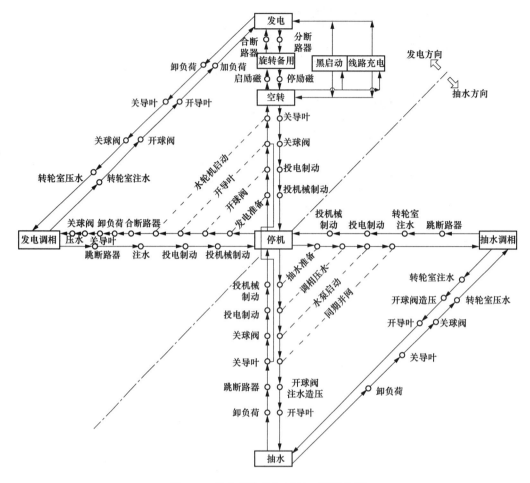

图 1-6 抽水蓄能机组运行工况转换图

表 1-1   抽水蓄能机组运行工况转换参考时间表

序号	工况转换	工况转换参考时间（s）	备注
1	停机→旋转备用	110	
2	旋转备用→停机	320	
3	旋转备用→发电	40	
4	发电→旋转备用	40	
5	停机→发电	150	
6	发电→停机	360	
7	发电→发电调相	90	
8	发电调相→发电	120	
9	停机→发电调相	240	
10	发电调相→停机	350	
11	停机→抽水调相（SFC）	350	

序号	工况转换	工况转换参考时间（s）	备注
12	停机→抽水调相（B. T. B）	260	
13	抽水调相→停机	350	
14	抽水调相→抽水	100	
15	抽水→抽水调相	110	
16	停机→抽水（SFC）	450	
17	停机→抽水（B. T. B）	360	
18	抽水→停机	360	
19	抽水→发电	500	抽水→停机→发电

显然，抽水蓄能机组工况多、转换复杂，监控系统的控制操作相对于传统水电机组要复杂得多。

考虑机组工况转换控制的安全性，设置了机组工况转换控制操作优先级。事故停机控制流程的优先级高于停机控制流程，停机控制流程的优先级高于发电、发电调相、抽水、抽水调相、空载、空转和黑启动等控制流程，其工况转换控制优先级为：电气事故停机＞机械事故停机＞停机＞发电＝发电调相＝抽水＝抽水调相＝空载＝空转＝黑启动，当高级别的工况转换控制流程被执行时，将中断并禁止低级别的工况转换控制流程执行；当同级别的工况转换控制流程正在执行时，将禁止其他同级别的工况转换控制流程执行。

抽水蓄能机组工况转换控制有"单步"和"自动"两种控制方式。"单步"控制方式是将整个控制流程按照设备运行许可条件，拆分成若干步骤，控制流程执行时可停留在某个步骤，等待人工确认后再执行下一步控制操作，"单步"控制方式一般用于调试或试验，便于测试和校验控制流程。相对于"单步"控制方式，"自动"控制方式则按照控制流程自动完成工况转换控制操作。

三、抽水蓄能电站监控配置及功能

抽水蓄能电站计算机监控系统按"无人值班（少人值守）"设计，一般采用双环网、分层分布式计算机监控系统结构，由现地控制层设备、厂站控制层设备、调度控制层设备和网络设备等组成。

现地控制层是计算机监控系统与被监控对象的数据接口，一方面对生产过程的数据进行采集、处理，按要求实现对生产过程的控制；另一方面向厂站控制层发送信息，接收厂站控制层下发的操作命令。因此，现地控制单元是电站计算机监控系统的基础。

相对与现地控制层，厂站控制层是满足电站运行操作的工具，操作人员可通过厂站控制层设备，实现对生产过程的监视、操作、控制和参数设定等，并提供语音报警、事件顺序记录、趋势分析、事故追忆、报表统计和运行参数计算等功能。

作为厂站控制层的延伸，调度控制层是计算机监控系统与调度系统的数据接口，通过冗余通信通道与调度系统通信，实现遥测、遥信、遥控、遥调"四遥"功能。

厂站控制层设备与现地控制层设备现地控制单元之间采用 100/1000Mbit/s 交换式冗余以太网络进行通信。现地控制单元之间通过冗余以太网络进行信息自动交换，在厂站控制层设备退出运行的情况下，现地控制层设备间依然保持信息通信，实现机组各工况启停。除此之外，现地控制单元与其他控制系统之间通过现场总线进行信息交换，对于无法采用现场总线进行通信的设备采用硬布线方式进行连接。为了确保机组运行安全可靠，对于重要的安全运行信息、控制命令和事故信号除采用现场总线通信外，还通过硬件的输入/输出方式进行信息交换，以实现双路通道连接。抽水蓄能电站计算机监控系统典型结构如图 1-7 所示。

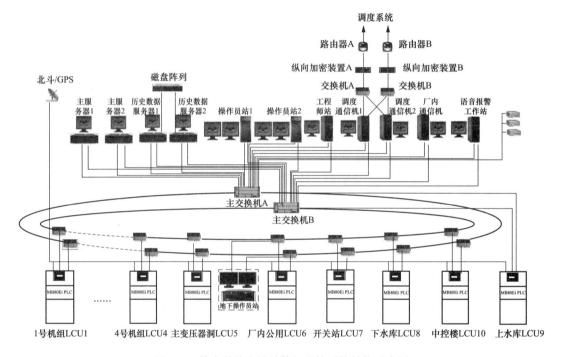

图 1-7　抽水蓄能电站计算机监控系统结构示意图

（一）网络设备配置及功能

1. 设备配置

网络设备由两套主网络交换机和现地网络交换机组成，主网络交换机与现地网络交换机之间通过光缆连接，采用环形、星形或混合形网络拓扑结构。厂站控制层各工作站和现地控制层各现地控制单元都与两套网络交换机和现地网络交换机相连接，形成冗余的电站控制网络，冗余的控制网络之间可实现自动切换。

2. 功能

网络是用物理链路将厂站控制层各工作站和现地控制层各现地控制单元相连在一起，按照约定的网络协议组成数据链路，形成了各层之间互联互通的网络系统，从而实现硬件、软件资源共享和信息通信的目的。

（二）调度控制层设备配置及功能

1. 设备配置

调度控制层主要由调度通信工作站、交换机、纵向加密装置、路由器等设备组成，冗余配置，采用并列冗余方式工作。

为了提高调度通信的可靠性，调度通信工作站建议选用机架式嵌入通信管理机，采用双电源、固态硬盘和无风扇设计，配置足够多的以太网接口和串行接口。

2. 功能

调度控制层负责与电网调度系统通信，向电网调度系统上送遥测量和遥信量，接收电网调度系统下发的遥调量和遥控量，实现电网调度系统对电站的远程监视和控制。

调度控制层支持多种调度通信规约，根据电网调度系统要求选用相应的调度通信规约，通常采用 IEC60870-5-104、IEC60870-5-101 通信规约。调度控制层支持同时与多个调度系统进行通信，上送遥测量和遥信量给多个调度系统，但同一时刻只允许执行一个调度系统的遥控、遥调命令。

（三）厂站控制层设备配置及功能

1. 设备配置

厂站控制层设备根据功能进行配置，以网络节点的形式接入厂站控制层网络。一般配置如下：

（1）2套实时数据服务器，完成电站设备运行管理和数据处理。

（2）2套历史数据服务器（可配置磁盘阵列），用于存储历史数据。

（3）3套操作员工作站，用于实时运行监视和控制。

（4）2套调度通信服务器，完成与调度系统数据通信。

（5）1套站内通信服务器，完成与电站内其他子系统数据通信。

（6）1套工程师工作站，用于系统在线和离线测试，数据设置、整定和软件更改。

（7）1套语音报警工作站，完成语音报警功能。

（8）1台便携式计算机，用于系统调试和维护。

（9）1套网络设备（冗余配置），用于网络通信。

（10）1套网络连接用铠装光缆、尾纤和双绞线，用于网络通信。

（11）1套卫星时钟同步系统，接入监控以太网络，对所有厂站控制层设备、厂内各现地控制单元设备以及各继电保护装置等设备进行时钟同步。

（12）1套厂站控制层不间断电源，用于厂站控制层设备供电。

（13）1套大屏幕显示设备，用于显示电气接线、设备运行参数、视频图像等。

（14）2套打印机，用于打印画面、报表、曲线等。

（15）中控室控制台1套，用于布置厂站控制层设备。

2. 功能

厂站控制层监控系统具有数据采集与处理、监视、控制和调节、自动发电控制、自动电压控制、记录与报警、人机接口、运行管理与指导和通信等功能。

（1）数据采集。

厂站控制层监控系统实时采集来自现地控制层的所有运行设备的模拟量、开关量、温度量等信息，以及来自调度控制层的控制命令。

数据采集分为周期巡检和随机事件采集。采集的数据用于画面的显示、更新，报警，记录，统计，报表，控制调节和事故分析。

（2）数据处理。

自动从各现地控制单元采集开关量和电气、温度、压力等模拟量，掌握设备动作情况，收集越限报警信息并及时显示、登录在报警区内，并可根据数据库的定义进行归档、存储、生成报表、实时曲线或事故追忆显示。

更新实时数据库和历史数据库，并将实时数据分配到有关工作站，供显示、刷新、打印和检索等使用。

对数据进行越限比较，越限时发出报警信号，异常状态信号在操作员画面上显示。可对测量值设定上上限（HH）、上限（H）、下限（L）、下下限（LL）、复位死区等报警值，当测量值越上限或下限时，发出报警信号，当测量值越上上限或下下限时，应转入与该测点相关设备的事故处理程序。两种不同越限方式有不同的声、光信号和不同的颜色显示，易于分辨。

（3）监视。

监视功能主要包括运行监视、过程监视以及运行状态监视和分析。

运行监视：监视各设备的运行工况、位置、参数等。如机组工况、机组功率、断路器位置和隔离开关位置等。当电站设备工作异常时，给出提示信息，自动启动音响报警、语音电话或手机短信自动报警系统，并在操作员工作站上显示报警及故障信息。

过程监视：监视机组各种运行工况转换操作过程及各电压等级开关操作过程，在发生过程阻滞或超时时，显示阻滞或超时原因，并自动将设备转入安全状态，在值守人员确定原因并消除阻滞或超时后，才允许由人工干预回到启动初始状态。

运行状态监视和分析：各类现地自动控制设备如油泵、技术供水泵、空压机的启动及运行间隔有一定的规律，自动分析这些规律，监视这类设备及对应的控制设备是否异常。

（4）控制与调节。

运行操作人员通过人机接口对监控对象进行控制和调节，主要控制和调节包括：机组各工况启停和工况转换控制，机组和全站的有功功率、无功功率及电压调节，发电机出口电压及以上电压等级断路器、隔离开关的合分闸操作控制，站用电开关的合分闸操作控制，全厂公用和机组附属设备（中压气系统、各轴承冷却油泵、技术供水泵等）的开启或关闭操作控制等。

（5）自动发电控制（automatic generation control，AGC）。

自动发电控制的控制方式为闭环自动功率控制，主要功能是：按照调度系统下发的负荷曲线或实时给定负荷值，同时考虑上、下水库的水位，机组的运行效率和运行限制条件等因素，根据机组的优先权，确定最佳的运行机组台数、机组的组合方式和机组间的最佳有功功率分配，并自动触发相应机组启停控制，分配机组有功功率指令到相应机组调节。

（6）自动电压控制（automatic voltage control，AVC）。

自动电压控制的控制方式为闭环自动电压控制，主要功能是：及时平稳地维持电站母线电压在给定目标值，当电站母线电压不满足调度或电站操作人员给定目标值要求时，自动完成机组间无功功率的合理分配，调整可调机组的无功功率，以维持电站母线电压，按等无功功率、等功率因数或其他准则调整各机组无功功率。

自动电压控制对电站母线电压为正的调差特性，即电压升高，送出无功功率减少；电压降低，送出无功功率增加。

（7）记录与报警。

厂站控制层监控系统实时记录全站所有监控对象的操作命令、所有现地控制单元的开关量、模拟量及报警事件等信息，按发生时间顺序显示与报警。

记录与报警的主要功能包括操作事件记录、报警记录和报表记录。

操作事件记录：将所有操作自动按其操作顺序记录下来，包括操作对象、操作指令、操作开始时间、执行过程、执行结果及操作完成的时间等。

报警记录：报警记录具有筛选功能，可根据操作人员的要求或自动将各种报警事件按时间顺序记录其发生的时间、内容和项目等，生成报警事件汇总表。

报表记录：生成各种周期性的统计报表，时间间隔可由操作人员选择，也可根据操作人员的指令随时生成各种报表。

（8）人机接口。

人机接口主要对设备运行参数、事故和故障状态等以数字、文字、图形、表格的方式组织画面进行动态显示，具有多窗口功能，能分区显示画面、报警窗口和控制对话框等窗口。

（9）运行管理与指导。

运行管理与指导主要包括控制过程指导、电站一次设备操作指导、机组抽水启动设备操作指导、厂用电系统操作指导与事故和故障操作处理指导。

控制过程指导：当控制命令下达后，监控系统自动推出并显示相应设备的操作监视画面，实时显示控制过程中每一步骤及执行情况，提示在开停机及工况转换过程中受阻的部位及原因。

电站一次设备操作指导：当进行电站一次设备倒闸操作时，根据全厂当前的运行状态及隔离开关和接地开关的闭锁条件，监控系统自动判断该设备在当前是否允许操作并给出相应的提示标志。如果操作是不允许的，则提示其闭锁原因，避免误操作。

机组抽水启动设备操作指导：当机组拟作为抽水工况运行时，监控系统将能根据全站当前的运行状态及设备状况给出启动方式建议供运行人员参考选择。如果操作不允许则提示相应原因。

厂用电系统操作指导：根据当前厂用电系统的运行状态、运行方式及倒闸操作闭锁条件等信息，监控系统自动判断厂用电开关是否允许操作，并给出相应的提示标志。如果操作允许则提示操作的先后顺序，如果操作不允许则提示相应原因。

事故与故障操作处理指导：在事故或故障产生时，监控系统自动推出相应的事故和故障处理指导画面，指导事故与故障处理。

（10）通信。

厂站控制层与各现地控制单元通信，接收各现地控制单元上送的各种信息，并向各现地控制单元发送控制调节指令。

厂站控制层通过厂内通信工作站与电站生产管理系统、火灾报警系统和电量采集装置等设备通信，有关通信规约和接口设备满足相关系统的接口要求。

厂站控制层对通信进行管理和控制，保证任何时候均不会发生阻塞，并满足监控系统实时性的要求。

（四）现地控制层设备配置及功能

1. 设备配置

现地控制层由现地控制单元（LCU）组成，各现地控制单元以可编程逻辑控制器为控制核心，由中央控制器、内存、输入/输出接口、人机接口设备及相应硬软件组成，具备可编程能力。

现地控制单元一般布置在电站生产设备附近，就地对电站各类被控对象进行实时监视和控制，是电站计算机监控系统的重要控制部分。

现地控制单元一方面与电站生产过程联系，采集信息，并实现对生产过程的控制；另一方面与厂站控制层联系，向厂站控制层发送信息，并接收厂站控制层下发的控制命令。因此，现地控制单元是电站计算机监控系统的基础。

根据抽水蓄能电站生产过程监控的需要，现地控制层一般设置机组现地控制单元、主变洞现地控制单元（或机组公用现地控制单元）、厂房公用现地控制单元、开关站现地控制单元、上水库现地控制单元和下水库现地控制单元外，此外还配备水淹厂房和独立光纤硬布线紧急操作回路，满足机组和电站的安全运行要求。

机组现地控制单元：监控对象主要涵盖了水泵水轮机、发电电动机、主变压器、进水阀、尾水事故闸门及机组励磁、调速、继电保护、状态监测等所有机组及其附属设备，具有对机组各工况启停和工况转换的自动控制和调节等功能。

主变压器洞现地控制单元（或机组公用现地控制单元）：完成静止变频器及相应抽水启动回路的断路器、隔离开关等设备监视和控制，静止变频器及启动回路开关控制操作等。

厂房公用现地控制单元：完成厂房排水泵、水淹厂房系统、高/中/低压气系统及220V直流电源系统等公用设备监视和控制操作等。

厂用电现地控制单元：完成厂用电监视和控制、厂用电备用电源自动投入操作等。

开关站现地控制单元：完成开关站电气一次设备及辅助设备监控，开关设备控制操作等。

中控楼现地控制单元：完成中控楼厂用电系统、直流系统及公用辅助设备的监视和控制操作等。

上水库现地控制单元：完成上水库水位、闸门及相关辅助系统的监视，上水库闸门控制操作等。

下水库现地控制单元：完成下水库水位、闸门及相关辅助系统的监视，下水库闸门控制操作等。

2. 功能

现地控制单元对厂站控制层具有相对独立性，能脱离电站控制层直接完成生产过程的实时数据采集及预处理、单元设备状态监视、控制和调节等功能。

（1）数据采集和处理。

现地控制单元的数据采集有定时循环采集和随机事件采集两种方式，定时循环采集是根据不同的任务、不同的优先处理要求，设定相应的数据扫描周期；而随机事件采集则按中断方式，对发生变化的数据即时采集。

现地控制单元采用定时或随机事件方式采集机组及其附属和辅助设备、机组出口断路器设备、离相封闭母线及附属设备、主变压器、换向隔离开关、拖动/被拖动隔离开关、GIS设备、厂用电开关设备、机组进水阀、机组自用电变压器及配电盘和尾水事故闸门等设备的模拟量、开关量和电气量。现地控制单元按不同的数据类型及重要性设置不同的采集周期，其中：SOE量采用带时标的随机事件方式采集，数字量、模拟量和电气量采集周期为每个程序扫描周期，按照数据就地处理原则完成数据转换、越限处理，在现地控制单元人机接口上提供显示及相应的报警提示，同时向厂站控制层传送其运行、控制、监视所必须的数据。

电气量采集与处理：采用交流采样方式采集机组和开关设备的电气量〔电压、电流、频率、有功功率（双向）和无功功率（双向）等〕，并进行越限检查和报警。

温度量采集与处理：采用温度量方式定时采集机组定子铁芯、定子线圈、机组轴瓦、轴承、轴承油和冷却器等的温度。检查采集的温度量是否越限，监视推力轴承瓦间温差，并及时将越限情况及数据送往厂站控制层，现地控制单元上同时也有报警显示和音响。实时显示同类测点最高值、最低值和平均值，对部分温度量还要进行温度变化率监视和温升趋势分析，及时发现异常情况。任何监测的温度都可在监控系统中设置报警功能，同时具备温度测量值的质量判断和滤波功能；根据温度测点的数量选择"N 选 2"、"N 选 3"来实现温度跳机功能；装置失电、温度计断线时具有闭锁保护出口的功能，提高温度保护的可靠性。

模拟量采集与处理：通过 4～20mA 模拟量信号采集设备模拟量信息，并进行越限检查和报警。

设备运行状态量采集与处理：监视设备的运行，发现异常情况及时向厂站控制层传送信息，并在机组现地控制单元上有报警显示。

设备报警量采集与处理：采集设备随机报警信息，及时将报警信息上送厂站控制层，同时在现地控制单元上报警显示。

设备控制过程状态量采集与处理：在机组开、停机和设备操作时采集操作设备的状态量和模拟量，并进行记录，同时向厂站控制层发送控制过程中的数据。

继电保护报警量采集与处理：采集继电保护随机动作信息，一旦采集到保护报警信息，立即将该信息上送厂站控制层，同时在现地控制单元上报警显示。

电能量采集与处理：通过通信接口接收数字式电能表提供的电能量，并上送厂站控制层显示。

其他通信量采集与处理：通过通信接口接收其他通信设备的通信信息，及时将通信信息上送厂站控制层，同时在现地控制单元上报警显示。

（2）显示与安全监视。

现地控制单元具有显示、监视用的人机接口。人机接口可实时显示设备的主要电气量和温度量、模拟量以及设备的状态或参数及主要操作画面，具有循环和定点两种显示方式。

在设备处于停止状态时，检查设备是否具备启动条件，如有异常情况，除在现地报警指示外，还上送厂站控制层报警显示。

在设备处于运行时，连续监视设备运行过程的状态量和模拟量，并将主要操作过程上送厂站控制层。遇到操作阻滞故障，则将设备转到安全状态，并自动推出画面，记录故障发生步骤。在值守人员确定故障原因、排除故障并解除闭锁后，新的操作命令才能发出。

当现地控制单元的软硬件故障时，除在现地报警指示外，还上送厂站控制层报警显示。

（3）控制与调节。

现地控制单元接收厂站控制层的控制、调节命令对监控对象进行控制、调节。现地控制单元在没有厂站控制层命令或脱离厂站控制层的情况下，也能独立完成对所控设备的控制与调节，保证设备安全运行。

在现地控制单元上可对机组及附属设备、开关站开关设备、厂用电开关设备、厂房油气水辅助设备以及闸门等进行操作，这些操作在现地控制单元中设有严格的逻辑安全闭锁，遇到操作阻滞故障，则将设备转到安全状态；并在现地控制单元的屏幕上显示操作过程相应的顺控画面，如遇顺序阻滞采用不同的颜色明显显示故障步。

（4）数据通信。

完成与厂站控制层及与其他现地控制单元的数据交换，实时上送厂站控制层所需的过程信息，接收厂站控制层的控制和调节命令。

与电站其他系统设备（包括调速系统、励磁系统、保护系统、发电/电动机辅助设备PLC、水泵/水轮机辅助设备 PLC、调速器油压系统 PLC、进水阀 PLC、尾水事故闸门PLC、机组冷却水系统 PLC、主变压器冷却系统 PLC、机组状态监测系统等）的通信采用以太网或现场总线技术，延伸至柜外的通信介质采用光缆。对于无法采用数字通信的设备采用硬布线 I/O 进行连接。另外，对于涉及安全运行的重要信息、控制命令和事故信号除采用以太网或现场总线通信外，还需通过硬布线 I/O 直接接入现地控制单元，以保证安全。

除了系统内的通信外，卫星时钟系统的对时信息可通过网络数据通信，对网络各节点设备进行时钟同步对时。

（5）自诊断与自恢复功能。

现地控制单元具有硬件故障诊断功能，在线或离线自检设备的故障，故障诊断能定位到模块。

具有软件故障诊断功能，在线自检应用软件运行情况，若遇故障能自动给出故障性质及涉及的功能，并提供相应的软件诊断工具。

在线运行时，当诊断出故障，自动闭锁控制出口，切换到备用系统，并将故障信息上送厂站控制层报警显示。当故障消失后，自动恢复到正常运行状态。

具有失电保护功能，当机组现地控制单元双路电源消失，机组事故停机硬布线回路将启动紧急事故停机流程。当电源恢复时，监控系统将自动恢复并且其参数和程序不变，电源恢复瞬间，闭锁输出。

现地控制单元中运行的软件可通过笔记本电脑现地在线维护或通过工程师工作站进行远方在线维护，维护时不影响现地控制单元的运行。维护包括程序的修改、上传、下载和在线监视等。

当现地控制单元发生意外断电、人为断电、软件重启时，现地控制单元内包括 PLC在内的各设备均能自动启动，恢复到正常运行状态，无须人为干预。

常规水电站计算机监控系统配置与抽水蓄能电站监控系统配置类似。相对于常规水电站，抽水蓄能电站监控的难点主要是工况转换频繁且转换时间较长。

第四节 智能水电站未来发展

一、智能化水电站建设要求

1. 发展背景

近年来，随着梯级水电站群滚动开发，流域水电企业集约化运行和管理的需求日益强烈，自动化系统数量日益增多。各类业务数据分散在不同的系统中，不同业务之间信息共享和业务互动十分困难，也难以对大量的历史运行资料进行分析挖掘，限制了优化决策能力的提升。此外，在业务层面，水电站也面临着来自不同领域的新挑战。例如，大规模新能源发展对水电机组源网协调能力要求更高，传统现地自动化系统难以有效满足其要求；社会公众对水电站的环境影响以及下游流量变化带来的各类风险更加敏感，水资源综合利用的要求日益提高，水电站群调度决策的难度明显增加。与此同时，计算机、通信技术以及各类新兴技术快速发展和应用，为水电企业应对上述各种挑战提供了有效的技术途径。

为此，新建及改造水电站、集控中心均希望采用更加先进的技术，加强设备之间、业务之间的信息共享和协同能力，实现"多元信息感知、全景数据展示、关联业务互动、智能预警决策"目标，有效应对电力运行、生产管理、系统运维等诸多方面的挑战。实现该目标，可以从系统架构、数据建模、集成标准、软件架构、业务应用、业务流程和优化模型等多个方面进行创新。这种创新并不局限于特定的技术点，而是灵活开放、按需选择的多元化融合创新，因此更加适合采用含义比较广泛的"智能水电站"作为其名称。2008年前后，以南瑞集团公司为代表的相关科研和产业单位，依托多个省部级科研项目，采用"产学研用"相结合的方式，开展了大规模的智能水电站关键技术研究、核心产品研制、试点工程建设和产业化推广应用工作。2016 年 2 月，国家发展改革委、国家能源局、工业和信息化部联合发布了《关于推进"互联网＋"智慧能源发展的指导意见》，使得国内各大水电企业的智能化建设工作明显加快。

2. 内涵特征

2011 年，南瑞集团公司（国网电力科学研究院）和中国水利水电科学研究院分别提出了"智能水电站"的理念[29,30]，给出了智能水电站的初步概念、设计原则以及总体结构，旨在通过统一通信标准和软件平台等一系列措施，解决传统水电站面临的上述问题。随后再经过一系列研讨的基础上，与 2016 年发布了电力行业标准《智能水电厂技术导则》（DL/T 1547—2016）[31]。智能水电站是适应智能电网源网协调要求，以信息数字化、通信网络化、集成标准化、运管一体化、业务互动化、运行最优化、决策智能化为特征，采用智能电子装置（intelligent electronic device，IED）及智能设备，自动完成采集、测量、控制、保护等基本功能，具备基于一体化管控平台的经济运行、在线分析评估决策支持、安全防护多系统联动等智能应用组件，实现生产运行安全可靠、经济高效、友好互动目标的水电站。

智能水电站的主要特征包括信息数字化、通信网络化、集成标准化、运管一体化、业务互动化、运行最优化和决策智能化。其中，信息数字化是指采用水电站要进行全站所有业务的统一信息建模，实现业务数据有效融合和共享，实现采集数据的自动解析；通信网络化是指构建全站统一的通信网络系统，采用国际开放的标准网络通信协议，实现各类传感器、装置及软件平台之间的高速可靠数据传输；集成标准化是指遵循"标准先行"的原则，制定统一的信息建模和命名规范，制定不同组件和系统之间的集成规范，实现全站模型资源统一管理以及不同业务应用即插即用；运管一体化是指应构建统一的消息总线和服务总线，研制一体化管控平台，实现各类业务的统一集中管理；业务互动化是指应该加强各类业务应用之间的数据共享，规范化智能水电站的业务流和信息流，实现各类业务之间的友好互动；运行最优化是指要充分运用系统工程理论，持续改进水库调度、负荷分配等优化模型和算法，不断提高智能水电站的发电能力和运行效益；决策智能化是指积极采用人工智能、专家系统、大数据分析等新兴技术手段，充分挖掘各类业务数据的潜在价值，建立并持续丰富水电企业专家知识库，不断提高系统的优化决策支持能力。

3. 建设目标

智能水电站的建设目标是通过传统系统架构的重构以及云大物移智等新兴技术的广泛应用，持续优化水电自动化系统架构，不断改进业务功能和系统性能，提升系统的智能化运行控制、决策分析和应急响应能力，实现全景数据、业务协同、智能决策，支撑水电站无人值班和集中运行管理，推动水电企业管理创新和机制变革，促进水电行业向一体化、智能化的高效运行管理模式转变。

智能水电站建设目标主要包括两个方面，一是提高电力生产的安全性和可靠性，二是实现电力生产的降本增效。在提高电力生产的安全性和可靠性方面，通过各类先进软硬件技术及测试技术的应用，改进现地测控装置产品质量，提升设备的无故障连续运行时间；采用现地光纤通信取代信号线缆，消除现场电磁干扰带来的潜在安全隐患；通过智能监控装置的自诊断、自恢复等智能化技术，提高现地自动化系统的自愈能力；利用水电站主设备状态监测技术，提前识别出主设备的缺陷和故障；量化识别水电站运行中的各类风险，对风险进行提前预控；加强气象、水质、工程与地质等要素的监测，提升各类自然灾害和突发事故的预测预警能力、应急响应能力和快速决策指挥能力；通过图像识别等技术的应用，识别生产现场的安全事故和安全隐患；通过人工智能技术学习设备运行特性，据此提前判别设备故障进行预警，指导人员进行正确的故障处置。

在实现电力生产的降本增效方面，在传统水电站群优化调度成果的基础上，改进发电、防洪及灌溉之间的协同优化能力，进一步细化优化调度和计划编排的对象，在风险可控的情况下，优化水电站群发电水头，实现发电、防洪、供水等综合效益的最大化；利用设备状态评价和故障诊断等技术，准确评估设备健康状态和风险水平，根据设备健康状态合理安排检修，提高水电站设备的利用率，降低设备检修成本；通过规范的对象化建模和通信总线，以及一体化管控平台等技术手段，减少系统安装调试及后期运行维护阶段的人力成本；通过云计算等技术的应用，减低系统硬件设备投资的后期运行维护成本；通过智能分析、智能报表等技术手段，提高业务工作效率，降低人员工作强度和人力成本。

二、智能化水电站总体架构及设备

1. 体系架构

依据《智能水电厂技术导则》（DL/T 1547—2016），智能水电站采用分层分区的体系架构，横向划分为生产控制大区（包括安全Ⅰ区、安全Ⅱ区）和管理信息大区。生产控制大区纵向划分为"三层两网"，三层分别为过程层、单元层和厂站层，两网分别为厂站层 MMS 网（制造报文规范，manufacturing message specification）和过程层的 GOOSE 网（面向通用对象的变电站事件，generic object oriented substation event）和 SV 网（采样值，sampled value）。管理信息大区纵向划分为单元层和厂站层。系统总体框架如图 1-8 所示。

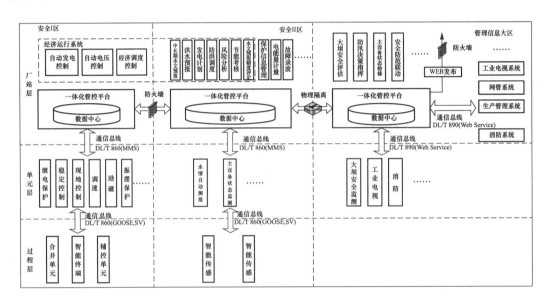

图 1-8　智能水电站系统总体架构图

（1）过程层。

由合并单元、智能终端、辅控单元等智能电子装置（IED）或智能设备组成，可完成电力生产过程数据采集与指令执行，包括实时运行电气量和非电气量的采集、设备运行状态的监测、控制命令的执行等。

（2）单元层。

单元可按照针对机组、公用、开关站和闸门等进行划分。单元层包括各类智能化的现地监测、控制和保护设备，能按照可配置的控制策略实现对单元内相关设备的监视、控制和保护，能实现与过程层和厂站层设备通信。生产控制大区的单元层包括现地控制、继电保护、稳定控制、设备状态监测等智能电子装置，管理信息大区单元层包括大坝安全监测、工业电视、门禁等智能电子装置。具备保护功能的消防系统部署在安全Ⅰ区，不具备保护功能的消防系统部署在管理信息大区。智能调速装置、智能励磁装置可部署在过程层，也可部署在单元层。

（3）厂站层。

由各类计算机、网络硬件设备以及一体化管控平台、智能应用组件组成，可完成厂站级运行监视、预测预报、分析评估、自动发电控制和水资源优化调度等功能。一体化管控平台应采用面向服务的软件架构，应具备数据服务、基础服务和基本应用功能，并提供智能应用组件管理功能。基本应用包括计算机监控、水调自动化、web 发布及移动应用等。水电站可根据自身业务需求，在一体化管控平台之上部署各类智能应用组件。其中，水电站自动发电控制（AGC）、水电站自动电压控制（AVC）、流域经济调度控制（EDC）等智能应用组件部署在安全Ⅰ区；中长期水文预报、洪水预报、发电计划、防洪调度、风险分析、节能考核、保护信息管理、电能量计量和故障录波等智能应用组件部署在安全Ⅱ区；大坝安全分析评估与决策支持、防汛决策支持与指挥调度、主设备状态检修决策支持和安全防护管理等智能应用组件部署在管理信息大区。水电站还可根据实际业务需求，研制并部署其他各类基于一体化管控平台的智能应用组件，并按照业务特点部署在相应的安全区内。

2. 系统网络结构

智能水电站应构建过程层网和厂站层网。其中，过程层网包括冗余的 GOOSE 网和冗余的 SV 网，厂站层网络包括冗余的 MMS 网。合并单元、智能终端、智能辅控装置以及各类过程层设备接入过程层网，各类智能电子装置同时接入过程层网和厂站层网，厂站层计算机设备则接入厂站层网。当智能调速装置、智能励磁装置部署在过程层时，只需要接入过程层网即可；当智能调速装置、智能励磁装置部署在单元层时，则需要同时接入过程层网和厂站层网。智能保护装置等重要的智能电子装置宜采用"直采直跳"的点对点连接方式，将合并单元、智能终端和保护装置通过专用网络通信直接相连，以确保实时性和可靠性。此外，过程层网应该按照机组或间隔进行独立组网或采用 VLAN 技术实现逻辑隔离。此外，对于小型水电站，也可以考虑将 GOOSE 网和 SV 网合并，实现信息共网传输。智能水电站安全Ⅰ区的网络结构见图 1-9。

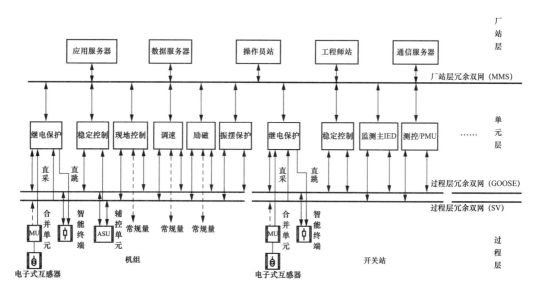

图 1-9　智能水电站安全Ⅰ区网络结构示意图

过程层网采用 IEC 61850 标准（DL/T 860 标准）的 GOOSE 报文规约和 SV 报文规约，厂站层网则采用 IEC 61850 标准 MMS 协议。由于 IEC 61850 标准主要用于分布式的智能设备或智能电子装置的互联，并不适合作为大系统互联的通信协议。因此，对于大部分已经建设的系统而言，宜采用 WebService 方式来实现各业务系统与一体化管控平台的集成。

采用扩大厂站模式的水电站集控中心，其生产控制大区厂站层网络宜采用 IEC 61850 标准 MMS 协议实现与下属电站单元层设备的直接通信，也可根据需要分别采用 IEC 60870-5-104 协议和 DL 476 协议实现与下属电站安全Ⅰ区和安全Ⅱ区一体化管控平台的远动通信。智能水电站与电网电力调度控制中心调度控制系统之间的通信应采用 IEC 60870-5-104 协议，与电网电力调度控制中心水调自动化系统之间的通信应采用 DL 476 协议。

3. 厂站层物理结构

智能水电站厂站层网络和计算机配置应符合《电力监控系统安全防护规定》，在生产控制大区和管理信息大区之间配置物理单向隔离装置（分为正向隔离装置和反向隔离装置）进行隔离，在安全Ⅰ区和安全Ⅱ区之间采用硬件防火墙隔离，见图 1-10。在各个安全区内分别部署独立的应用服务器、数据库服务器、操作员工作站，并分别安装一体化管控平台软件。此外，可根据业务需要在管理信息大区增加入侵检测服务器、网管服务器、杀毒服务器，提高系统运行安全性。

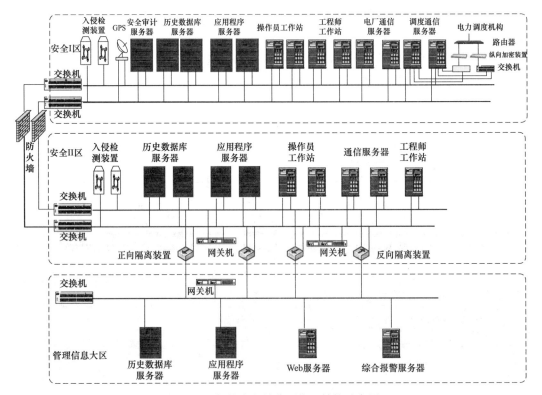

图 1-10　智能水电站典型物理结构示意图

为了确保系统长期运行的可靠性和稳定性，各安全区内关键网络设备和通信信道均应采用冗余化配置。各安全区的历史数据库服务器、应用程序服务器、通信服务器、WEB服务器、综合报警服务器和入侵检测装置等重要节点也均采用双重化配置，实现在线冗余与无扰动切换。各安全区根据需要配备多台操作员站，各台操作员站地位均等，可同时进行操作。此外，还应该实现系统硬件、软件故障点的自诊断、自隔离及自恢复。

与传统水电站相比，智能水电站安全Ⅰ区厂站层计算机设备在配置和数量上无明显变化。在安全Ⅱ区，可实现水调自动化、电能量管理、保护信息管理等系统的有效整合，在管理信息大区可集中部署各类 B/S 应用系统。因此，在安全Ⅱ区和管理信息大区可大幅减少交换机、路由器、服务器等硬件设备。智能水电站采用一体化管控平台后，平台所承载的业务应用越多，硬件设备的利用率也越高，系统初始投资以及运维成本节约越明显。

三、智能一体化管控平台及应用

1. 一体化管控平台

传统水电站按照不同业务应用领域，独立构建计算机监控、水调自动化、大坝安全监测等自动化系统，以及各类生产管理信息系统。由于系统各自独立设计、研制和建设，导致各个系统体系架构各异，数据存储和访问接口不统一，使得系统的整体性和协调性不足，信息孤岛问题比较突出，各类业务应用之间数据信息共享十分困难，不同的业务流程之间无法形成有效互动，难以对不同业务领域的数据进行综合分析。此外，这种架构体系也给系统建设和运维带来了诸多问题，例如系统硬件设备投资高、网络结构和数据流十分复杂，运维人员需要掌握多套异构系统维护知识。由此可见，传统水电站自动化系统的架构已经无法满足当前水电企业的集约化生产运行管理需求。

为此，智能水电站需要研制一体化管控平台（见图 1-11），并基于该平台构建上述各类自动化系统和生产管理信息系统，解决自动化系统和信息化系统各自孤立、管控困难、维护复杂、智能决策能力不足以及重复投资等问题。一体化管控平台是基于统一的信息模型、插件式应用组件等技术，采用面向服务（SOA）的体系架构，由数据服务、基础服务、基本应用构成，实现水电站生产运行一体化管控的软件平台。其中，数据服务是指对所有模型和数据进行统一存储和管理的服务，并提供统一的数据库访问和跨不同安全区的数据可靠同步机制。基础服务提供数据通信、统一数据访问、数据处理、工作流管理、资源监管、报警管理、短信服务、权限管理和日志服务等后台服务功能。基本应用则在数据服务和基础服务上，针对不同业务领域的应用需求，专门研制的计算机监控、水调自动化和Web 发布等水电站基本业务功能组件，可根据业务需要在对应的安全区内选择性地部署。

一体化管控平台通过内部数据双向同步机制，实现了水电站安全Ⅰ区、安全Ⅱ区和管理信息大区数据的汇聚和融合，能够在管理信息大形成一个面向生产的数据中心，对系统模型和数据进行集中存储和管理，打破长期困扰水电站的信息孤岛问题，支撑不同业务之间的有效互动和融合创新，使得运行人员能够更好地掌握水电站的整体运行情况。用户只

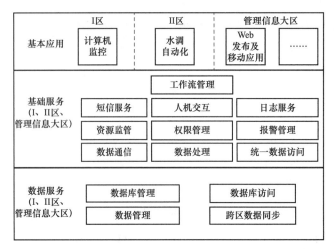

图 1-11　智能水电站一体化管控平台软件架构图

需要梳理数据同步需求，并在一体化管控平台中配置相应的数据同步策略，即可由一体化管控平台自动完成数据之间的实时同步。这种方式减少了传统异构系统方式下的大量通信转换环节，提高了数据传输的实时性和可靠性，减少了系统建设和运行维护的工作量。此外，一体化管控平台为不同安全区内的各类系统提供统一的软件运行平台，并且对外提供标准化的数据和服务接口，实现第三方模型及业务系统的接入与有效协同。

2. 智能应用组件

智能应用组件是指通过标准接口调用一体化管控平台各类数据服务和基础服务，并用于完成某一特定领域的智能化业务功能的组件集合。智能应用组件处于持续发展过程中，各厂商、高校均能够研制遵循一体化管控平台标准接口的智能应用组件。截至目前，较为成熟且得到广泛应用的智能应用组件主要包括：

（1）经济运行系统。

经济运行系统是由与水电站或水电站群水库调度、电力运行相关的一系列智能应用组件构成的有机整体，主要包括水文预报、电力负荷预测、发电能力预测、发电调度、洪水调度、风险分析、自动发电控制（AGC）、自动电压控制（AVC）、经济调度控制（EDC）、计划执行跟踪、趋势预测预警、预报精度评定和节水增发电考核等智能应用组件。该系统统筹考虑水电站群的水资源利用需求及电力调度需求，进一步强化各智能应用组件之间的协同优化机制，提高系统的整体性和协调性，建立水力、电力动态耦合机制，完善预报、调度、控制模型体系。系统在模型基础上开发全面的业务支持功能，并实现不同业务之间的友好互动，构建闭环的调度运行体系，解决了传统水电站水库调度和电力运行之间协调性不足的问题，提升了水电站及水电站群的水力—电力协同优化能力，进一步提升水电站群水资源综合利用水平，同时也是实现水电合岗的重要技术支撑。

（2）设备状态检修决策支持。

设备状态检修决策支持智能应用组件实现智能水电站主设备、辅助设备以及调速、励磁等重要二次设备状态分析评估和故障诊断等功能，为智能水电站实现从计划检修向状态检修过渡提供可靠的技术保障。该智能应用组件主要包括设备状态监视、诊断分析、状态评价、风险评估、趋势预测、决策建议、修后评价。其中，设备状态监视包括数据获取、数据处理和监测预警。诊断分析依据设备的异常信息判别故障部位、故障原因和劣化程度。状态评价对设备部件及整体进行健康状态和等级评定。风险评估在设备评价结果为存在潜在危险时对设备进行风险评估。趋势预测根据当前及历史运行数据预测未来一段时期的设备特征指标的发展趋势并进行预警。决策建议则根据状态评价、风险评估和趋势预测的结果给出各设备的检修项目、优先顺序、检修等级和检修时间等信息。修后评价则可用于设备检修前后的状态、性能等特性进行对比分析。

（3）大坝安全分析评估决策支持。

大坝安全分析评估和决策支持智能应用组件具备大坝安全监测基础资料、人工巡视记录、检测结果的输入输出、存储管理和检索传输、测量成果数据各类图形、报表的定制、生成和输出功能、监测量预测预报、监测成果数据异常判别、监测部位或监测断面异常识别、大坝整体安全稳定状况综合评估及决策建议等功能，使大坝安全管控有机统一、工程运管精细高效、信息服务便捷畅通、安全风险明辨可控，逐步达到大坝安全信息"采集自动化、传输网络化、集成标准化、管控一体化、决策智能化、管控全覆盖"的目标，支撑大坝安全的集约化、专业化管理，提升大坝安全管理的工作效率和管理水平。

（4）防汛应急决策指挥支持。

防汛应急决策指挥智能应用组件综合应用水文、水力学、水资源调度等专业数学模型及地理信息、三维仿真、预测预警等技术，将水电站或水电站群的防汛应急预案进行电子化和流程化，基于地理信息系统和工作流技术提供防汛应急指挥在线支持，具备防汛信息服务、防汛电话录音、防汛手机短信、防汛物资储备与队伍管理、防汛应急预警、洪水预报、防洪调度、防汛会商、防汛值班管理、防汛业务管理、防汛考评、防汛指挥调度、防洪风险分析等功能，全面覆盖"事前预测预警、事中联动应急响应、事后评估总结"的防汛业务流程，提高防汛指挥调度水平，全面提升防汛抢险应急指挥决策能力和效率，实现水资源利用的综合高效、工程运行的安全可靠、管理行为的合法有序。

（5）安全防范多系统联动。

安全防范多系统联动智能应用组件基于一体化管控平台实现水电站门禁系统、消防系统、视屏监视系统、人员定位系统、通风系统和电子围栏系统等相关安防子系统的有机集成，以图形化方式综合展示各安全防护子系统和设备的实时运行状态，并提供相关设备及系统的联动策略配置功能。该组件能够根据预先配置的联动策略以及实时采集的各类运行信息进行综合判别，自动触发和完成安全防护设备联动操作，解决传统水电站安全防范信息分散、协同性不足、系统联动成本高等问题，在突发安全事件时自动做出快速响应，避免事故扩大化带来的巨大损失，提高运行人员操作的业务效率，提升水电站安全运行的管理水平。

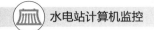

（6）生产数据综合分析。

生产数据综合分析智能应用组件依托大量历史运行数据，利用关联分析、趋势分析、偏差分析和数字特征分析等方法，对流域水文、水库调度、机电设备等运行特性进行深入分析，发掘相关数据点的内在联系和规律，通过人机交互和图形展示分析结果。通过对大量真实历史数据的分析，可以复核水电站水文、设施、设备等运行特性，并与设计资料进行对比，对各类特性参数进行修正，提高水电站调度运行过程中的精细化管理水平。该组件还可以通过对重要测点的历史数据分布规律统计结果，并结合人工经验优化相应测点的告警阈值，提高阈值设定的合理性。此外，该组件还能够分析重要测点的当前变化趋势，必要时进行提前预警，帮助运行人员更好地辨识系统异常状况。

（7）信息通信综合监管。

由于采用了大量设备的数字化和网络化，网络和信息安全对智能水电站安全稳定运行的重要性日益增加。信息通信综合监管智能应用组件用于对系统网络通道、硬件设备、安全设备、操作系统、数据库、中间件和应用系统等进行全面的统一监视和运维管理。该组件能够自动发现网络中的各类设备，提供面向各种角色、各种主题的监管信息视图，实时监视各类硬件、软件的运行情况以及病毒情况，当设备异常时能够进行及时告警。此外，该组件还能够对各类资源占用情况进行历史曲线展示和趋势分析，根据需要进行提前预警，并针对故障给出合理的运维措施建议。该智能应用组件能够有效提高水电站自动化和信息化系统的故障识别能力和运维工作效率，提升水电站安全生产保障能力。

四、智能水电站发展现状

当前，智能水电站已经成为国内水电企业技术创新的热点，在技术架构体系、智能产品研发、试点工程建设和技术标准编制等方面均开展了大量工作。

（1）技术架构体系方面。

国网新源控股有限公司、国电大渡河流域水电开发有限公司等水电企业，南瑞集团公司等厂商，以及相关设计院均开展了与智能水电站相关的发展规划、技术方案编制，针对新建和改造的常规水电站及水电站群、抽水蓄能电站，均提出了切实可行的智能化建设技术方案。结合工程应用实践的理论探讨也持续不断[32-37]。

（2）智能产品研制方面。

在智能水电框架下，现地层设备的接口形式、工作模式等均有相应的变化[38-42]。国内外多个厂商均已经成功研制了支持 IEC 61850 标准的智能电子装置、PLC 等产品，满足水电站厂内及升压站智能测量、控制和保护需求。研制了适用于水电站和集控中心的一体化管控平台[43,44]，以及基于平台的流域经济运行[45]、设备状态检修决策支持[46,47]、大坝安全分析评估决策支持等智能应用组件，能够有效替代传统水电站和集控中心的各类自动化系统。

（3）试点工程建设方面。

国内自 2010 年起开展了松江河[48]、白山[49]等首批智能水电站试点工程建设，并于

2012 年投入试运行。随后在大唐广西分公司桂冠集控[50]、中广核四川分公司成都集控中心[51]等大量项目中推广应用智能水电站的部分成果，取得了显著的工程应用成果，验证了智能水电站技术成果体系的可行性和重大意义，实现了智能水电站科研成果的产业化应用。

（4）技术标准编制方面。

智能水电站技术标准是一项系统性的工作，初步可分为基础类、设备类、平台类、应用类师大类型[52]。南瑞集团公司牵头编制了《智能水电厂技术导则》（DL/T 1547），并于 2016 年正式发布。2017～2018 年期间，南瑞集团公司又牵头编制了《智能水电厂控制、保护与监测信息模型技术规范》《智能水电厂一体化管控平台技术规范》《智能水电厂设备状态检修决策支持系统技术导则》《智能水电厂智能电子装置技术导则》《智能水电厂防汛决策支持系统技术规范》《智能水电厂安全防范系统联动技术规范》六项智能水电厂系列国家标准，并于 2019 年初完成了标准报批工作。此外，南瑞集团公司牵头分别向 IEEE（美国电气和电子工程师协会）和 IEC（国际电工委员会）提交了"Technical Guide for Smart Hydroelectric Power Plant"国际标准立项申请，并分别于 2017 年初和 2018 年初正式立项，目前正在编制过程中，预计 2020 年底完成国际标准编制工作。

值得注意的是，智能化是一个持续创新的过程，其理念、内涵和技术内容始终在随着水电企业的业务需求以及技术发展水平不断演化。尤其是当前云计算、大数据、物联网、移动应用、人工智能和专家系统等新兴技术的逐渐成熟和推广应用，将显著推动智能水电站系统架构演进和关键技术发展。目前，国内诸多水电企业均在开展各类新兴技术在水电站中的应用探索和实践，智能水电站发展也正在进一步加速。智能水电站代表了水电站自动化的发展方向，需要行业内所有单位积极参与，从不同的角度共同探讨和研究智能水电站，才能更好地推动行业技术发展和产业转型升级。

探索与思考

1. 从水电站机电设备设计角度来看，小型机组和大型机组结构和附属设备配置基本相同。从计算机监控系统来看，中小水电机组趋向于高集成度的一体化监控系统，而大型机组则是突出功能的完备性。这两种不同的趋势其核心出发点是什么？是否可能再次走向趋同或在某些技术特性方面重归一致？

2. 大型流域集控中心和区域小水电集控中心，在功能配置和"集控"的理念上有何不同？"集控"和"远程运维"有何不同？

3. 抽水蓄能电站工况转换时间较长，对照图 1-6，选取某一工况转换，思考转换过程中相关设备操作控制及其时间限制因素。

4. 智能水电站是发展的趋势，查询文献探讨这里的"智能"主要体现在哪些方面？有哪些不足？

第二章　水电站计算机监控基础

第一节　计算机监控系统主要构成

一、监控系统设计原则

受益于计算机技术、电子技术、自动控制技术的高速高质发展，以及"云、大、物、移、智"等新兴技术的快速扩张，水电站计算机监控技术已经在国内外水电站、流域集控中心、电站群集控中心等得到普及应用。特别是在大中型电站或集控，目前均按照"无人值班、少人值守"的模式完成了建设或改造。随着水利部"十二五""十三五"增效扩容政策的落地实施，大量的小型电站、乃至微型电站也逐步按照"无人值班、少人值守"模式建设计算机监控系统，以满足企业生产管理安全性、高效性的需求。此外，电力调度部门对水电站监管要求的提高也迫使电站加快计算机监控系统的改造或建设。

当前，计算机监控系统总体设计原则的核心要义是"无人值班、少人值守"监控模式，功能上能满足调度自动化的要求，机组开、停，功率设定及负荷调整均能实现远方监控。主要原则包括以下几方面：

（1）计算机监控系统采用开放的分层分布式系统结构，由厂站层系统和现地层系统组成。厂站层系统主要用于完成全厂数据的通信、分析、处理和存储，提供符合行业需求的人机交互界面；现地层系统主要用于本单元所管辖范围内受控对象的数据采集、处理和通信，负责流程控制与简单人机互动。集控中心计算机监控系统则仅设置厂站层系统。

（2）不再设置独立的常规集中监控系统设备。当计算机监控系统因故退出时，通过设置一些简单的独立于计算机监控系统电源的其他设备实现紧急停机、事故停机等最基本的监视和控制功能。根据实际需求，这些"其他设备"可以以常规继电器回路的形式存在，也可以以独立于主监控设备的小型化 PLC 控制回路的形式存在，作为后备保障。

（3）充分考虑冗余容错设计，当系统中任何一部分设备发生故障时，系统整体以及系统内的其他部分仍能继续正常工作且功能不会减少，不会因局部的故障而引起系统误操作或降低系统性能。

（4）系统配置和选型应在保证整个系统可靠性、设备运行的安全稳定性、实时性和实用性的前提下，在系统硬件及软件上充分考虑系统的开放性，符合计算机发展迅速、更新周期短的特点；充分利用计算机领域的先进技术，采用向上兼容的计算机体系结构，保护用户的投资。

（5）计算机监控系统局域网按 IEEE 802.3z 设计，采用星形结构或环形结构的交换式以太网，全开放的分布式接口，网络所有端口的传输速率均不低于 100Mbit/s。

（6）计算机监控软件应遵循 IEEE、POSIX、TCP/IP、SQL、ODBC、JDBC 等国际标准，采用模块化、结构化设计，保证系统的可扩性，满足功能增加及规模扩充的需要。具有跨平台能力，能全面支持异构平台。系统支持在线及离线编程，远程维护和全网络化数据信息交换。

（7）计算机监控系统必须满足电站综合利用各方面调度管理自动化的要求，应严格执行〔2004〕电监会 5 号令《电力二次系统安全防护规定》及电监安全〔2006〕34 号文"关于印发《电力二次系统安全防护总体方案》等安全防护方案的通知"的要求，进行安全防护。

（8）计算机监控系统支持各种应用软件及功能的开发应用，支持第三方软件在系统上无缝集成和可靠运行，支持数据网络通信，并能方便地与其他系统通信。具备高效安全可靠的监控内核、功能强大，以及实用方便的组态工具和应用界面，多种标准的接口，以及紧贴水电站和集控应用需求的各种常规及高级功能。人机接口界面友好，操作方便。

（9）针对老电站改造工程，还需充分考虑建设过程分步实施的可能性，电站运行操作习惯，以及新老系统的无缝连接。如在厂站层系统改造时，充分考虑未改造的现地 LCU 系统可无缝接入新的厂站层系统；在现地层系统进行改造时，则充分考虑新改造的现地 LCU 能够接入未改造的厂站层系统。

针对流域集控或电站群集控中心，还应满足以下设计原则：

（1）软件数据库标签总体容量应不小于 100 万个，应满足 300 个电站同时接入的容量要求及相关技术性能和质变要求，充分预留通信接口或可方便扩展。

（2）能够实现各电站优化调度管理：集控中心计算机监控系统应能接收利用水电优化调度系统或有关部门制订的发电优化调度、防洪调度方案或调度决策（长、中、短期），通过计算机监控系统执行调度指令，使各梯级电站在发电、防洪等方面发挥最大的综合利用效益，实现各梯级电站的联合优化调度和经济运行。

（3）能够根据电网调度的要求，至少实现两种控制调节方式。方式一：按电网调度要求，直接调度梯级电站，此时该电站自行与电网调度通信，上传电网调度机构要求的实时数据和运行参数等，接收电网调度发调控命令，进行实时控制调节、安全监视。同时，集控中心也可接收该电站上送的实时数据和运行参数等用于监视；方式二：电网调度发调控命令和设定值到集控中心，由集控中心对梯级电站进行远方实时控制调节、安全监视，实现联合优化调度、经济运行和统一调度管理。

二、厂站层和现地层主要组成

水电站计算机监控系统可简单地划分为厂站控制层（简称厂站层）、现地控制层（简称现地层）和网络系统（一般为光纤介质）。厂站控制层与现地控制层通过网络系统连接，共同完成全站主机设备、辅助系统、变压器、开关、输电线路和闸门等设备的监视和控制功能，整体归属于电力二次系统安全Ⅰ区[52]。

厂站控制层设备主要布置在中控室及监控机房内，完成厂站级的数据处理、报表统计、人机界面、远程通信以及 AGC/AVC 及经济运行等高级功能。主要设备包括：实时数据服务器（工作站）、历史数据服务器（工作站）、操作员工作站、语音报警工作站、工程师工作站、调度通信服务器（工作站）、厂内通信服务器（工作站）、厂站层交换机设备、时钟同步系统、不间断电源（UPS）系统等。一般大中型水电站还配置有 on-call 短信发送服务器（工作站）、WEB 浏览服务器（工作站）等，这些设备根据电力系统二次安全防护要求，将通过安全隔离措施或装置，部署于安全Ⅲ区。

对于集控中心计算机监控系统而言，往往还单独用部署电站通信服务器（工作站），用于实现集控中心与所辖电站间的数据通信。而针对一些小型电站，根据电站实际情况，往往将实时数据运算、历史数据存储、人机交互功能合并设置，仅布置一组主机兼操作员工作站。此外，为满足电力系统信息安全要求，根据不同的部署需要，在监控系统中还需配置相应的纵向加密装置、横向隔离装置、防火墙、入侵检测装置、漏洞扫描系统和安全加固软件等。

随着电力系统安全要求的不断增强，越来越多的电力调度中心对电站（集控中心）提出了"电力监控系统网络安全监测系统"部署的要求，用于在调度端实时监测电站（集控中心）计算机监控系统网络内主设备（网络设备、主机设备、安防设备）以及监测装置自身的运行信息和安全事件，并将运行信息和安全事件实时或归并成告警信息上报给主站平台，并执行主站平台下发的各类管控命令，网络安全监测装置成为电力调度网络安全管理系统不可或缺的重要组成部分。

现地控制层设备以现地控制单元 LCU（local control unit，LCU）为主，根据控制对象类型不同，可划分为：机组 LCU、开关站 LCU、公用 LCU、坝区 LCU、厂用电 LCU 和辅机监控 LCU 等。小型电站一般不设置厂用电 LCU，将开关站 LCU 与公用 LCU 合并为一套公用开关站 LCU。部分电站甚至不独立设置辅机监控 LCU，仅在油泵、水泵、空压气机旁设置用于手动操控的动力回路控制箱，而这些辅机设备的远程监控功能则被融合于公用 LCU 或公用开关站 LCU 内。

LCU 的主要组成部分包括：电源装置、PLC 或智能 I/O 设备、智能通信管理装置、温度巡检装置、同期装置、测速装置、交流采集装置、电能表、继电器和现地交换机等。LCU 类别不同，其组成器件也有所不同。其中，电源装置、PLC 或智能 I/O 设备、智能通信管理装置、交流采集装置、电能表、继电器和现地交换机为各类 LCU 共性设施；同期装置仅布置于机组及开关站 LCU 内；测速装置、水机保护常规回路/水机保护 PLC、温度巡检装置为机组 LCU 独有设施；接触器、软启动器、变频器则主要部署于辅机 LCU 或闸门 LCU 内。

LCU 一般位于受控对象附近，如发电机层、开关站、闸门控制室等，直接与生产过程设备接口，检测并处理各种常规信号，将生产过程中的实时数据、事件记录等大量信息报给上位机，接受来自上位机或当地人机界面的控制和调节命令，完成对生产过程的监视和控制。LCU 通过网络与上位机通信，同时也具有很强的独立工作能力。

有些时候，为了减少现场信号电缆敷设数量，又不便于在被控对象旁布置有独立 CPU 的 PLC 设备时，往往使用远程 I/O LCU 替代有独立 CPU 的 PLC，用通用或专用的现场总线连接主控 PLC 和远程 I/O LCU。远程 I/O LCU 采集的信号通过现场总线传输至远端的主控 PLC，由其负责数据处理和逻辑控制。现场总线的物理拓扑结构可以为星形或环形网络结构，根据需要也可采用双总线冗余结构。

一般来说，对于无法采用数字通信的设备采用硬布线 I/O 进行连接。同时，对于安全运行的重要信息、控制命令和事故信号除采用现场总线通信外，也要通过 I/O 点直接连接，以实现双路通道通信，保证信号准确、可靠。

在现地控制设备的设计中，智能通信管理装置的作用显得举足轻重。对于全厂范围内分单元（间隔）设立的、可以采用数字通信的设备或系统，如果需要被监视或控制时，会通过智能通信管理装置、以串口或网络通信的方式接入现地控制层设备中，如电能表、保护、励磁、调速系统等，通信规约主要集中于 MODBUS、IEC103、DL976 等。如果采用网络通信，则要充分考虑被通信对象所属安全区域，否则需加设相应的安全防护设备。

常规水电站计算机监控系统结构示意图如图 2-1。

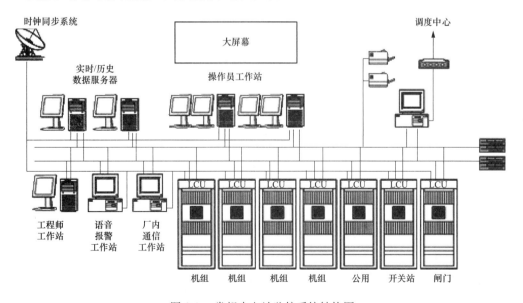

图 2-1　常规水电站监控系统结构图

三、监控系统设备部署

计算机监控系统设备主要按照厂站层、现地层、网络层三个类别来规划部署，同时根据不同工程需求还会配套一些如 UPS、模拟屏、大屏等系统外围设施。

对于集控中心计算机监控系统来说，除无现地层外，其余设备部署基本与电站的计算机监控系统相同。

（一）厂站层设备

厂站层计算机监控系统主要由下列设备组成：实时数据服务器、历史数据服务器、操作员站、工程师站、语音报警站、通信服务器、生产信息服务器（WEB 服务器）、打印机和 GPS 等组成。根据实际情况，实时数据和历史数据服务器可合并使用。

其他硬件设备包括但不限于：高级应用服务器、仿真培训工作站、便携式维护设备和报表工作站等。

1. 实时数据服务器和历史数据服务器

实时数据服务器主要负责电站设备运行管理、实时数据处理和成组控制等高级应用工作。历史数据服务器主要负责历史数据的生成、转储，各类运行报表生成和储存等数据处理和管理工作。

2. 操作员工作站

操作员工作站为运行人员提供人机接口工作平台，用于实时运行监视和控制。

3. 工程师工作站

工程师工作站为维护人员提供人机接口工作平台，用于数据库修改、画面编辑、程序修改和下载等系统维护工作。

4. 报表工作站

报表工作站为运行人员提供人机接口工作平台，用于报表查询、打印等。

5. 语音报警站/ONCALL 报警站

语音/ONCALL 报警站主要完成语音或短信报警功能。

6. 生产信息服务器（WEB 服务器）

生产信息服务器（WEB 服务器）主要提供 WEB 浏览功能。

7. 通信服务器

通信服务器用于与监控系统以外的设备或系统进行通信。

8. 打印机

打印机主要完成监控系统的各种打印服务功能。

9. GPS 系统

GPS 系统可以分别接受 GPS 授时信号和北斗授时信号，对整个网络内的计算机进行时钟对时。

（二）现地层设备

现地层计算机监控系统主要由下列设备组成：机组 LCU、公用 LCU、厂用 LCU、开关站 LCU、坝区 LCU、辅机 LCU 等。根据实际情况，公用、厂用、开关站 LCU 可以合并设置。每套 LCU 内根据功能需求不同，配备不同的装置或设备。

1. 供电电源配置

为提高现地控制单元输入电源的供电可靠性，机柜输入电源一般采用 AC 220V 和 DC 220V 双电源，通过交直流双供电装置给现地控制单元供电。根据电站具体要求采用双 AC 220V 或双 DC 220V 也可构成双电源冗余供电，当其中一路电源消失时，可以安全、可靠、无扰动切换到另一路电源（见图 2-2）。

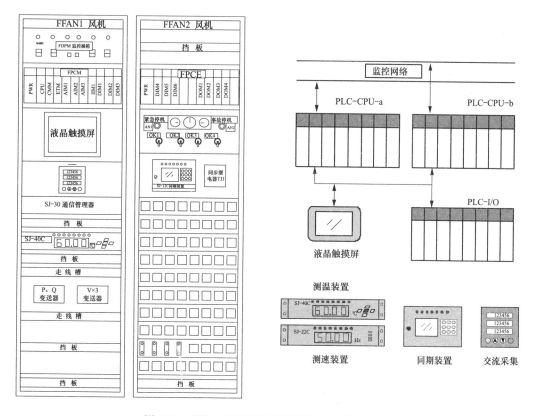

图 2-2 现地 LCU 机柜结构设计及主要设备组成

同时，为提 PLC 的供电可靠性，一般为 PLC 提供双路 DC 24V 供电，或选用冗余型 PLC 电源模件实现双路 DC 24V 供电。

而为保证机组事故时安全可靠停机，机组现地控制单元一般设置独立的事故停机回路，其电源与机组现地控制单元电源相互独立，通过电站直流系统单独供电。

2. 可编程逻辑控制器 PLC 配置

可编程逻辑控制器 PLC，一般由电源模块、中央处理器 CPU、存储器、通信模块、

I/O 模块等部分组成。

电源模块，负责将外部输入的电源处理后转换成满足 PLC 内部电路工作需要。为了保证可靠性，每个 CPU 配置独立的电源模件，扩展 I/O 模件配置冗余电源模块。

中央处理器 CPU，是系统的运算、控制中心。对于大中型电站，一般采用双 CPU 冗余结构，双 CPU 以热备冗余方式运行。有些品牌 PLC 的冗余功能需要依靠单独的热备冗余模块来实现，如 GE PAC3i、施耐德 Quantum+；有些品牌的 PLC 则将冗余功能集成于 CPU 模块内，简化配置、减少用户投资，如 NARI MB80E、NARI MB40E。冗余 CPU 之间一般通过网络双绞线或光纤连接，以获取对侧 CPU 的工作状态和工作数据。

存储器，这里单指用户存储，主要用来存储用户级程序。根据需要可以选配存储卡用以扩展用户存储区存储容量，也可防止用户级数据非法丢失。

通信模块，负责 PLC 与厂站控制层的通信及与扩展 I/O 模件的通信。有些品牌的 PLC 需要单独的模块或总线扩展电缆负责远程 I/O 通信。为提高可靠性，每个 CPU 可配置 2 个通信模块，用于与厂站层的通信冗余和远程 I/O 机架的总线冗余。

I/O 模块，负责与外部设备打交道，既可以与 CPU 放置在一起，又可远程放置。一般 I/O 模块具有 I/O 状态显示和接线端子排。包括开关量输入模块、开关量输出模块、事件顺序记录模块、模拟量输入模块、模拟量输出模块、RTD 测温模块和电气量输入模块等。

有些品牌的 PLC 还有总线通信模块可供选择，用于相同品牌 PLC 之间的内部总线通信，这个功能也可能集成于 CPU 模块上，主要用于监控系统与辅机闸门系统，或监控系统不同 LCU 之间的现场总线通信。这些总线包括 Profibus-DP、Modbus TCP、Genius、Device Net 等。

3. 智能通信装置配置

用于实现与机柜内外各种智能装置或系统的通信，一般配置 2 个网口和 8 个串口。串口用于装置与励磁、保护、调速、电能表、交采装置、振摆装置、UPS、直流等各种设备之间的数据交互；网络口用于装置与 PLC 之间的通信。智能通信装置将从串口采集的数据汇集后传输给 PLC，PLC 采集到后一般用于自身程序的逻辑运算或继续向厂站层监控系统转发。厂站层监控系统的控制调节指令也可经 PLC 处理后转发给智能通信装置，再由其通过串口向外部系统发出相应指令。

4. 现地交换机配置

现地控制单元一般配置 1~2 台现地交换机，用于将 PLC、触摸屏和其他智能通信装置进行组网，实现必要的通信。PLC 与厂站层监控系统的通信联系就是依靠现地交换机与主网络层的连接来完成的。现地交换机的接口数量根据电站具体需求选取，一般不少于 2 个光口和 4 个电口，采用环形网或星形网连接。现地交换机可采用导轨式工业以太网交换机。

5．人机接口配置

现地控制单元人机接口有触摸屏和一体化工控机两种方式。触摸屏方式功能相对简单，通过以太网或串口与 PLC 互联。现地一体化工控机则功能更为强大，根据权限可直接部署与厂站控制层操作员站相同的功能。现地一体化工控机一般固态硬盘，有效增强了系统的可靠性。

6．同期设备配置

机组在并网前与电力系统是不同步的，存在频率差、电压差和相位差，需要进行同期并列操作。需要配置一套单对象微机型自动准同期装置、一套手动准同期装置（包括同期整步表、同步检查继电器和机械把手等），用于完成机组出口断路器的同期合闸工作。有些电站的主变压器高压侧开关的同期功能也需布置在机组 LCU 内。

开关站 LCU 要配置一套多对象微机型自动准同期装置，但一般不配置手动准同期装置。与机组同期装置不同，开关站同期装置一般不进行频率和电压调节，采用检同期合闸方式。

自动准同期装置可与检同期装置串联输出，避免由于同期装置故障引起非同期合闸。

7．测量仪表配置

交流采样装置，用于测量电压、电流、频率、功率和功率因素等电气量信息，TV 可选 100V 或 400V，TA 可选 1A 或 5A，测量精度等级有 0.2 级或 0.5 级之分，通过串口与 LCU 的智能通信装置通信。

电量变送器的功能与交流采样装置相同。电量变送器的输出为 4～20mA 的信号，采用模拟量方式接入可编程逻辑控制器的模拟量输入模件。

电能表，用于测量有无功电量，TV 可选 100V 或 400V，TA 可选 1A 或 5A，测量精度等级有 0.2 级或 0.5 级之分，通过串口与 LCU 的智能通信装置通信。

8．现地控制面板配置

机组 LCU 面板上设置机械事故停机、紧急事故停机、电气事故停机和复归按钮，实现手动机械事故停机、紧急事故停机、电气事故停机功能。设置手准/自准同期方式切换开关和增速/减速、升压/降压、手准合闸操作把手，用于手准同期操作。

辅机 LCU 面板上设置辅助设备自动/手动、现地/远方、启动/停止等把手或按钮，实现辅助设备的相关操作。

9．机组事故停机回路设计

为保证机组事故时安全可靠停机，机组 LCU 一般设置独立的事故停机保护回路，其电源和输入信号与机组 LCU 独立。

机组事故停机硬布线回路包括机械事故停机按钮、紧急事故停机按钮、电气事故停机按钮和事故复位按钮等。为了防止误碰，需设有防护罩。

事故停机硬布线回路主要有两种方式，一种是由继电器硬布线搭建而成，独立于机组

PLC 之外，实现事故停机功能，成本较低；另一种是使用另一套独立的 PLC 系统，独立于机组 PLC 之外，实现事故停机保护功能，成本较高，但比继电器硬布线回路应用更为灵活、可靠。

事故停机回路在设计前期要全面考虑事故停机保护的动作条件、输出结果，以尽量减少后期修改和调整，继电器宜选用带动作指示灯的，以便观察动作情况，事故停机硬布线回路与 PLC 的输入/输出信号尽可能分开独立布置。若无条件实现，则可使用中间继电器进行扩展，以免产生寄生回路。

10. 开出继电器配置

现地控制单元控制操作均通过开出继电器方式输出，需选用可靠性高、带动作指示灯的开出继电器，以便于观察动作情况。

11. 组屏方式

LCU 屏柜有两种组屏方式，一种是集中组屏布置方式，每套 LCU 所有屏柜都布置在一起；另一种是分区组屏布置方式，如将屏柜布置在发电机层、水轮机层等，就近连接相应设备信号，可节省大量电缆。如 LCU 布置在环境潮湿的区域时，LCU 柜内需安装温、湿度加热装置，以自动进行机柜内的温湿度调节，保护电子设备。

LCU 屏柜尺寸一般有 2260mm×800mm×600mm（高×宽×深）和 2260mm×800mm×800mm（高×宽×深）2 种类型。

（三）网络设备

计算机监控的网络设备广义地包括主干网交换机、与外部系统联络的路由器或接入交换机，以及根据二次安防规定所必需配备的网络设备。所有网络设备一般部署于网络柜内，最好采用双电源配置。

1. 主干网交换机

计算机监控系统主干网络一般采用分层分布式体系结构，可以为星形结构，也可以为环形结构或混合结构。为确保系统的可靠性，采用冗余配置方式，实现各服务器、工作站功能分担，数据分散处理。处理速度快、工作效率高。随着网络技术的发展，计算机监控系统主干网络速率越来越多地采用 1000Mbit/s 速率。根据不同需要，可选择管理型交换机或非管理型交换机，二层交换机或三层交换机，工业级交换机或企业级交换机。其中模块化交换机的电源、电口、光口数量可灵活地选配或后续增补，Combo 口则可方便地在光口和电口之间进行切换。

2. 接入路由器或交换机

接入路由器，用于厂站监控系统联通上级调度系统或集控中心之间的网络，一般采用国产路由器。

接入交换机，根据需要设置三层交换机，用于集控中心监控系统联通电站层计算机监控系统之间的网络，替代路由器功能，常用于一套电站接入服务器（集控中心侧）与多个流域电站（群）计算机监控发生通信联系的情况，是实现"一对多"接入模式的经济型选择。

3. 二次安全防护网络设备

纵向加密装置：采用经电力系统许可认证的加密、访问控制等技术措施实现集控-电站、电站-调度数据的远方安全传输以及纵向边界的安全防护，用来保障远程纵向数据传输过程中的数据机密性、完整性和真实性。每个通道均需单独设置一台纵向加密认证装置。

入侵检测系统 IDS（intrusion detection systems，IDS）的探头统一接入 IDS 管理计算机，组成一套对网络入侵进行检测的系统。网络入侵检测系统是专门针对黑客攻击行为而研制的网络安全设备，它通过对计算机网络或计算机系统中若干关键点收集信息并对其进行分析，从中发现网络或系统中是否有违反安全策略的行为和被攻击的迹象，可以实施对网络攻击及违规行为的监测与响应策略。入侵检测系统的探头部署于网络边界。

防火墙：根据招标文件的要求及国家安全防护的规定，需在安全Ⅰ区和安全Ⅱ区之间设置硬件防火墙设备，识别正常和异常的网络行为，建立行为特征库，实现动态的行为检测，并根据自适应的策略阻止不符合安全要求的数据包的访问，以及流量的控制和管理。一般采用国产设备。

4. 网络柜

网络柜尺寸一般有 2260mm×800mm×1000mm（高×宽×深）和 2260mm×600mm×1000mm（高×宽×深）2 种类型。颜色有计算机灰或黑色。

（四）其他设备

1. 不间断电源 UPS 配置

UPS 主要用于给服务器、工作站和网络设备等提供不间断的电力电源。当交流电源输入正常时，不间断电源将交流电源稳压后供应给负载使用，同时还向蓄电池充电；当交流电源中断时，不间断电源立即将蓄电池的电能，通过逆变转换的方式继续向负载供应交流电源，保证负载供电的稳定性和可靠性。UPS 一般由电源输入隔离和滤波回路、整流器、逆变器、蓄电池组（带蓄电池的不间断电源）、旁路回路、控制面板和馈电回路等设备组成。

UPS 的设计选型首先要根据电站实际设备供电情况，确定不间断电源工作方式，然后根据所有供电设备的功率确定不间断电源的容量，为使不间断电源工作在最佳状态，供电设备的总功率一般为不间断电源容量的 70%～80%，最后计算确定不间断电源蓄电池型号和数量。

UPS 工作方式主要有并机冗余和独立供电两种方式：

（1）并机冗余方式：2 台不间断电源主机通过并机线电源同步后，馈电输出并接在一起向外部设备供电，当 2 台不间断电源主机正常工作时，各带 50% 的负荷，出现故障时，无扰动切换至另 1 台不间断电源主机，由另 1 台不间断电源主机承担 100％的负荷。并机冗余供电方式接线复杂，当不间断电源主机故障时维护工作量较大。

（2）独立运行方式：2 台不间断电源主机完全独立运行，具有双电源供电的计算机设备的供电分别来自 2 台独立的不间断电源主机，对于那些少量的只有单电源供电的计算机设备，可由 2 台独立运行不间断电源主机馈电输出至静态切换开关，通过静态切换开关无扰动切换后供电。独立供电方式接线简单，可靠性高，故障排查快，维护工作量小。

2. 大屏幕显示系统配置

大屏幕显示系统是当前满足电站或集控中控室集中信息展示要求的良好解决方案，可将各种计算机图文信息和视频信号等进行集中显示，且各种显示信息在大屏幕上可根据需要以任意大小、任意位置和任意组合进行显示。大屏幕显示系统由组合显示大屏幕（含板卡）、控制处理系统（包括专用控制器、控制软件等）及相关外围设备（全套的框架、底座、线缆、安装附件等）组成。

系统支持实时计算机图像信号输入和视频信号输入。支持多屏图像拼接，画面可整屏显示，也可分屏显示。用户可灵活开启窗口，定义尺寸，画面能够自由缩放、移动、漫游，不受物理拼缝的限制，采用软件控制窗口的各项参数，屏与屏间的拼缝不影响汉字和图像的正确显示（见图 2-3）。

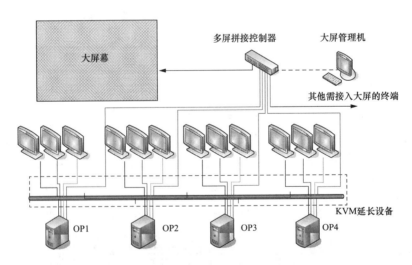

图 2-3　大屏幕显示系统结构图

3. 中央控制台配置

在中央控制室布置一套中控室控制台，将中控室内的计算机、显示器、鼠标、键盘、调度电话和打印机等设备摆放布置在中控室控制台，便于操作人员集中监视和控制。中控室控制台一般根据电站的使用需求订制，既可以单联使用，也可以是多联组合。设计时主要考虑能够满足人体工学设计、合理的布线要求和合理散热要求，兼顾耐用性及布局的合理性，符合环保标准。

第二节 计算机监控系统主要功能

水电站计算机监控系统的主要功能是完成对全厂设备的实时、安全地监视或控制。厂站控制层负责对电站所有设备的集中监视、控制、管理和对外部系统通信。运行人员主要通过厂站层实现对设备的监视和自动控制。对于全厂装机容量超过 5 万 kW 的电站，一般上级调度部门还需要通过厂站控制层系统的 AGC/AVC 功能模块，实现调度中心对水电站的远程调控功能。现地控制层负责对所管辖生产设备的生产过程进行安全监控，通过输入、输出接口与生产设备相连，并通过网络接口接连到监控系统网络内，与厂站控制层连接，实现数据信息交换，并接收由运行人员或上级调度系统发出的控制、调节指令，当发生事故时则自动启动相应的（紧急）事故停机流程。

水电站计算机监控系统一般具备以下详细功能。

一、数据采集

根据采集对象、采集方式的不同，监控系统数据类型包括：表示设备状态、报警信号的开入量 DI，表示带毫秒级时标的事件顺序记录量 SOE，用于对现场设备进行分/合、启/停、投/退操作的开出量 DO，用于将变送器输出的电压或电流信号转换为数字量信号的模入量 AI，用于对现场设备进行设定值整定或调节的模出量 AO，用于将布置于发电机、变压器等设备内部的 RTD 电阻值转换为电压信号以表征温度变化的温度量 TI，直接采集二次侧 TA/TV 输出而获得的电压、频率、功率、功率因素等交流采样值的交采量 AC，以高速技术方式累加计算得出的电度量 PI，以及在测量位置、开度等的场合中将格雷码、BCD 码等编码值转换为数字量的数码输入量。此外，计算机监控系统可以通过串口/现场总线/网络通信，对水电站内各系统、设备及传感器的实时运行数据进行采集，这些采集量我们统称为通信量。

数据采集分为周期巡检和随机事件采集。采集的数据用于画面的显示、更新、报警，记录，统计，报表，控制调节和事故分析。

厂站层监控系统实时采集来自现地控制层的所有运行设备的模拟量、开关量、温度量和电气量等信息，以及来自保护、直流、消防等外部独立系统的通信量信息。可接收来自上级调度中心的数据，或接收由操作员向计算机监控系统手动登录的数据信息。

现地层监控系统则能自动采集 DI、SOE、AI、PI 等类型的实时数据，自动接收来自厂站控制层的命令信息和数据。

二、数据处理

由于对数据处理的设备性能和展示要求不尽相同，厂站层监控系统和现地层监控系统分别承担了不同的数据处理功能。

1. 厂站层监控系统

厂站层监控系统主要负责数据的再加工，注重数据在人机界面的多样化展示形式，以及为运维人员提供分析诊断等的功能，包括：

（1）自动从各现地控制单元采集开关量和电气、温度、压力等模拟量，掌握设备动作情况，收集越限报警信息并及时显示、登录在报警区内，并可根据数据库的定义进行归档、存储、生成报表、实时曲线或事故追忆显示。

（2）对采集的数据进行可用性检查，对不可用的数据给出不可用信息，并禁止系统使用。

（3）可根据不同的逻辑要求，实现对一个或多个基础数据的综合性计算，并生成新的展示数据。例如计算全厂总功率、温度平均值等。

（4）更新实时数据库和历史数据库，并将实时数据分配到有关工作站，供显示、刷新、打印和检索等使用。

（5）对数据进行越限比较，越限时发出报警信号，异常状态信号在操作员画面上显示。可对测量值设定上上限（HH）、上限（H）、下限（L）、下下限（LL）和复位死区等报警值，当测量值越上限或下限时，发出报警信号，当测量值越上上限或下下限时，应转入与该测点相关设备的事故处理程序。不同越限方式有不同的声、光信号和不同的颜色显示，易于分辨。

（6）具备对主、辅设备动作次数和运行时间的统计处理的能力。

（7）具备向调度中心、集控中心以及水情、五防等外部系统发送数据信息的功能。

（8）具备对全厂数据进行综合计算的能力。

2. 现地层监控系统

现地层监控系统主要负责数据的预处理，主要实现对自动采集数据的可用性检查功能，包括：

（1）在开关量处理时，具备防抖滤波、时间补偿、数据有效性合理性判断，并在现地 HMI 设备上产生报警、动作和记录。

（2）在模拟量数据处理时，具备数据滤波、误差补偿、数据有效性合理性判断、标度换算、梯度计算及越限复限判断等，并在现地人机界面设备（human machine interface，HMI）上产生报警和记录。

（3）在温度量数据处理时，具备误差补偿、数据有效性合理性判断、标度换算、梯度计算、趋势分析及越限复限判断等，并在现地 HMI 设备上产生报警和记录。

（4）在交流电量数据处理时，具备信号隔离、滤波、误差补偿、数据有效性合理性判断、标度换算及越限复限判断等，并在现地 HMI 设备上产生报警和记录。

（5）在 SOE 数据处理时，能够记录各个重要事件的动作顺序、事件发生时间（年、月、日、时、分、秒、毫秒）、事件名称、事件性质、并在现地 HMI 设备上产生报警和记录。

（6）完成其他必要的综合计算。

三、监视与展示

监控系统采集的数据需要通过计算机或触摸屏等人机界面进行显示，为运行人员的日常运行维护提供服务。为了满足水电站的运行要求，监控系统采集的数据一般在监控系统内进行相应的预处理，通过画面、简报、光字、曲线和相应的语音等方式提供给运行人员（见图 2-4）。

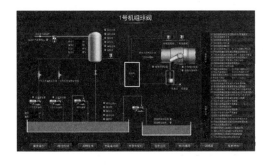
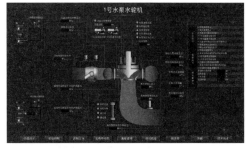

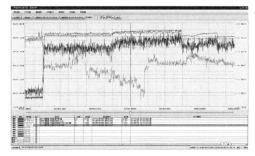

图 2-4　部分窗口示例

1. 厂站层监控系统

一般来说，厂站层监控系统具备丰富的监视和展示功能，包括运行监视、操作过程监视、设备状态监视与分析以及生产信息展示。

运行监视：监视各设备的运行工况、位置、参数等。如机组工况、机组功率、断路器位置和隔离开关位置等。当电站设备工作异常时，给出提示信息，自动启动语音报警、手机短信自动报警系统，并在操作员工作站上显示报警及故障信息。

操作过程监视：监视机组各种运行工况转换操作过程及各电压等级开关操作过程，在发生过程阻滞或超时时，显示阻滞或超时原因，并自动将设备转入安全状态或保留在当前工况，在值守人员确定原因并消除阻滞或超时后，才允许由人工干预继续启动相关操作。

设备状态监视与分析：各类现地自动控制设备如油泵、技术供水泵、空压机的启动及运行间隔有一定的规律，自动分析这些规律，监视这类设备及对应的控制设备是否异常。

生产信息展示：将监控系统采集的数据投射到模拟屏或者 LED/DLP 大屏幕上，通常展示全厂主接线状态、机组发电量、水情水位信息和安全生产天数等。集控中心则往往还会展示流域水量、总发电量等信息。

2. 现地层监控系统

现地层监控系统的监视功能一般不比厂站层功能丰富，主要依靠现地触摸屏展示一些重要的监视画面，画面形式也较为简单，仅满足日常巡检或试验需求即可。

四、设备控制与调节

运行人员可通过厂站层和电站层的人机接口设备，完成对全站被控设备的控制与调节。主要的控制和调节包括：机组启停和工况转换控制，机组有功功率、无功功率的调节，发电机出口电压及以上电压等级断路器、隔离开关的分合闸操作，站用电开关的合分闸操作，进水阀及闸门的开启或关闭操作，全站公用和机组附属设备（中压气系统、技术供水泵、风机等）的开启或关闭操作等。通过厂站层监控系统，还可通过人工置数或接收来自上级调度中心、集控中心的调节指令，实现全站有功功率、无功功率的成组调节，母线电压及频率调节。控制关系与控制对象如图 2-5 所示。

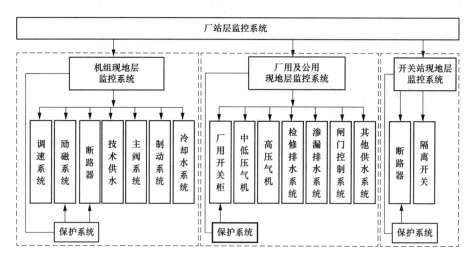

图 2-5　控制关系与控制对象

1. 开停机操作

运行人员根据上级调度指令或现场实际要求，依靠现地层监控系统内预设的开停机控制流程逻辑，向开关刀闸、励磁、调速、辅机等系统下发相应指令，达到对主机设备的控制操作目标。在机组开停机过程中，监控系统自动监视相应设备的执行过程，并根据设备动作情况自动判断后续执行操作步骤，自动将机组开、停至目标工况。如开停机过程中由于设备或其他原因异常导致开停机流程受阻，监控系统自动根据预设的流程将机组控制至相应安全状态，并及时给出相应受阻原因。

预设的开停机控制逻辑放置于现地层控制系统内，确保机组现地控制单元在没有厂站层命令或脱离厂站控制层的情况下，也能独立完成对所控设备的控制与调节，保证机组安全运行和开停机操作。

对于紧急停机/电气事故停机/机械事故停机，除可在厂站层人机界面、现地层人机界面和现地层操作面板上启动流程外，还可由现地层监控系统根据预设的启动条件自动启动相应流程。事故停机后，机组将被闭锁在停机状态，直至运行人员现场消除故障复位信号后，方可重新启动机组。

2. 有无功调节操作

运行人员根据上级调度指令或现场实际要求，依靠现地层监控系统内预设的负荷控制逻辑，自动评判设定值与当前实发值的差异，以脉冲开出、通信设值或模出设值的形式，将相应的调节指令发送至调速、励磁等调节机构，并实时监视机组运行工况，跟踪有无功调节指令的正确执行，直至将有无功负荷调整至调节死区内。一般情况下，在未收到新的调节指令前，监控系统将持续把负荷保持在调节死区范围内。但应某些电网要求，有无功调节到位后，监控系统自动退出负荷调节功能，直至收到新的调度调节指令后再次投入调节。

在规定时间内，如机组有无功实发值进入调节死区，则发出"调节完成"记录；如在预定时间内没有完成调节目标，则监控系统自动停止调节操作，同时给出故障原因。

预设的负荷调节逻辑放置于现地层控制系统内，确保机组现地控制单元在没有厂站层命令或脱离厂站控制层的情况下，也能独立完成负荷调节，保证机组安全运行。

3. 开关刀闸操作

在运行人员需要进行开关刀闸的操作时，依靠现地层监控系统内预设的开关刀闸控制逻辑和闭锁条件，向开关或刀闸发出脉冲型分合指令。如相应开关在运行操作状态，则自动发出相应控制指令；如相应开关的操作条件不满足，则自动闭锁相应操作并在监控系统画面上给出闭锁原因。

预设的开关刀闸控制逻辑和闭锁条件放置于现地层控制系统内，确保现地控制单元在没有厂站层命令或脱离厂站控制层的情况下，也能独立完成操作，保证电站倒闸功能。

此外，开关刀闸的操作除在现地控制单元中设有软件闭锁外，一般在现地具有硬线逻辑安全闭锁和五防系统安全闭锁，确保设备和人身安全。

五、智能装置或外部系统通信

计算机监控系统是水电站的数据采集与处理中心，全厂与生产控制相关的数据，在条件允许的前提下，一般都会采集到监控系统中去。因此，监控系统除了与自身系统内部设备相关智能设备通过串口、网络或内部总线进行通信外，还会与外部设备或系统存才大量的通信需求。

（1）厂站层监控系统的实时数据服务器（工作站）与各现 LCU 通信，接收各现地 LCU 上送的信息，并向其发送控制调节指令。

（2）厂站层监控系统的厂内通信服务器（工作站）与电站生产管理系统、火灾报警系统、水情系统和电量采集装置等设备通信，接收各外部上送的信息，或向外部系统发送相关数据。有关通信规约和接口设备满足相关系统的接口要求。

（3）厂站层监控系统的调度通信服务器（工作站）与网调、省调、地调等调度中心 SCADA 系统通信，向调度系统发送重要生产数据信息，并接收来自调度中心的遥控、遥调指令。有关通信规约和接口设备满足电力调度通信规范要求。

（4）厂站层监控系统的集控通信服务器（工作站）与上级集控中心计算机监控系统通信，一般向集控中心发送全部生产数据信息，使集控中心获得与电站计算机监控系统完全一致的生产数据信息；同时接收来自集控中心的遥控、遥调指令，使集控中心获得与电站计算机监控系统完全一致的控制调节权限。有关通信规约和接口设备满足电力调度通信规范要求。

（5）现地层监控系统的智能通信管理装置，采用串口或网络的接口形式，与从属于本 LCU 监控范畴的外部装置或系统进行通信；或采用相关 PLC 规定的现场总线方式，与从属于本 LCU 监控范畴的外部系统 PLC 进行通信。通信对象一般包括调速系统、励磁系统、保护系统、发电机辅助系统、水轮机辅助系统、进水阀控制系统、调速器压油系统、状态监测系统和各种闸门控制系统等现地控制系统。有关通信规约和接口设备满足相关系统的接口要求。

（6）近距离的通信主要依靠以屏蔽双绞线为载体的各类工业现场总线或以太网（局域网），远距离通信的通道则包括微波、电力载波、调度数据专网、卫星通道、电站自架专网、移动供应商租赁网络等。通信规约有 MODBUS、MODBUS TCP、IEC 60870-5-101、IEC 60870-5-103、IEC 6870-5-104、CDT、DNP3.0、DL 674—1992、DL/T 645、TASE2、IEC 61850 等。

六、自动发电控制 AGC

自动发电控制 AGC（automatic generation control，AGC）是指按预定条件和指标要求，以迅速、经济地方式自动调整全厂有功功率以满足系统需要的自动控制功能。AGC 是厂站层监控系统完成的全厂性运算工作，其计算结果将通过现地层监控系统直接执行。一般来说，AGC 需要综合根据水头、机组振动区、机组运行工况，以及电力系统的相关要求，以全站"省水多发"为原则，以机组安全稳定为首要条件，用计算机实现模型演算，确定机组运行台数和运行负荷，同时要避免由于电力系统负荷短时波动而导致机组的频繁起停。

AGC 的指令来源包括：电站操作员在计算机监控系统中输入的负荷指令，调度中心通过调度通信通道远程下达的负荷指令，或调度中心根据水量和电量综合考虑后下达的日计划负荷曲线指令。对于流域集控电站而言，也可能是经集控中心监控系统的经济调度控制 EDC 软件计算后、通过集控通信通道下达的全厂负荷指令。

电站 AGC 应该充分考虑电站运行方式，应具有有功联合控制、电站给定频率控制、电站低频或高频控制等功能。其中：有功联合控制系指按一定的全站有功总给定方式，在所有参加有功联合控制的机组间合理分配负荷；给定频率控制系指电站按给定的母线频率，对参加自动调频的机组进行有功功率的自动调整；紧急调频控制系指系统频率异常降低或升高时，自动发电控制应能够根据频率降低和升高的程度以及机组当时的运行工况，增加或减少全站的出力（包括自动启、停机组措施），以尽可能使电力系统的频率恢复到正常范围。

AGC 应根据全站负荷和频率的要求，在遵循最少调节次数、最少自动开机、停机次数并满足机组各种运行限制条件的前提下确定最佳机组运行台数、最佳运行机组组合，实现运行机组间的经济负荷分配。在自动发电控制时，能够实现电站机组的自动开、停机功能。

AGC 应能实现开环、闭环两种工作模式。其中开环模式只给出运行指导，所有的自动给定及开机、停机命令不被机组接受和执行；闭环模式系指所有的功能均自动完成。

AGC 应能对电站各机组有功功率的控制分别设置 AGC "成组/单控" 控制方式。某机组处于 "成组" 方式时，该机组参加 AGC 成组控制；处于 "单控" 方式时，该机组不参加 AGC 成组控制，但可接受操作员对该机组的其他方式控制。

AGC 还应充分考虑与电网一次调频功能的联动。一般来说，在一次调频工作时，AGC 应短暂退出当前对全站负荷的控制权，待一次调频调整到位后再行接管全站负荷控制工作，即应遵循一次调频优先原则。

针对流域集控中心，除了厂站级 AGC 功能外，还会设置 EDC 功能。经济调度与控制 EDC（ecomoning dispatch control）是综合考虑梯级水电站的诸多约束条件下，通过决定最优的蓄放水次序，实现总耗能最小或总电能最多的目标。梯级水电站经济调度控制（EDC）程序负责制定各水电站在未来（短期、中期）的蓄放水过程，并负责将流域总负荷实时分配至各厂站。EDC 功能分为站间负荷实时分配和非实时梯级优化调度两部分。站间负荷分配主要基于梯级负荷调整策略表或动态规划算法，考虑工程因素实时地将梯级水电站当前的总负荷分配至各厂站，由各厂站 AGC 程序接收并负责实施控制调整。非实时优化调度则采用各种优化算法（例如：改进动态规划算法、基因遗传算法等），计算梯级各电站的最优发电过程。

七、自动电压控制 AVC

自动电压控制（automatic voltage control，AVC）是指按预定条件和指标要求，自动控制全站无功功率以达到全站母线电压或全电站无功功率控制的目标。AVC 是厂站层监控系统完成的全站性运算工作，其计算结果将通过现地层监控系统直接执行。在保证机组安全、经济运行的条件下，AVC 可确定最佳运行的机组台数、组合方式和无功功率分配方案，为系统提供可充分利用的无功功率，减少电站的功率损耗，调节母线电压。

AVC 的指令来源一般包括：电站操作员在计算机监控系统中输入的总无功或电压指令，调度中心通过调度通信通道远程下达的母线电压指令或电压曲线指令。

自动电压控制 AVC 根据母线电压或全站总无功等控制目标，按照预设电压曲线、恒母线电压或恒无功功率等控制策略，给每台机组分配合理的无功功率，通过调节发电机无功出力，达到全站目标控制值，实现全站多机组的电压无功自动控制。AVC 的运行约束条件包括：机组机端电压限制、机组进相深度限制、转子发热限制、机组最大无功功率限制和机组 P-Q 关系等。

自动电压控制应能实现开环、闭环两种工作模式。其中开环模式只给出运行指导，所有的自动给定不被机组接受和执行；闭环模式系指所有的功能均自动完成。

AVC 对电站各机组无功功率的控制，应按机组分别设置"成组/单控"方式。当某机组处于"成组"时，该机组参与 AVC 联合控制，当某机组处于"单控"时，该机组不参与 AVC 联合控制，但可接受其他方式控制。

自动电压控制 AVC 还应充分考虑与电网 PSS 功能的联动。一般来说，在 PSS 工作时，AVC 应短暂退出当前对全站无功的控制权，待 PSS 调整到位后再行接管全站无功控制工作，即应遵循 PSS 优先原则。

八、其他高级应用功能

随着计算机技术的发展和发电企业管理水平的日益提高，计算机监控系统正逐步突破常规功能的限制，实现更为高级的数据处理分析和人工智能指导等功能。主要有：

1. WEB 发布

向用户提供通过 Internet/Intranet 访问监控系统数据的方法，用户通过浏览器可以浏览画面、查询报表、一览表和历史曲线，其界面同本地界面完全一致，客户端免维护，可取代早期的厂长终端以及部分 MIS 系统的功能。

2. On-call 系统

随着无人值班和集控的推广，运行人员逐步从现场中控制撤离，运行人员数量也在逐步减少，需要更高效可靠的信息传递手段，以保证在日常运行、设备故障和事故发生时，可以第一时间将相关信息发送至相关人员。

On-call 系统会自动接收监控系统发送的实时数据信息和故障事故告警信息，并按预定义的接收人员自动发送短信告警。短信的发送通道可以采用短信运营商提供的专用网络通道进行发送，也可以直接通过现有 GSM 网络进行发送。

3. 生产数据分析

以架构安全、稳定、高效的网络信息平台、实时数据平台、大型数据库平台为基础，采用全分布、全开放式体系结构和面向服务的设计思想，有效整合发电企业对实时过程数据监测、综合数据分析与处理、生产管理与辅助决策等不同层面的实际需求，提升资源利用水平、降低生产维护成本、改善资源配置，从而提高企业的生产效率和竞争力。

4. 培训仿真

采用计算机仿真技术，实现对水电站生产过程进行运行操作培训、维护调试培训、故障（事故）仿真设置与事故处理、运行设备仿真分析、调节参数整定、控制策略研究、AGC/AVC 联合控制等多类功能。

5. 事故反演

实时记录水电站运行过程中的各种运行数据，以实现对水电站事故分析过程的"时间平移"。在电站发生事故后，事故分析人员可通过该"事故反演"功能，将监控系统的运行时间设置为事故发生时间前，通过监控系统将电站运行情况"时间平移"到事故发生前，重现整个事故过程。在"时间平移"过程中，可以查看任意时段的相关数据，以画面、简报、测点索引等形式重现事故发生时各个有关参数的变化趋势，便于分析、查找事故发生的具体原因，重现监控系统运行的真实场景。

第三节　计算机监控系统性能指标

一、监控系统国家及行业标准

计算机监控系统的选型、设计、制造、集成和试验工作，需要严格遵照相关机构、学会、协会和组织的规范和标准。这些机构、学会、协会和组织包括：

美国国家标准局：ANSI（American National Standards Institute）；

美国信息交换标准码：ASCII（American Standard Code for Information Interchange）；

美国材料和试验学会：ASTM（American Society of Testing Materials）；

国际电信联盟：ITU（International Telecommunication Union）；

电气和电子工程师协会：IEEE（Institute of Electrical and Electronics Engineers）；

国际电工委员会：IEC（International Electrotechnical Commission）；

国际标准化组织：ISO（International Organization for Standardization）；

美国国家电气规程：NEC（National Electrical Code）；

美国电气制造商协会：NEMA（National Electrical Manufacturers Association）；

中华人民共和国国家标准：GB/DL。

计算机监控系统还应遵循部分事实上的工业标准，包括：符合 IEEE POSIX 和 OSF 标准的操作系统，满足 ANSI 标准的 SQL 数据库查询访问，符合 X-WINDOW 和 OSF/MOTIF 的人机界面标准，符合 ANSI 标准的 C 和 FORTRAN 语言。

一般来说，在国内项目实施过程中，计算机监控系统的选型、设计、制造、集成和试验工作，需优先采用中华人民共和国国家标准和技术条件，在国家标准缺项或不完善时，可参考选用相应的国际标准、技术条件或其他的国家标准、技术条件。

主要标准和技术条件包括但不限于表 2-1。

表 2-1   水电站计算机监控系统采用额标准和规范

序号	规范代码	规范名称
1	〔2004〕电监会 5 号令	电力二次系统安全防护规定
2	电监安全〔2015〕36 号文	国家能源局关于印发电力监控系统安全防护总体方案等安全防护方案和评估规范的通知
3	国家电网设备〔2018〕979 号	国家电网有限公司关于印发十八项电网重大反事故措施（修订版）的通知
4	DL/T 5345	梯级水电厂集中监控工程设计规范
5	DL 476	电力系统实时通信应用层协议
6	DL 451	循环式远动规约
7	GB/T 13730	地区电网数据采集装置和监控系统通用
8	DL/T 578	水电厂计算机监控系统基本技术条件
9	DL/T 5065	水力发电厂计算机监控系统设计规定
10	DL/T 822	水电厂计算机监控系统试验验收规程
11	DL/T 5002	地区电网调度自动化设计技术规范
12	DL/T 5003	电力系统调度自动化设计技术规范
13	DL/T 575.1～575.12	控制中心人机工程设计导则
14	DL/T 1803	水电厂辅助设备控制装置技术条件
15	GB 3453	数据通信基本型控制规程
16	GB 3454	数据终端（DTE）和数据电路终端设备（DCE）之间的接口定义
17	GB 23128	操作系统标准
18	JB/T 5234	工业控制计算机系统验收大纲
19	GB 2887—89	计算机接地技术要求
20	GB/T 5081	水力发电厂自动化设计技术规范
21	GB 4943	信息技术设备的安全
22	GB/T 17618	信息技术设备抗扰度限值和测量方法
23	GB/T 17626.2	电磁兼容试验和测量技术静电放电抗扰度试验
24	GB/T 17626.5	电磁兼容试验和测量技术浪涌（冲击）抗扰度试验
25	GB/T 17626.8	电磁兼容试验和测量技术工频磁场抗扰度试验
26	GB 7450	电子设备雷击保护导则
27	GB/T 9361	计算机场地安全要求
28	GB 2311	信息处理交换用 7 位编码字符集的扩充方法
29	GB 2312	信息交换用汉字编码字符集基本集
30	DL/T 890.301	能量管理系统应用程序接口（EMS-API）第 301 部分
31	IEC 61970-301	共用信息模型（CIM）基础
32	DL/T 634.5101	能动设备及系统第 5-101 部分
33	IEC 60870-5-101	传输规约基本远动任务配套标准
34	DL/T 634.5104	远动设备及系统第 5-104 部分
35	IEC 60870-5-104	传输规约采用标准传输协议子集的 IEC 60870-5-104 网络访问
36	ISO 8802-2	信息处理系统-LAN-第 2 部分：逻辑连接控制（IEEE 标准 802.2）
37	ISO 8802-3	信息处理系统-LAN-第 3 部分：具有碰撞检测的载波侦听多址访问 CSMA/CD 的存取方法和规范（IEEE 标准 802.3）
38	ISO/IEC 8802-4	信息处理系统-LAN-第 4 部分：令牌传输总线存取方法和规范（IEEE 标准 802.4）

序号	规范代码	规范名称
39	ISO/IEC 8802-5	信息处理系统-LAN-第 5 部分：令牌传输环网存取方法和规范（IEEE 标准 802.5）
40	IEC 870-5	远动传输规约
41	IEC 60870-6	数据通信传输协议
42	IEC 870-5-102	电力系统传输电能脉冲数量配套标准
43	IEEE 729	软件工程术语汇编
44	IEEE 730.1	软件质量保证设计标准
45	GB 2312	国家汉字库标准
46	IEC 1131	工业控制和系统：工业控制装置、控制器和组件一般标准
47	ANSI/EIA TSB-19	光纤数字传输——对用户和厂商的要求
48	ANSI/EIA 232-D	采用串行二进制数据交换的数据终端设备与数据回路终接设备之间的接口
49	ANSI/IEEE C37.90A	冲击耐压能力试验
50	ANSI/IEEE C37.90	与电气设备有关的继电器和继电器系统
51	ANSI/EIA 443	固态继电器
52	EC 61131	程序控制器
53	IEEE 1046	电站分布式数字控制和监视应用指南
54	IEC 60950	信息技术设备的安全
55	IEEE/ANSI c37.1	监控、数据采集和自动控制系统的定义、规范和分析
56	IEC 61000-4-1	电磁兼容性—抗干扰性综述
57	EN 61000-6-2	工业抗干扰标准
58	EN 61000-3-2	电流谐波限制标准
59	EN 61000-3-3	电压脉动限制标准
60	EN 61000-4-3	电磁场交变试验标准
61	EN 61000-4-4	电磁瞬态试验标准
62	EN 61000-4-5	电压涌浪冲击试验标准
63	EN 61000-4-6	缆基抗射频试验标准
64	GB 4943	视频电子设备试验方法
65	EBU/SMPTE	彩色标准

二、性能指标要求

可靠性、稳定性、实时性和独立性，是对计算机监控系统的总体性能指标要求。按照计算机监控系统总体结构的一般划分原则，对厂站层监控系统和现地层监控系统的性能指标要求各有不同。

（一）厂站层性能指标要求

厂站控制层性能应满足实时性、可靠性、可维护性、可利用性、可扩充性、可改变性及系统安全性等方面的要求，同时应具备良好的人机交互功能。

1. 实时性

厂站控制层的响应性能满足系统数据采集、人机通信、控制功能和系统通信的时间要求。

（1）数据采集和控制命令响应要求。

实时数据库更新周期≤1s；

控制命令回答响应时间≤1s；

接收控制命令到执行控制的响应时间≤1s；

有功功率联合控制功能执行周期为3s～1min可调；

无功功率联合控制功能执行周期为3s～3min可调；

自动经济运行功能处理周期为5～30min可调；

厂站级控制命令执行的响应时间从控制命令发出到现地级控制点执行的时间≤1.5s。

（2）人机接口响应要求。

调用新画面的响应时间≤1s；

在已显示画面上动态数据更新周期≤1s；

报警或事件发生到显示器屏幕显示和发出语音的时间≤1s。

2. 可靠性

厂站层设备应能够适应电站复杂的工作环境，具有抗干扰能力强、能长期可靠稳定运行的特点。厂站层设备应从设计、制造和装配等方面保证系统满足电站运行可靠性要求，系统中任何一个局部设备故障不会影响到系统关键功能的缺失。系统或设备平均无故障工作时间（MTBF）应满足下列要求：

系统主计算机设备MTBF≥20000h；

系统网络设备MTBF≥50000h；

系统外围及人机接口设备MTBF≥20000h。

3. 可维护性

厂站层硬件和软件应具有自诊断能力，对系统各节点计算机及外围设备提供周期在线诊断和离线诊断服务。当系统硬件故障时，能够指出具体故障部位；当系统软件故障时，能够指出具体故障功能模块；且更换故障部件后即可恢复正常。在选择硬件和软件时，尽量使用通用可互换的硬件，并充分考虑项目所在地市场的元器件采购及技术服务的便利性，使硬件设备、元器件具有较高的替代能力，并储备备品备件。

具备在线诊断功能。

4. 可利用率

系统可利用率在试运行期间不低于99.95%，验收后保证期内整个系统的可利用率不小于99.97%。

5. 可扩性

系统具有很强的开放功能，软件方面可提供用户修改和扩充软件的功能，硬件方面可通过简单连接便可实现系统扩充，并适当考虑预留外围系统通信的接口。

（1）CPU负载率：CPU负载率定义为参考时间中占用CPU时间的比值，即：CPU

负载率＝(占用 CPU 时间/参考时间)×100％。

厂站控制层各计算机 CPU 负载率（正常情况)≤30％；

厂站控制层各计算机 CPU 负载率（事故情况)≤50％。

（2）系统使用裕度：

服务器、工作站和显示操作终端的内存裕度≤70％；

服务器硬盘使用率≤20％，工作站的硬盘使用率≤40％；

网络通信负载率≤20％；

应留有扩充外围设备或系统通信的接口。

6. 可改变性

可在线修改数据库中的测点定义、量程、单位、越复限等参数，并自行完成系统更新。

7. 系统安全性

计算机监控系统需严格执行国家能源局《关于印发电力监控系统安全防护总体方案等安全防护方案和评估规范的通知》（国能安全〔2015〕36 号)、《电力监控系统安全防护规定》（国家发展和改革委员会第 14 号令）及《关于印发〈电力二次系统安全防护总体方案〉等安全防护方案的通知》（电监安全〔2006〕34 号)，按照"安全分区、网络专用、横向隔离、纵向认证"的原则，保证电力监控系统和电力调度数据网络的安全。

计算机监控系统部署于安全Ⅰ区。

（1）操作安全。

对各项操作提供检查和校核，发现有误时能报警、撤销。设备的操作设置完善的软件和硬件闭锁条件，对各种操作进行校核，即使有错误的操作，也不应引起被控设备的损坏。

在人机接口中设置操作控制权限口令，其级数不小于 4 级。操作控制权限按人员分配，不同的人员有不同的操作权限。

（2）通信安全。

加强物理网络建设，对重要网络通信通道采用冗余设置，定期进行各网络通信通道检测，保证通道的正常工作。当检测结果不正常时，自动切换到备用通信通道，并发出通道故障报警信号。

加强与上级调度中心或集控中心间的通道安全，在专用通信通道上安装经过国家指定部门检测认证的电力专用纵向加密认证装置、路由器和交换机等设备，实现逻辑安全隔离。

与不属于同一安全区域的外部系统（如生产管理系统、水情自动测报系统等）网络通信时，在通道上安装经国家指定部门检测认证的电力专用装置，实现有效安全隔离。

厂站层通信信息传送中的错误不会导致计算机监控系统关键性故障，通信错误时发出报警提示信息。

（3）软硬件安全。

厂站层硬件设备具备硬件自检、电源故障保护、自动重新启动和输出闭锁，不会对电站的被控对象产生误操作；重要硬件设备（主服务器、调度通信工作站等）采用冗余配置，硬件设备故障时自动切换到备用设备，切换时保证无扰动、实时数据不丢失、实时任务不中断，并报警提示。

厂站层计算机设备使用安全加固的操作系统，强化操作系统访问控制能力；监控系统软件具有强大的容错和自检功能，软件的一般性故障不影响系统整体运行安全，并能无扰动自恢复。

8. 人机交互友好

支持多显示器、多屏幕的窗口模型。生成的图形可以在一台机器的多个屏幕上同时显示，也可以在不同机器的多个显示器上同时显示。支持多窗口显示及窗口的区域放大、缩小、移动、裁剪、复制打印输出、导航器指示的图形漫游等功能。支持实时数据的分层显示、手动置数、遥信取反、动态定义参数的查询和修改等画面操作。

提供功能强大的图形编辑器，用于生成和编辑所需要的各种画面（系统图、单线图、地理图、棒图、饼图、中文表格、历史数据和趋势曲线图等）。

9. 远动传输技术指标

实现与上级调度中心或集控中心的通信时，要考虑远动通信技术指标。

遥测量：远动系统遥测综合误差$\leqslant\pm1.0\%$（额定值）；越死区传送整定最小值$\geqslant$0.25%（额定值）。

遥信量：正确率$\geqslant$99.9%；事件顺序记录站间分辨率$\leqslant$10ms。

遥控正确率：达到100%；遥调正确率$\geqslant$99.9%。

（二）现地层性能指标要求

现地控制层的性能应满足实时性、可靠性、可维护性、可扩充性、安全性和独立性等方面的要求。

1. 实时性

现地控制单元的响应能力应该满足对生产过程的数据采集和控制命令执行的时间要求。

现地控制单元数据采集时间：

电气量模拟量采集周期$\leqslant$2s；

非电气量模拟量采集周期$\leqslant$1s；

温度量采集周期$\leqslant$1s；

一般数字量采集周期$\leqslant$100ms；

事件顺序记录点（SOE）分辨率$\leqslant$2ms；

系统时钟同步精度：$\pm1\mu s$；

现地单元控制装置从接受命令到开始执行的时间$\leqslant$1s。

2. 可靠性

现地控制层设备应能适应电站的工作环境，具有抗干扰能力，能长期可靠稳定运行。现地控制层设备应从设计、制造和装配等方面保证系统满足电站运行可靠性要求，系统中任何一个局部设备故障不会影响到系统关键功能的缺失。系统或设备平均无故障工作时间（MTBF）应满足下列要求：

系统外围及人机接口设备 MTBF≥20000h；

现地控制单元 MTBF≥50000h。

3. 可维护性

现地控制层硬件和软件具有自诊断能力，当硬件故障时，能够指出具体故障部位；当软件故障时，能够指出具体故障功能模块；当现场更换故障部件后即可恢复正常。

在选择硬件和软件时，充分考虑项目所在地市场元件采购及技术服务的便利性，使硬件设备、元器件、模件板卡有较高的替代能力，PLC 模件支持在线插拔更换功能。

4. 可利用率

系统可利用率在试运行期间不低于 99.95%，验收后保证期内整个系统的可利用率不小于 99.97%。

5. 可扩充性

系统具有很强的扩展功能，当 IO 点数不足时，可通过增加相应模块简单地实现系统扩充。

正常情况下，PLC 的 CPU 负载率<30%；事故情况下，PLC 的 CPU 负载率<50%。

充分考虑系统使用裕度。系统设计时，各 I/O 插槽裕度（不包括备品备件）大于20%，并留有扩充现地控制装置、外围设备或系统通信的接口。

6. 可改变性

现地控制单元可在线进行参数修改及限值修改。PLC 模件可在线插拔更换，也在进行主从机切换或网络切换，完全不影响 PLC 当时状态下的数据采集、流程执行等工作。

7. 系统安全性

（1）操作安全。

在操作方面，现地控制单元具有防误操作措施。现地人机界面能够对各项操作提供检查和校核，发现有误时能报警、撤销。设备的操作设置完善的软件和硬件闭锁条件，对各种操作进行校核，即使有错误的操作，也不会引起被控设备的损坏。

（2）软硬件安全。

现地控制单元 PLC 具有自检能力，检出故障时能自动报警，并自动切换到备用设备上，而不影响系统的正常运行。在电源故障时，具有故障保护、自动重新启动和输出闭锁功能，不会对电站的被控对象产生误操作。可对重要硬件设备（CPU）采用冗余配置，故障时自动切换到备用设备，切换时保证无扰动、实时数据不丢失、实时任务不中断，并报警提示。

PLC 程序具有完善的程序逻辑闭锁条件，对各种操作进行校核，即使有错误的操作，也不会引起被控设备的损坏。

8. 人机交互友好

现地层系统配置工控机、触摸屏等人机界面，具备画面调用、报警展示、历史查询和操作登录等基本功能，完成对本 LCU 单元管辖范围内的设备监视、操作和调节。

（三）系统独立工作指标要求

正常情况下，计算机监控系统的调度（集控）控制层、厂站控制层均能实现对电站主要设备的控制和调节，并保证操作的安全和设备运行的安全。但当计算机监控系统故障时，上一级的故障不应影响下一级的控制调节功能和操作安全，即调度（集控）控制层及其通信通道故障时，不应影响厂站控制层和现地控制层的功能；而厂站控制层故障时，不应影响现地控制层的功能。此外，水机保护设备的工作不依赖于主控 PLC，能够脱离主控 PLC 自行完成对机组设备必要的紧急保护工作。

水电站计算机监控系统的各项性能和技术指标随着技术的发展不断提高的，对应的技术标准和规范也在不断更新[53,54]，且在标准的国际化方面也在不断探索。水电站智能化、智慧水电、绿色水电和远程运维等新理念的提出，也必然对水电站计算机监控系统的设备及其性能指标等提出新的要求。

探索与思考

1. 本章主要从水电站计算机监控系统设备的角度给出了设备部署和分类、功能要求和性能指标要求。尝试从不同的角度进行分类，例如：从知识体系分类，在厂站层、相地层、设备现场中，分析涉及的专业技术知识，对照本专业知识体系，尚需扩展的技术知识领域等。

2. 系统功能配置中选取几项，分析功能配置的必要性、可改进型，以及未来可能的趋势。例如，20 世纪 90 年代初期出现的 ONCALL 制通过传呼机信息建立了现场设备与管理和技术人员之间的关联，然后演变为利用手机短信、微信、甚至现场照片沟通，未来将会有何种关联方式？

3. 选取部分性能指标，从设备安全性、实时性、系统运算处理能力等多方面分析性能指标的合理性和可改进提升空间等问题。

第三章　水电站计算机监控结构及设备

第一节　计算机监控系统网络结构

水电站计算机监控系统的网络结构主要是指各智能单元之间（或厂站层）的通信网络组织方式。因此，水电站监控系统网络是随着网络技术的发展而发展的，其发展过程中各种形式的网络拓扑结构在水电站计算机监控系统中均有应用。网络拓扑结构是水电站计算机监控系统设计的重点之一。

目前以工业以太网为基础的水电站计算机监控系统网络结构主要有：单星形网络结构、单环形网络结构、双星形网络结构、双环形网络结构和双混合形网络结构，其网络冗余和可靠性指标依次递增。

一、星形网络

早期的星形网络中，每个站都与一个中心控制站相连，站与站之间的通信需要经过中心站提出请求，然后通过中心站把源站和目的站连起来，实现点对点通信，如图 3-1 所示。

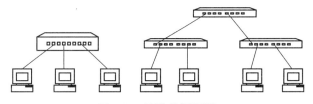

图 3-1　星形/树形网络

星形网是由点到点链路接到中央结点的各站点组成的。通过中心设备实现许多点到点连接，中心设备是主机或集线器。在星形网中，可以在不影响系统其他设备工作的情况下，非常容易地增加和减少设备。星形拓扑的优点是利用中央结点可方便地提供服务和重新配置网络；单个连接点的故障只影响一个设备，不会影响全网，容易检测和隔离故障，便于维护；任何一个连接只涉及中央结点和一个站点，因此控制介质访问的方法很简单，从而访问协议也十分简单。星形拓扑的缺点是：每个站点直接与中央结点相连，需要大量电缆，因此费用较高；如果中央结点产生故障，则全网不能工作，所以对中央结点的可靠性和冗余度要求很高。

早期的星形网络中，中心节点是控制主机，这是一种基于集中控制的思想，中心站是通信的瓶颈，速率不高。目前已基本不采用这种模式。

为解决中央节点的瓶颈问题，通常采用冗余配置的双中心处理机，构成双星形网络结构。双星形网络结构是在单星形网络结构的基础上发展而来的，在同一个网络系统中设置完全独立的 2 套单星形网络结构，所有节点均冗余设置 2 台交换机，所有终端设备均以星形方式同时连接至 2 套交换机上，从而解决了单星形网络结构没有冗余功能的缺陷。

例：西藏金河瓦托水电站计算机监控系统[55]如图 3-2 所示。

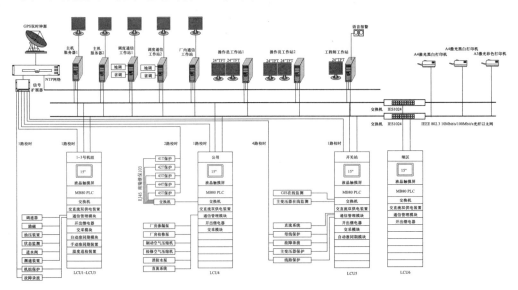

图 3-2　西藏金河瓦托水电站计算机监控系统

图 3-2 中"星形"结构主要表现为：上层网络所有设备都直接连接到交换机。

双星形网络结构简单，具备设备和链路的完全冗余配置，具有较高的可靠性和传输效率，在现地控制层（或现地控制单元）的网络结构中应用较多。

在我国以往的水电建设历史过程，大部分单机容量较大、装机台数较多且系统较为重要的大型水电站普遍采用该种模式，例如：贵州天生桥一级[56]、四川瀑布沟[57]、黄河李家峡[58]、湖北隔河岩[59]等电站。

二、环形网络

环形网络采用一组转发器通过点对点链路连成封闭的环形结构，每个站上连一个转发器，每个转发器连通上、下两条链路，数据在链路上单向传输，如图 3-3 所示。

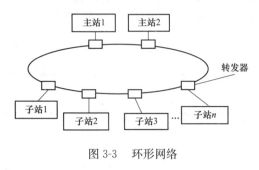

图 3-3　环形网络

环形网络常使用令牌环来决定哪个结点可以访问通信系统。在环形网络中信息流只能是单方向的，每个收到信息包的站点都向它的下游站点转发该信息包。信息包在环网中"旅行"一圈，最后由发送站进行回收。

当信息包经过目标站时，目标站根据信息包中的目标地址判断出自己是接收站，并把该信息拷贝到自己的接收缓冲区中。为了决定环上的哪个站可以发送信息，平时在环上流通着一个叫令牌的特殊信息包，只有得到令牌的站才可以发送信息，当一个站发送完信息后就把令牌向下传送，以便下游的站点可以得到发送信息的机会。环形拓扑的优点是它能高速运行，而且为了避免冲突其结构相当简单。

环形网络的一个典型代表是令牌环局域网。在令牌环网络中，拥有"令牌"的设备允许在网络中传输数据。这样可以保证在某一时刻网络中只有一台设备可以传送信息。

随着网络技术的发展，环形网络现已发展出采用光纤作为传输介质的光纤分布式数据接口（FDDI）。FDDI 技术同 IBM 的令牌环（token ring）技术相似，并具有 LAN 和 Token ring 所缺乏的管理、控制和可靠性措施，FDDI 支持长达 2km 的多模光纤。

环形网络的主要特点：

（1）环形网络是一种共享传输的多点访问式网络，可实现广播式数据通信，也可实现点对点通信。

（2）环形网络的主要缺点：由于数据在整个网上顺序传输，因此任何一个转发器故障，都会使整个网络停止工作。环形网络故障查找难，扩充难。

在工业控制系统中，为提高环形控制网络的可靠性，一般采用双环结构构成双通道冗余以提高系统可靠性。

双环形网络结构是在网络系统中同时设置了 2 套完全独立的单环形网络，所有节点均冗余设置 2 台交换机，所有终端设备均同时连接至对应的 2 台环形网络交换机上，从而提高了网络的冗余容错功能，可允许同时出现 3 处故障（包括链路故障和网络设备故障），不影响网络通信功能。双环形网络结构具备较高的设备和链路冗余，且冗余切换时间较快，整个网络系统的可靠性很高，适合控制对象相对分散的电站。目前大多数抽水蓄能电站采用了双环形网络结构，如辽宁蒲石河[60]、安徽响水涧[61]、浙江仙居[62]、江西洪屏[63]、广东深圳和海南琼中等抽水蓄能电站。

双环形网络结构如图 3-4 所示。

双环形网络存在组网施工和维护困难的问题。由于环形网之间的相互关联，在施工时，每一套现地控制单元施工有先后的顺序，要形成完整的环形网络比较困难，往往要采取临时跳线措施。另外，环形网络结构也给检修带来一定的麻烦，例如：一般抽水蓄能电站都有 4 台及以上机组，当 1 号机组现地控制单元、3 号机组现地控制单元同时检修时，往往要切断机组现地控制单元电源，这会造成 2 号机组现地控制单元网络中断，必须在检修前采取临时跳线措施，搭建环形网络。

在水电站的应用有采用安德里兹环网的黄河小浪底、云南漫湾[64]、龙滩环网[65]、拉西瓦[66]、刘家峡是地上、地下厂房两个中控室，也采用环网[67]。

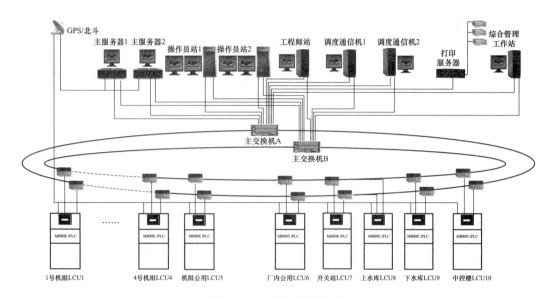

图 3-4 双环形网络结构图

三、总线形网络

总线形网络采用单根传输线作为传输介质，所有的站点都通过相应的硬件接口直接连接到传输介质或称总线上。使用一定长度的电缆将设备连接在一起。设备可以在不影响系统中其他设备工作的情况下从总线中取下。任何一个站点发送的信号都可以沿着介质传播，而且能被其他所有站点接收。总线形网络如图 3-5 所示。

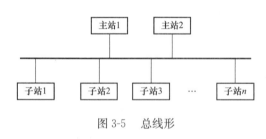

图 3-5 总线形

在总线结构中，所有节点共享一条公共传输链路，所以某一时刻只能有一个节点能够发送数据。在总线网络的发送控制中，有两种形式：确定型和争用型。

确定型：又称令牌控制方式。在整个网络上，有一个令牌（token）在各站之间顺序传递，只有得到令牌的站才有权发送数据、一站获得令牌后，将数据发送完或没有数据要发送时，立即将令牌传给下一站。这种方式，应用最多。

争用型：采用碰撞检测的载波侦听多路访问协议（CSMA/CD）。在 CSMA/CD 媒体访问机制中，任何工作站都可以在任何时间访问网络。在发送数据之前，工作站首先需要侦听网络是否空闲，如果网络上没有任何数据传送，工作站就会把所要发送的信息投放到网络当中。否则，工作站只能等待网络下一次出现空闲的时候再进行数据的发送。

早期的总线形控制网络中，由于控制任务基本上由控制主机完成，使用争用型时，每个站发送的时间不确定，可能造成数据的堵塞，致使某些重要状态不能及时反映到主控制器上，造成事故。因此，在控制系统中很少采用。随着计算机和网络技术的发展，控制系统采用分级控制，各下位控制机可独立完成主要的实时控制任务，与主机实时数据通信的要求降低，因此，总线形控制网络也得到了应用。

总线拓扑的优点是：电缆长度短，易于布线和维护；结构简单，传输介质又是无源元件，从硬件的角度看，十分可靠。在工业控制领域中，将总线技术用于现场级参数的监测和控制即现场总线技术，得到了广泛的应用。为提高总线形网络系统的可靠性，通常采用双总线结构，构成双通道冗余。目前已发展出多种现场总线技术，各种现场总线技术主要差别在于通信协议的不同。

例如，丹江口水电站计算机监控系统[68]结构如图 3-6 所示。丹江口水电站采用双光纤以太网构成双通道总线冗余，以提高系统的可靠性。网络采用 TCP/IP 协议，各上位机和 LCU 都直接接入 100Mbit/s 以太网。整个上层控制网络采用 CISCO 网络设备组成，是一个典型的局域网。

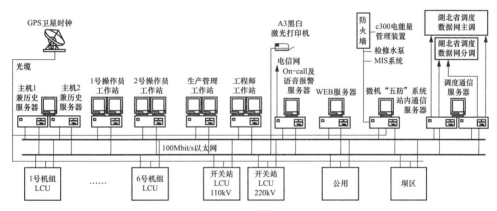

图 3-6　丹江口水电站计算机监控系统结构图

国内采用与丹江口水电站类似的监控系统结构的有二滩水电站采用的总线冗余光纤以太网[69,70]等。建设较早的一些电站，近年来监控系统在逐步改造，网络拓扑结构也有变化，例如葛洲坝二江电站多次改造[71]、丹江口电站监控系统改为工业以太网。

四、混合形网络

为解决双环形网络组网施工和维护困难的缺点，结合双环形网络和双星形网络的各自优点，形成了一种新型网络结构，即双环形网络＋双星形网络组合的混合形网络结构。该种模式在抽水蓄能电站中较为常见。

根据抽水蓄能电站设备地理位置特点，在中控室、地下厂房分别设置主交换机，并通过双环形网络连接，其余现地控制单元分别设置现地交换机，并通过双星形网络连接当地的双环形网络主交换机。双环形网络＋双星形网络组合的混合形网络结构既保证了厂站控制层设备与现地控制层设备之间的网络连接可靠性，又便于组网施工，且维护方便，适合 6 台以上机组的大型抽水蓄能电站，如：江苏溧阳[72]、河北丰宁等抽水蓄能电站。双环形网络＋双星形网络组合的混合形网络结构如图 3-7 所示。

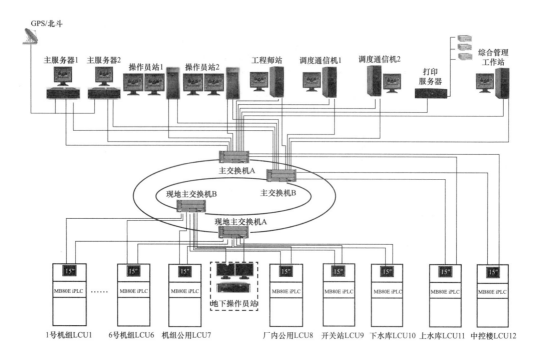

图 3-7   双环形网络＋双星形网络组合的混合形网络结构图

这种双环形网络＋双星形网络组合的混合形网络结构在水电站也有应用，例如：向家坝电站采用的是双千兆主干环网加上双百兆星形接入网[73]，三峡右岸采用冗余星形＋环形混合网络[74]，也称为三网四层全冗余分布式系统[75]。

第二节   厂站层设备及功能

一、实时数据和历史数据服务器

实时数据服务器主要负责电站设备运行管理、实时数据处理和成组控制等高级应用工作。历史数据服务器主要负责历史数据的生成、转储，各类运行报表生成和储存等数据处理和管理工作，根据磁盘配置容量大小不同，历史数据可保证2～20年不等的数据存储要求。

有2种典型配置方式。一种是配置2套主计算机服务器，兼有实时数据服务器和历史数据服务器功能，热备冗余方式工作。该配置费用低，但实时数据服务与历史数据功能由相同的计算机共同承担，工作界面不够清晰。特别是当需要开展磁盘存储维护工作时，监控系统厂站层功能将受到大幅度影响。另一种是分别配置2套实时数据服务器和2套历史数据服务器（可配置磁盘阵列），热备冗余方式工作。该配置实时数据服务器与历史数据服务器相互独立，可靠性更高，各自系统维护不影响其他功能，但投资费用较高。

实时数据服务器和历史数据服务器通常选用机架式服务器，组屏安装在服务器柜中，柜内可配置1套KVM一体显示器与服务器连接，便于调试和维护。

二、操作员工作站

操作员工作站为运行人员提供人机接口工作平台，用于实时运行监视和控制。一般配置 2～3 套，每套配置双显示器或三显示器。配置其中 2 套操作员工作站布置于中控室控制台，如配置第 3 套操作员站时一般布置于地下厂房值班室。

操作员工作站可选用塔式工作站，直接布置在中控室控制台中；也可以选用机架式工作站，组屏安装在计算机柜中，通过视频延长方式与控制台上的显示器连接。

三、工程师工作站

工程师工作站为维护人员提供人机接口工作平台，用于数据库修改、画面编辑、程序修改和下载等系统维护工作。

工程师工作站硬件配置建议与操作员工作站类同，当操作员工作站发生故障时，可以将工程师工作站临时配置成操作员工作站使用。

四、报表工作站

报表工作站为运行人员提供人机接口工作平台，用于报表查询、编辑、打印等，也可不单独设置报表工作站，与操作员工作站合并使用。

五、语音报警站/ONCALL 报警站

语音/ONCALL 报警站主要完成语音或短信报警功能。主要配置可同操作员工作站，无须设置双显。一般情况下，报警工作站需与报警音箱一同布置于中控台上，如布置于计算机柜内时，需考虑声卡与报警音箱之间的连接问题。

根据二次安全防护固定，直接与外部公共网络联系（移动网络）的 ONCALL 报警站需要部署在安全Ⅲ区，经横向隔离装置安全隔离后与计算机监控系统主网络之间连接。

六、生产信息服务器 （WEB 服务器）

生产信息服务器（WEB 服务器）主要提供 WEB 浏览功能。主要配置可同报表工作站，单显。建议选用机架式工作站，组屏安装在计算机柜中。WEB 服务功能属于安全Ⅲ区服务，需经横向隔离装置安全隔离后与计算机监控系统主网络之间连接。

七、通信服务器

通信服务器用于与监控系统以外的设备或系统进行通信。根据通信对象的不同，可分为厂内通信服务器、调度通信服务器、集控通信服务器等。建议选用机架式工作站，组屏安装在计算机柜中，可根据功能划分分别配置 KVM 一体显示器，也可共用一套 KVM 一体显示器，便于调试和维护。

厂内通信工作站主要负责电站计算机监控系统与厂内其他子系统（生产管理系统、电能量计费系统等）数据通信，一般设置一块八串口卡用于串口通信扩展，必要时要多配置 1～2 个网络接口用于外部网络通信。

调度通信服务器用于电站与上级调度中心之间通信，一般采用冗余配置方式。

当电站需要接入集控中心时，还需配置专门的集控通信服务器，用于与集控中心进行数据通信。根据重要性的不同，可采用冗余配置或单机配置方式，也可将集控通信服务器与厂内通信服务器合并使用。

对于集控中心监控系统而言，则需要单独部署电站通信服务器，经过数字加密的网络通道与电站互联，与所辖相关电站进行数据通信。一般采用冗余配置方式，当所辖电站多且装机容量较大时，还需考虑按每个电站或区域电站群划分单独部署冗余的电站通信服务器，以减少不同电站（群）之间的通信影响，加强系统安全。

八、打印机

打印机主要完成监控系统的各种打印服务功能。根据多个电站的使用经验，打印方式以召唤打印为主，定时打印为辅的方法。打印机不属于中控台上。

九、GPS 系统

GPS 系统一般采用冗余配置方式，可以分别接受 GPS 授时信号和北斗授时信号。并具备 NTP 网络对时/串口对时/B 码对时/分对时/秒对时/DCF77 对时等主流的对时方式，对整个网络内的计算机进行时钟对时。

冗余模式分为两种，一种为单主机、双蘑菇头形式，通过 GPS/北斗双蘑菇头构成系统；另一种则是双主机形式，每台主机单独配置 GPS 授时蘑菇头或北斗授时蘑菇头，也可各自配置 GPS/北斗双蘑菇头（见图 3-8）。

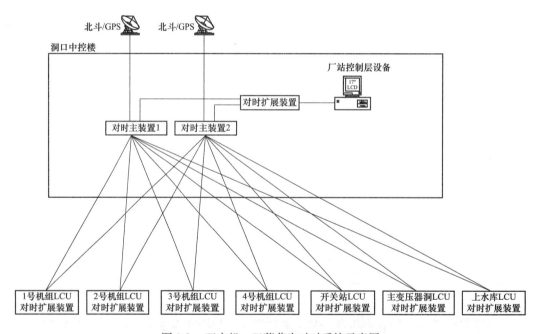

图 3-8　双主机、双蘑菇头对时系统示意图

第三节　现地层设备及功能

一、现地层结构及分类

（一）概述

水电站计算机监控系统中位于水轮发电机层、公用开关站等设备附近的控制部分，称

为现地控制单元（local control unit，LCU）。早期曾采用过与电网调度远程终端 RTU（remote terminal unit）同样的名称，考虑到 LCU 的含义更为准确，自 1991 年"现地控制单元学术会议"之后，基本上统一将其英文简称为 LCU。

LCU 对被控对象的运行工况进行实时监视和控制，是电站计算机监控系统中较为底层的控制部分。LCU 采集各设备原始数据并转为数字量送至人机设备和上位机，同时接收人机设备和上位机发出的各种设置和调节指令并完成控制。因此，它是水电站计算机监控系统中重要的控制部分。

LCU 一般以一面或者多面机柜的形式布置在电站生产设备附近。每面机柜根据具体结构要求布置 LCU 相关设备。机柜尺寸一般为高（2260mm 或 2360mm）×宽（800mm）×深（600mm 或 800mm）。大部分机柜的进线方式为下进下出。

（二）现地层分类

现地层完成对现场生产设备的监视与控制任务，并承担与上位机和相关设备的通信。因此，现地控制层单元划分的基本原则有两点：一是监控任务的相对独立性原则，即：单元任务与同层其他单元之间的横向联系最小化，使得本单元工作受相邻单元影响最小，提高系统整体可靠性；二是物理位置相邻原则，若物理位置较远导致电缆过长。

对于水电站的现地层，目前已形成相对固定的单元划分模式，即：机组段、开关站、辅助设备、公用设备、闸门（或坝区）几种基本控制单元。根据电站机组规模和厂区出线方式等因素，模块划分略有不同，例如：中小电站将辅助设备和公用单元合并，不同电压等级的高压出线分别配置开关站单元，等等。

1. 机组 LCU

机组 LCU 主要包含的回路有强电回路、弱电回路、DI 回路、DO 回路、AI 回路、AO 回路、手动同期回路、自动同期回路和水机（顺控）回路等。

机组 LCU 主要包含的设备有 PLC 模件、触摸屏、电源插箱、继电器插箱、开关电源、同期装置、交采表、变送器、电能表、交换机、通信管理机、测速装置、测温装置、隔离变压器或转角变压器、把手、日光灯、温湿度控制器、加热器、风机、光纤保护盒和接地铜排等。

机组 LCU 主要控制对象有制动闸、接力器锁定、空气围带、技术供水、高压油泵、加热器、除湿机、吸尘器和顶盖排水泵等机组辅助设备投退启停控制，调速器启停及增速减速控制，励磁系统的启停及升压降压控制，发电机出口断路器同期合闸、无压合闸及分闸的控制。

2. 公用 LCU

公用 LCU 主要包含的回路有强电回路、弱电回路、DI 回路、DO 回路、AI 回路和AO 回路等；主要包含的设备有 PLC 模件、触摸屏、电源插箱、继电器插箱、开关电源、交采表、电能表、交换机、通信管理机、把手、日光灯、温湿度控制器、加热器、风机、光纤保护盒和接地铜排等。

公用 LCU 主要控制对象有厂用电 400V 断路器分合闸控制，风机启停控制。

3. 开关站 LCU

开关站 LCU 主要包含的回路有强电回路、弱电回路、DI 回路、DO 回路、AI 回路、AO 回路和自动同期回路等；主要包含的设备有 PLC 模件、触摸屏、电源插箱、继电器插箱、开关电源、同期装置、交采表、变送器、电能表、交换机、通信管理机、隔离变或转角变、把手、日光灯、温湿度控制器、加热器、风机、光纤保护盒和接地铜排等。

开关站 LCU 主要控制对象有高压断路器同期合闸、无压合闸及分闸的控制。

4. 闸门 LCU

闸门 LCU 主要包含的回路有强电回路、弱电回路、DI 回路、DO 回路、AI 回路和 AO 回路等；主要包含的设备有 PLC 模件、触摸屏、UPS 主机、蓄电池、继电器插箱、开关电源、交换机、通信管理机、把手、日光灯、温湿度控制器、加热器、风机、光纤保护盒和接地铜排等。

闸门 LCU 主要控制对象有进水口闸门、泄洪闸、冲水闸等闸门提门、落门、停门的控制。

（三）现地层发展过程和方向

20 世纪 70 年代之前，现地层主要由继电器搭建组成，功能较为简单原始，主要依靠手动常规控制。实现一些控制功能时，需要搭建继电器回路，如果功能改变还须增减继电器及线缆，如果控制功能相对复杂时，不仅搭建回路的工作量大而且后期回路测试及问题排查工作量也很大。

20 世纪 80 年代，现地层主要由单板机构成的自动控制装置，相比继电器要更灵活，省去了继电器回路搭建工作，功能更改也变得简单容易，但仍以常规控制为主，以自动控制为辅。

20 世纪 90 年代开始，现地层由 PLC 构成，以 CPU、I/O、通信等模件实现控制过程相关功能。此阶段现地控制层在技术参数、功能等方面上有了高速发展。此阶段，PLC 自动控制逐渐成为水电站控制的主要手段，人为手动控制和继电器等常规控制回路逐步退出了舞台。

LCU 的核心部件 PLC 朝着适应新的应用需求的方向发展，改进传统 PLC 的不足，开发新的功能模件或者结合 PLC 技术和 IPC 技术开发出相当于智能现地控制器的新产品。南瑞集团公司开发了基于以太网的远程 I/O 分布式系统，施耐德公司开发了 ERT 模件，GE 公司融入了第三方的产品以满足水电自动化对 SOE 的要求。可以看出自动化设备生产商都在不断努力开发新的产品，使其在兼容以前产品的同时，性能得到了很大的提高。但有些改进并不是针对水电自动化这个有一定特殊性的行业的，对水电自动化来说重要的几点是：

1. 低功耗 CPU

CPU 模件宜采用符合 IEEE1996.1 的嵌入式模块标准的低功耗 CPU，或符合工业环境使用的通用型低功耗 CPU。运行实时多任务的操作系统，以利于提高现地控制单元对实时事件的即时响应和处理能力，方便增加、集成水电行业的专用模块和特殊需求的功能。传统的 PLC 由于受其运行模式的限制，在测点数量大量增加、逻辑任务处理量或任务数增加的时候，会对运行处理周期产生较大影响；对现场的实时事件的响应也不够及时。这对实现大容量特别是单机容量 700MW 的大型水轮发电机组的高质量现地实时监控有着一定的影响。

2. 智能化的 I/O 模件

I/O 模件除了可独立完成数据采集和预处理，方便分散布置，还可具备很强的自诊断功能，提供了可靠的控制安全性和方便的故障定位能力，并主动推送各类预警信息。

3. 标准化的网络连接

这里包括现场总线网和常用的以太网。LCU 往往通过现场总线（常用的有 CAN、ProfiBus、RS-232/485 等）向下连接着各种智能仪表、智能传感器和分级监控的子系统（如大型机组的温度、水系统等），并通过高速网络（TCP/IP、工业以太网）连接厂级计算机监控系统。所以 LCU 必须遵循严格的国际开放标准（如 IEC 61158、IEC 61850 等），对各种网络标准提供有效的支持，提高现场不同厂家设备的组网能力、方便性和可维护性。

4. 简单有效的 SOE 分辨率实现

提供对 SOE 既方便又有良好性价比的支持，提高现场事件信号分辨率，以满足水电站"无人值班"（少人值守）管理模式下对故障的产生原因进行准确分析的需求。目前部分传统 PLC 对此需求还有所欠缺。

5. 提高控制安全性

应在 LCU 软硬件故障或异常的任何情况下，都不会有错误的控制信号输出。否则，就会造成电站生产设备损坏，甚至会造成电力系统事故，这是至关重要的一点，必须引起足够的重视。

6. 网络安全性

随着对通过 Ethernet 进行数据交换的需求日益提高，很多 LCU 厂家已经提供或正在开发 LCU 的 Ethernet 模件或者在 LCU 中内嵌 Ethernet 功能和 Web 服务。无论外挂或内嵌式的 Ethernet 功能和 Web 支持都为应用提供了极大的便利，但是在用户得到应用便利的同时也受到网络安全的极大危险。攻击、入侵、病毒等都可能对控制系统造成致命的危害，所以，必须按照国家相关部委关于"电力二次系统安全防护"的规定认真执行。

7. 高可靠性和可用性

由于水电站的特殊应用环境，要求 LCU 应具有很强的抗电磁干扰能力、抗浪涌能力和一定的抗振动能力。可以按要求组成冗余的热备系统，确保在监控系统中，无论是不相同的单部件故障还是主机和备机的切换都不会对控制造成影响。部分厂家的 LCU 还无法满足这些要求或指标太低。

8. 高易用性

高易用性是用户考虑的一个重要方面。南瑞集团公司的 SJ-600[76,77] 提供了功能强大的可视化交换式组态工具软件 MBPro，可以帮助用户方便地进行生产控制应用的生成、调试和维护。部分进口 PLC 厂家提供了中文调试软件和说明资料。其他厂家也提供或正在开发不同功能地非常有用工具软件，用户在使用 LCU 方面将越来越方便。

可以确信的是，在各 LCU 生产厂家全面透彻地理解我国水电自动化领域对 LCU 的真正需求以后，都会认真地进行新产品开发。无论 PLC、智能现地控制器，还是 PCC、PAC 尽管它们在硬件结构、系统构成、工作原理、系统软件和应用功能等方面都存在大大小小的差异，它们都可能在广泛的水电自动化应用中找到不同的定位（如一些 LCU 可以在要求比较低的小水电中得到应用）。但是，要在大型、超大型电站得到很好的应用，则必须结合计算机技术、工业控制技术、通信技术和工业网络技术等方面的发展，不断进行 LCU 软硬件的技术更新。

在未来几年内，对标准化、安全性、可靠性、开放性、可互操作性、可移植性的要求将是水电用户最为关心的自动化产品的重要特征。我们相信自动化产品生产商在最近几年将会推出更多适合各领域个性化应用的控制器及新的功能，以满足不同用户广泛和不断增长的需求。伴随着智能水电站的建设，现地层设备也走向了智能化的发展方向[78,79]，形成了一系列更智能、更全面、更灵活的现地层设备，这些设备可直接进行组网连接并以支持 IEC61850 技术标准为主要特征。

二、可编程控制器 （PLC）

（一）PLC 概述

PLC 是可编程逻辑控制器英文名（programmable logic controller）的简称，通过编程软件对 PLC 进行硬件组态和程序编程，然后通过保存、编译、下载将应用程序下载到 PLC 中，执行用户程序包括逻辑运算、顺序控制、定时、计数与算术操作等来实现想要完成的功能，通过输入输出模块和外部信号进行交互。不同厂家使用的编程软件不同，如国外施耐德的 PLC 使用的编程软件是 Unity Pro，GE 的 PLC 使用的是 Proficy Machine Edition，西门子使用 STEP 7，国内南瑞集团公司的 MB 系列 PLC 使用 MBPro。

（二）PLC 分类

1. 按 I/O 点容量分类

根据 PLC I/O 点容量的大小，可将 PLC 分为小型、中型和大型。

小型：小型 PLC 的控制点一般在 256 点之内，适合于单机控制或小型系统的控制。如西门子 S7-200 系列、施耐德 M340 系列、南瑞 MB20 系列等。

中型：中型 PLC 的控制点一般不大于 2048 点，可用于对设备进行直接控制，还可以对多个下一级的可编程序控制器进行监控，它适合中型或大型控制系统的控制。如西门子 S7-300 系列、施耐德 Premium 系列、南瑞 MB40 系列等。

大型：大型 PLC 的控制点一般大于 2048 点，不仅能完成较复杂的算术运算，还能实现各种复杂的过程控制。它不仅可用于对设备进行直接控制，还可以对多个下一级或多级 PLC 进行整体控制。同时，具有复杂通信接口，可实现对外通信功能。如西门子 S7-400 系列、施耐德 Quantum 系列、南瑞 MB80 系列等。

2. 按结构形式分类

根据 PLC 结构方式不同，可将 PLC 分为整体式和组合式。

整体式：整体式结构的 PLC 把电源、CPU、存储器、I/O 系统都集成在一个单元内，该单元叫基本单元。一个基本单元就是一台完整的 PLC。如果控制点数不符合需要时，可再接扩展单元。整体式结构的特点是非常紧凑、体积小、成本低、安装方便。如西门子 S7-200 系列、南瑞 MB20 系列等。

组合式：组合式结构的 PLC 把 PLC 系统的各个组成部分按功能分别组合，如开关量、模拟量、温度量等，安装实际需要进行组合布置，以达到高效实用的目的。

3. 按功能分类

根据 PLC 所具有的功能不同，可将 PLC 分为低档、中档和高档。

低档：具有逻辑运算、定时、计数、移位以及自诊断、监控等基本功能，还可有少量模拟量输入/输出、算术运算、数据传送和比较、通信等功能。主要用于逻辑控制、顺序控制或少量模拟量控制的单机控制系统。

中档：除具有低档 PLC 的功能外，还具有较强的模拟量输入/输出、算术运算、数据传送和比较、数制转换、远程 I/O、子程序和通信联网等功能。有些还可增设中断控制、PID 控制等功能，适用于复杂控制系统。

高档：除具有中档 PLC 的功能外，还增加了带符号算术运算、矩阵运算、位逻辑运算、平方根运算及其他特殊功能函数的运算、制表及表格传送功能等。高档 PLC 具有更强的通信联网功能，可用于大规模过程控制或构成分布式网络控制系统，实现工厂自动化。

（三）PLC 的基本结构

PLC 一般由中央处理器（CPU）、存储器、输入/输出（I/O）模块、电源等部分组成。

1. 中央处理器（CPU）

中央处理器（CPU）是系统的运算、控制中心，完成以下任务：

（1）接收并存储用户程序和数据；

（2）用扫描的方式接收现场输入设备的状态和数据；

（3）诊断电源、PLC 内部电路工作状态和编程过程中的语法错误；

（4）完成用户程序中规定的逻辑运算和算术运算任务；

（5）更新有关标志位的状态和输出状态寄存器的内容，实现输出控制、制表打印或数据通信功能。

2. 存储器

存储器用来存储数据或程序，包括随机存取的存储器 RAM 和工作过程中只能读出、不能写入的存储器 EPROM。RAM 中的用户程序可以用 EPROM 写入器写入到 EPROM 芯片中。写入了用户程序的 EPROM 又可以通过外部接口与主机连接，然后让主机按 EPROM 中的程序运行。EPROM 是可擦可编的只读存储器，如果存储的内容不需要时，可以用紫外线擦除器擦除，重新写入新的程序。

由于 PLC 的软件由系统软件和应用软件构成，因此 PLC 的存储器可分为系统程序存储器和用户程序存储器。存放应用软件的存储器被称为用户程序存储器。不同类型的 PLC 其存储容量各位相同，但根据其工作原理，其存储空间一般包括以下三个区域：

（1）系统程序存储区。在系统程序存储区中，存放着相当于计算机操作系统的系统程序。它包括监视程序、管理程序、命令解释程序、功能子程序和系统诊断程序等。由制造商将其固化在 EPROM 中，用户不能直接读取。

（2）系统 RAM 存储区。系统 RAM 存储区包括 I/O 映像区以及各类软设备（例如：各种逻辑线圈、数据存储器、计时器、计数器、累加器和变址寄存器等）存储区。

（3）用户程序存储区。用户程序存储区存放用户编制的应用控制程序，不同类型的 PLC，其存储容量各不相同。有些 PLC 的存储容量可以根据用户的需要加以改变，如选用 RAM、EPRAM 存储卡加以扩展。

3. 输入/输出（I/O）模块

I/O 模块是与现场 I/O 设备或其他外部设备的桥梁。PLC 提供了具有各种操作电平与输出驱动能力的 I/O 模块和各种用途的功能模块供用户选择。

一般 PLC 均配置 I/O 电平转换及电气隔离。输入电平转换是用来将输入端不同电压或电流信号转换成微处理器所能接收的低电平信号；输出电平转换是用来将微处理器控制的低电平信号转换为控制设备所需的电压或电流信号；电气隔离是在微处理器与 I/O 回路之间采用的防干扰措施。

I/O 模块既可以与 CPU 放置在一起，又可远程放置。一般 I/O 模块具有 I/O 状态显示和接线端子排。另外，有些 PLC 还具有一些其他功能的 I/O 模块，如串/并行变换、数据传送、A/D 或 D/A 转换及其他功能控制等。

4. 电源

PLC 的电源是指将外部输入的电源处理后转换成满足 PLC 的 CPU、存储器、输入输出接口等内部电路工作需要的直流电源回路或电源模块。大部分 PLC 的直流电源采用直流开关稳压电源。

（四）PLC工作原理

PLC采用循环扫描的工作方式，在PLC中用户程序按先后顺序存放，CPU从第一条指令开始执行程序，直到遇到结束符后又返回第一条，如此周而复始不断循环。

PLC的扫描过程分为内部处理、通信操作、程序输入处理、程序执行和程序输出几个阶段。全过程扫描一次所需的时间称为扫描周期。当PLC处于停止状态时，只进行内部处理和通信操作服务等内容。在PLC处于运行状态时，从内部处理、通信操作、程序输入、程序执行和程序输出，一直循环扫描工作。

1. 输入处理

输入处理也叫输入采样。在此阶段顺序读入所有输入端子的通端状态，并将读入的信息存入内存中所对应的映象寄存器。在此输入映象寄存器被刷新。接着进入程序执行阶段。在程序执行时，输入映象寄存器与外界隔离，即使输入信号发生变化，其映象寄存器的内容也不会发生变化，只有在下一个扫描周期的输入处理阶段才能被读入信息。

2. 程序执行

根据PLC梯形图程序扫描原则，按先左后右先上后下的步序，逐句扫描，执行程序。遇到程序跳转指令，根据跳转条件是否满足来决定程序的跳转地址。从用户程序涉及输入输出状态时，PLC从输入映象寄存器中读出上一阶段采入的对应输入端子状态，从输出映象寄存器读出对应映象寄存器，根据用户程序进行逻辑运算，存入有关器件寄存器中。对每个器件来说，器件映象寄存器中所寄存的内容，会随着程序执行过程而变化。

3. 输出处理

程序执行完毕后，将输出映象寄存器，即器件映象寄存器中的状态，在输出处理阶段转存到输出锁存器，通过隔离电路，驱动功率放大电路，使输出端子向外界输出控制信号，驱动外部负载。

（五）南瑞PLC

世界上PLC厂商有数百家，各种型号产品数千种。进口主流PLC厂家有德国西门子、法国施耐德、美国罗克韦尔和美国GE等。国内主要的大型PLC生产厂家有南京南瑞公司，此外还有北京和利时、台湾台达、南京南大傲拓等厂家。由于南瑞集团公司的PLC在国内水电站应用较多，这里以南瑞集团公司PLC为例进行简单介绍。

MB系列PLC是南瑞集团公司自主研发的高级智能PLC，吸取了国际主流PLC的成功经验，改进其不足之处，瞄准了当今PLC的最新发展方向，专为各种控制环境下安全稳定运行而设计。已形成具有自主产权的研发优势，并可以根据用户需求开发定制。

在推出高端MB80型智能可编程控制器的同时，为适应不同控制领域、控制对象的需求，南瑞集团公司又陆续推出了适用于中、小型水电站的MB40智能可编程控制器，应用于辅机、闸门控制系统的 MB20 微型一体化智能可编程控制器。至此，MB 系列智能可编程控制器已经形成了高端、中端、低端全系列产品，具备为水电站全站控制系统提供解决方案的条件，并已经在数家电站得到应用。随着电站发展和要求的不断提高，现在南瑞 MB80 系列 PLC 用于机组、公用、开关站等水电监控，MB40 系列主要用于技术供水、中低压空压机、渗漏排水、消防泵、通风和闸门等辅机的监控。

1. 硬件特点

MB80 系列 PLC 采用工业化设计理念，全金属封闭外壳，是以运行在恶劣工业环境下可靠工作的目标为前提设计的，首先满足防尘抗震、最高等级的电磁兼容性等技术指标要求，并兼顾外观设计，典型配置见图 3-9。

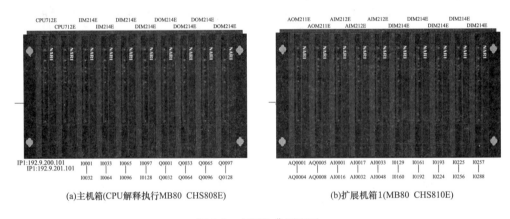

(a)主机箱(CPU解释执行MB80 CHS808E)　　　　(b)扩展机箱1(MB80 CHS810E)

图 3-9　MB80 典型配置

从结构看一般分为主机架和扩展架，主机架指的是含有 CPU 的机架，扩展机架指的是扩展 I/O 模件的机架，主机架和扩展机架之间通过 CAN 总线进行通信，主机架插箱的型号和扩展机架插箱的型号是不同的。主机架上两个 CPU712E 互为冗余，双机双网，当其中一个 CPU 故障后会自动切换至另一个 CPU。主机架 I/O 点数量不足的情况下，可增加 I/O 扩展机架和 I/O 模件以增加 I/O 点数。

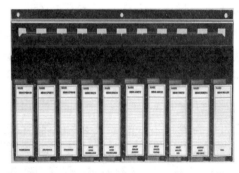

图 3-10　MB40 硬件配置图

MB40 PLC 是南瑞集团公司 MB 系列 PLC 家族中的重要成员之一，MB40 集测控、自动准同期、交流量采集等功能于一身，具有体积小、性价比高、工艺先进、配置灵活、界面友好、性能可靠、处理能力强等特点（见图 3-10）。

在 MB40 PLC 中，把安装 CPU 模件的机箱称为主机箱。MB40 PLC 的安装底板分为三种不同的类型：6 槽、10 槽和 14 槽，因此主机箱可以选用上述安装底板的任何一种，典型的配置实例如图 3-11 所示。

在 MB40 PLC 中，把不安装 CPU 模件的机箱称为扩展机箱。同样也可以选用 6 槽、10 槽和 14 槽等不同类型的安装底板。典型的应用如图 3-12 所示。

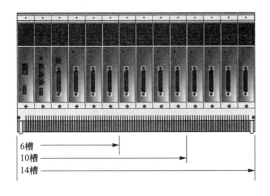

图 3-11 MB40 主机架典型配置

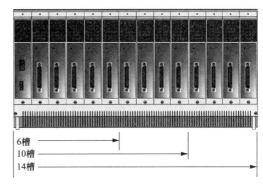

图 3-12 MB40 扩展机架典型配置

远程 I/O 是为了适应远方设备的控制而设计的，与扩展机箱类似，没有 CPU 模件，可以选用 6 槽和 10 槽等不同类型的安装底板。为了提高对现场环境的适应能力，主机箱与远程 I/O 的连接采用光缆。

2. 编程软件

MB 系列通用的编程软件是 MBPro，主要通过梯形图和流程图便可以轻松地实现编程的需要。梯形图如 3-13 所示，流程图如图 3-14 所示。

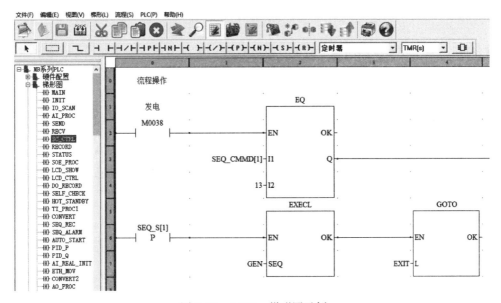

图 3-13 MBPro 梯形图示例

对于一个断路器的控制，可以很方便地将提供给的流程图转换为 PLC 可以执行的流程图，再通过在梯形图中简单的调用便可实现断路器的控制，这是南瑞 PLC 的最大特点之一，非常适合国内电气工程师的入门。

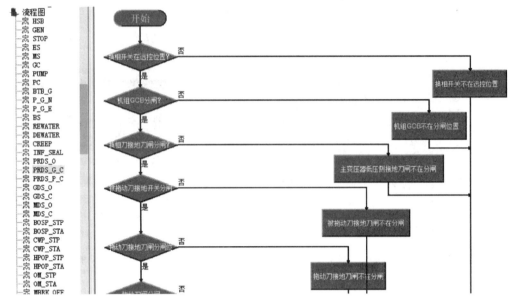

图 3-14 MBPro 流程图示例

三、常用测控装置

（一）SJ-12D 同期装置

SJ-12D 双微机手自动同期装置采用基于 DSP 和超大规模集成在线可编程技术的硬件平台。整体大面板，全封闭机箱，硬件电路采用后插拔式的插件式结构，强弱电分离。CPU 电路板和 MMI 电路板采用四层板，表面贴装技术，提高了装置的可靠性。

装置采用频率跟踪交流采样技术，不断监测发电机和系统的电压、频率，并可根据频差、压差大小发出宽窄不同的调节脉冲，直到频差、压差满足要求。在压差、频差满足要求的情况下，不断监测发电机电压和系统电压的相位差，准确预测断路器的合闸时刻，实现快速无冲击合闸。

图 3-15 SJ-12D 面板布置图

1. 面板布置

为了便于使用，装置配备了功能强大的、操作灵活的人机接口系统。装置正面板布置如图 3-15 所示。

2. 信号灯及液晶说明

面板上设置了 8 个 LED 指示灯和相位表显示灯，其定义如下：

"运行"灯为绿色，装置正常运行时以每秒一次的速率闪烁；

"故障"灯为红色，装置自检出现异常或故障时点亮；

"加速""升压""合闸"灯为绿色；

"减速""降压""失败"灯为红色。

装置配备了 128×64 点阵的蓝色液晶屏。此液晶自带背光，当长时间无键盘操作时，背光自动熄灭，液晶关闭。一旦有键盘操作，背光自动点亮。

3. 相位表说明

在装置输入交流量信号并启动同期后，相位表可以形象的显示相角差的变化规律。当待并侧的频率 f_1 大于系统侧的频率 f_g 时，相位灯顺时针方向旋转；当待并侧的频率 f_1 小于系统侧的频率 f_g 时，相位灯逆时针方向旋转。

如果准同期装置内部经过了转角补偿，则此相位表也经过了转角。

"合闸"和"失败"信号灯置于其中，分别指示合闸成功和同期失败。

4. 按键说明

面板上有九个按键，控制键包括"确认"和"退出"；内容更改键包括"＋"和"－"；光标移动键包括"↑""↓""←""→"；还有一个专门用于复位装置的复位按键。其功能分述如下：

"确认"键：用于对某项操作的确认或进入下级菜单，也可对某项操作进行确认。

"退出"键：用于对所作操作的撤销或返回上级菜单，也可对某项操作进行取消。

"＋""－"键：具有修改功能，包括数值的增加和减少，或不同类型的选择。

"↑""↓""←""→"键：完成光标的移动。

"复位"键：复位程序。

（二）SJ-22D 测速装置

SJ-22D 转速测控装置，以高档 ARM 芯片为核心，通过配以先进可靠的机械转速传感器和电气转速传感器，同时测量机械转速脉冲信号和发电机机端电压频率，实现对发电机组转速的测量和控制。

随着发电机组自动控制系统的不断进步，对机组转速测量与保护的可靠性要求越来越高，原有测速装置已不能完全满足要求。SJ-22D 为解决以往各类测速装置所存在的缺陷和电站自动监控及保护的专门要求，采取了以下突破性的设计方法：

在一套装置中同时采用机械、电气两种测速原理，它们既可有机结合，又可单独使用。

专门设计了独特的电气转速传感器，彻底解决了残压信号超低频、超低幅时难以准确可靠测量的难题。

采用先进的便于安装的机械转速传感器，克服了传统使用的光电传感器或编码器安装困难及由此带来的可靠性差等问题，而且还能正确区别机组旋转方向，满足抽水蓄能电站机组不同运行工况下的测速要求，同时具有蠕动检测功能。

机械测速原理的信号输入可支持正负两种逻辑的信号接入，以满足不同用户传感器输出信号不同的需求。

1. 面板布置

装置面板布置示意图如图 3-16 所示。

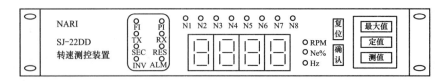

图 3-16　SJ-22D 面板布置示意图

2. 指示灯说明

FI：常亮或闪烁时表明有残压测频信号脉冲输入，灭即表示无信号输入。

PI：常亮或闪烁时表明有机械测速信号脉冲输入，灭即表示无信号输入。

TX：常亮或闪烁时表明数据正在发送。

RX：常亮或闪烁时表明数据正在接收。

SEC：运行指示灯。半秒灭，半秒亮。

ALM：报警指示灯。亮或闪烁即表明有报警信息产生。

INV：反转指示灯。亮即表明机组处于反转状态（PI1 先于 PI0 定义为反转）。

RES：备用指示灯。暂无意义。

N1～N8：分别代表 8 个转速刻度输出状态，亮即表示输出继电器动作。

RPM：测值显示，为转速值（转/分）。

Ne％：测值显示，为转速百分比。

Hz：测值显示，为频率值（Hz）。

3. 按键说明

SJ-22D 装置面板上有五个按键：复位、确认、最大值、测值、定值，其定义如下：

复位：将 SJ-22D 装置复位，相当于重新投电。

确认：报警确认：SJ-22D 报警信号动作后，可通过确认键清除报警输出。

最大值：查阅曾经出现的最高转速值。如果没有最大值，按最大值键时，闪烁显示"————"，如果产生了最大值，按最大值键，依次闪烁显示最大值的频率值，转速值和转速百分值，RPM，Ne％，Hz 指示灯指示最大值显示类型。

测值：查阅实时测量转速值。按测值键，依次显示测值的频率值，转速值和转速百分值，RPM，Ne％，Hz 指示灯指示测值显示类型。

定值：查阅 8 个转速刻度的整定值。

通过定值键可查阅全部转速输出刻度等整定值。整定刻度分 8 组显示，序号从 1～8 分别显示 8 个刻度转速输出整定值，返回死区和其输出策略，每组第一位为序号，每组第一行后三位显示该转速刻度输出动作值，序号中带"小数点"表示"＜"方向，无"小数点"表示"＞"方向，第二行后三位显示返回死区位，第三行后三位显示输出策略。

输出策略：FnP：输出值＝F and P；

　　　　　FOP：输出值＝F or P；

F：输出值＝F；

P：输出值＝P。

序号为 9 时显示额定转速值，单位：转/min。

序号为 A 时显示每转脉冲数值，单位：个/转。

序号为 b 时显示额定频率值，单位：Hz。

4. DIP 开关设置

SJ-22D 装置背部有一个 4 位的 DIP 开关，其定义如表 3-1 所示。

表 3-1 DIP 开关设置

DIP 开关设置				
位置	1	2	3	4
定义	FI 有效/无效	PI 有效/无效	电制动/非电制动	改参数禁止/允许

（1）改参数禁止/改参数允许：当要改变 SJ-22D 整定值时，必须将此开关拨至改参数允许，修改完毕后恢复至改参数禁止（出厂位置）。

（2）电制动/非电制动：当机组有电制动工况时，必须将此位拨至电制动，否则拨至非电制动。在有电制动情况下，必须安装机械测速传感器，并且当检测到电气测速信号突变时不告警。

（3）FI 有效/FI 无效：当需要电气测速时拨至 FI 有效，否则拨至 FI 无效。

（4）PI 有效/PI 无效：当需要机械测速时应拨至 PI 有效，否则拨至 PI 无效。

（三）SJ-40D 温度巡检装置

SJ-40D 微机温度巡检/保护装置是在 SJ-40N、SJ-40C 后开发的新一代微机温度巡检/保护装置，在总结前几代产品运行经验的基础上，对硬件和软件设计作了较大的改进。除了保留原有产品的优点外，硬件设计增强了装置的抗干扰性，并提高了装置的采样速度。

SJ-40D 微机温度巡检/保护装置专为水、火电站的温度量巡检和温度保护而设计，也适用于其他工业领域中采用热电阻测量温度的场合。该装置具有如下主要特点：

采用 32 位 ARM7 CPU，16 位串行 A/D，精密恒流源，能适应不同线制的多种热电阻。

数字地和模拟地隔离，能有效抑制工频干扰。

输入容量：48 路温度量输入。

保护输出：2 路，每路可独立组态定义。

隔离的 RS-232C 或 RS-485 通信接口，支持 Modbus 通信协议。

免调校。也可根据需要自动调校零点，保证精度。

在线自诊断、自恢复。

AC220V 或 DC220V 直接供电。

直观方便的液晶显示和操作面板。

1. 面板布置

SJ-40D 为标准的 2U 全宽机箱，装置面板示意图如图 3-17 所示。

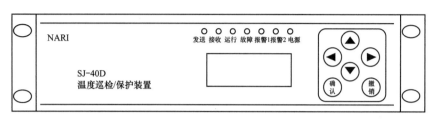

图 3-17　SJ-40D 面板布置示意图

2. 指示灯说明

7 个 LED 指示灯功能分述如下：

"运行"灯为绿色，装置在运行态时慢速闪烁；在调试态时快速闪烁。

"故障"灯为红色，装置自检出现异常或故障时点亮。

"发送""接收"灯为绿色，装置通信正常时发送和接受灯点亮。

"电源"灯为绿色，装置 5V 电源工作正常时电源灯点亮。

"报警1""报警2"灯为红色，当装置报警 1 和报警 2 条件满足时，报警 1 和报警 2 指示灯点亮。

装置还配备了液晶屏。此液晶自带背光，当长时间无键盘操作时，背光自动熄灭，液晶关闭。一旦有键盘操作，背光自动点亮。

3. 按键说明

装置面板上设置了 6 个按键，6 个按键中控制键包括"确认"和"撤销"；光标移动键包括"↑""↓""←""→"。

"确认"键：用于对某项操作的确认或进入下级菜单，也可对某项操作进行确认。"撤销"键：用于对所作操作的撤销或返回上级菜单，也可对某项操作进行取消。"↑""↓""←""→"键：完成光标的移动或修改功能，包括数值的增加和减少，或不同类型的选择。

4. 温度输入

SJ-40D 装置的背面共有 J1～J6 六个插座，关于 J1～J6 插座的定义如表 3-2 所示。

表 3-2　　　　　　　　　　　　　装置插座定义

插座号	功能定义	
J1	电源输入	
J2	温度输入插座	$T1$～$T16$ 温度输入
J3		$T17$～$T32$ 温度输入
J4		$T33$～$T48$ 温度输入
J5	保护输出	
J6	RS-232C/RS-485 通信口	

SJ-40D 的温度输入插座为 J2～J4，每个插座可以接入 16 路温度量，因此，上述 3 个插座可以接入 16×3＝48 路温度量。这些插座分别有 50 个端子（实际使用了其中的 48 个）。这些端子被分成 A、B、C 三个部分（对应插座上的上、中、下三排），如图 3-18 所示。A1、B1、C1 接入本插座的第 1 路温度；A2、B2、C2 接入本插座的第 2 路温度；⋯⋯依次类推，A16、B16、C16 接入本插座的第 16 路温度。A17 和 C17 没有使用。详见表 3-3。

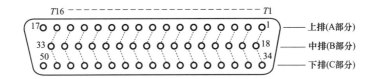

图 3-18　J2～J4 插座端子排列示意图

表 3-3　　　　　　　　　　　　　　　　J2～J4 温度输入接线表

端子号			用途
1(A1)	18(B1)	34(C1)	本插座第 1 路温度（T1）
2(A2)	19(B2)	35(C2)	本插座第 2 路温度（T2）
⋮	⋮	⋮	⋮
16(A16)	33(B16)	49(C16)	本插座第 16 路温度（T16）
17		50	

每路温度可以 2 线制、3 线制方式接入，而对于 4 线制输入，可以去掉一根线，当成 3 线制使用，接线方法如图 3-19 所示。

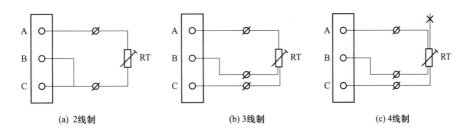

图 3-19　温度输入接线方法

5. 保护输出

J5 是保护输出插座，共有 4 个端子，提供 2 路空接点形式的保护输出 O1 和 O2。

6. 拨码开关定义

装置背部的最右侧有一个 2 位的拨码开关（SW），它的定义如表 3-4 所示，开关的左侧为 Bit1，右侧为 Bit2。

表 3-4　　　　　　　　　　　　　　　　SW 拨码开关定义

开关	作用	开关位置表示意义		出厂位置
		上方	下方	
Bit1	运行态/调试态	运行：运行灯慢闪	调试：运行灯快闪	上方
Bit2	写参数禁止/写参数允许	写参数禁止	写参数允许	上方

进行温度调试测量以及调试开出操作时，应将拨码的 Bit1 拨到下方（调试态）。只有当 Bit2 位于下方（写参数允许）时，才能进行参数设置以及调零操作。

注：调试态时装置不进行温度测点跳变及品质的判断。

（四）SJ-30D 通信管理装置

SJ-30D 是一款基于 RISC 架构，定位于工业应用的通信管理装置。该产品采用高度集成的 PowerPC 通信处理器为核心部件，具有 8/16 路隔离串口和两路自适应以太网接口，可以实现串口设备到以太网的自动化信息采集和通信协议转换，有效满足计算机监控系统中的不同通信需求。工业级外观设计，1U 高度 19in（1in＝2.54cm）的机箱结构，低功耗、无硬盘、无风扇及宽温性能，可满足任何苛刻工业环境的应用。

SJ-30D 是南瑞集团公司自主研发生产的通信管理装置，该装置具有以下主要特点：

采用高度集成的 PowerQUICC 架构的工业级嵌入式控制器，专用的总线串口控制器芯片，每个通信通道均采用隔离收发电路设计，装置采用冗余电源设计，具有极高的可靠性。

采用嵌入式实时 LINUX 操作系统作为软件平台，实现了真正的多任务环境；LINUX 系统平台稳定可靠、功能开放、编程规范。

具有 8/16 路标准串行接口、两路 10M/100M BaseT（X）以太网接口，各个通信接口均能够独立编程，支持多种联接方式，能灵活满足各种实际需求。

支持在线自诊断、自恢复功能；支持通过局域网进行远方诊断和维护。

组态界面友好，人机交互快捷方便，提供通用的行业驱动程序包和产品库函数，易于使用和维护。

1. 面板布置

SJ-30D 通信管理装置为标准的 1U 金属机箱，装置面板示意图如图 3-20 所示。

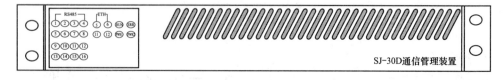

图 3-20　SJ-30D 面板布置示意图

2. 指示灯说明

SJ-30D 通信管理装置指示灯说明详见表 3-5。

表 3-5　　　　　　　　　　　　　　　SJ-30D 通信管理装置指示灯说明

指示灯	功能
串口指示灯 Com1-16	黄/绿，数据收/发
以太网指示灯 ETH1-2	亮/灭/闪烁，链接正常/异常/数据收发
运行指示灯 RUN	慢闪（周期 1s）正常，快闪（周期 0.2s）未进入自启动模式
故障指示灯 ERR	闪烁/灭，故障/正常
电源指示灯 PWR1/PWR2	电源 1/电源 2 工作指示灯

3. 联接方式

SJ-30D 通信管理装置主要是作为现场控制的通信扩展设备。该装置每个串行通信口（COMX）均支持用户独立编程，实现"客户化"定制。该装置各个通信口通过内置精小的数据库共享数据，任一个通信口（COMX 串行口/ETH 以太网接口）均能担当联入上级系统或与下级设备通信的功能，可以方便地进行组合，这给工程实际应用带来了极大的灵活性。

一般情况下，RS485 串行接口用于联接通用 PLC 设备和挂接现地通信子设备，以太网接口用于联接上位机工作站，各种标准方式均能满足数据快速可靠通信的要求。SJ-30D 通信管理装置的网络接口同时也是组态调试接口，下载组态配置、调试通信程序需通过以太网络连接进行。

4. 几种典型的系统联接方式

（1）联接通用 PLC 设备。

SJ-30D 通信管理装置作为主站，PLC 设备作为从站，采用 MODBUS（RTU）或其他标准通信规约，通过 RS485 串行通道联接 PLC 设备。在双 PLC（双机）的情况下，可任选两个 RS485 串行通道分别与主、从两个 PLC 通信，结构示意图如图 3-21 所示。

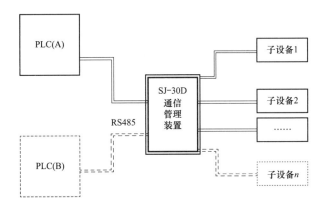

图 3-21　与 PLC 联接示意图

（2）联接上位机系统。

SJ-30D 通信管理装置作为从站，上位机系统工作站作为主站，采用 MODBUS

（TCP/IP）通信规约，通过以太网连接，SJ-30D 通信管理装置响应网络主节点的通信要求，结构示意图如图 3-22 所示。

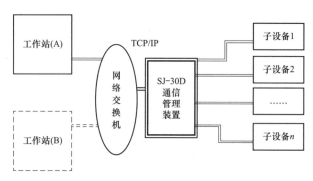

图 3-22　与上位机联接示意图

四、水机保护系统

（一）水机保护概述

1. 水机保护功能

水电站水机保护是当水轮机组在启停和运行过程中发生危及设备和人身安全故障时自动采取保护或联锁措施防止事故产生、避免事故扩大，从而保证人员和设备的安全不受损害或将损害降到最低限度。目前，大多数水机保护均设置了一套计算机监控 PLC 回路和一套水机保护回路，两套保护相互独立，共同构成水轮机完善、可靠的保护。

2. 水机保护分类

当前，水机保护主要有两种类别，一种是常规继电器搭建而成，独立于机组现地单元 PLC 之外，实现水机保护功能。另一种是使用另一套独立的 PLC 系统独立与机组现地单元 PLC 之外，完成相应功能。

（二）水机保护特点

1. 继电器水机保护特点

常规继电器水机保护主要优点是成本低廉，维护简单，但其缺点也比较明显，主要表现在以下几点：

（1）常规继电器回路接线复杂，可扩展性较差，设计、调试工作量大，且加工完成后，基本很难做大的修改和调整，灵活性较差。

（2）常规继电器水机保护中的继电器在实际使用过程中易出现触点黏连、线圈烧毁等问题，直接影响水机保护系统的正常运行。

（3）常规继电器水机保护回路中无法直接接入模拟量、温度量等信号，同时较难增加准确的延时定时器，减少了动作条件的种类。

（4）常规继电器水机保护作为独立系统，无法记录相关动作过程，不便于事故分析。

2. 基于 PLC 水机保护特点

基于 PLC 的水机保护系统相对于传统继电器水机保护，优点较多，主要有以下几点：

（1）基于 PLC 的水机保护系统由一套独立的 PLC 构成，可继承开入、开出、模入、温度等模块，功能全面，可靠性高。

（2）水机保护的各项功能都可由 PLC 编程实现，其拓展性强，维护方便，可满足各种不同机组的水机保护要求。

（3）水机保护 PLC 可与上位机、触摸屏等通信，记录上送相关动作信号，便于事故过程监控和结果分析。同时，PLC 也可实时接收上位机或触摸屏下发的事故条件整定值，满足机组实际运行需要。

（4）水机保护 PLC 可直接接入模拟量和温度量等信号，实现多种条件的组合判断，保证了各种条件均能可靠动作。

（三）水机保护系统设计要求

1. 继电器水机保护系统设计要求

（1）继电器水机保护系统在设计前期要全面考虑机组水机保护的动作条件、输出结果，以尽量减少后期修改和调整。

（2）继电器水机保护系统需使用独立的直流或交流电源，以防止与主 PLC 系统电源系统互相影响。

（3）继电器最好选用带动作指示灯的，以便观察动作情况。

（4）继电器水机保护系统要设计自保持回路和手动复位回路。

2. 基于 PLC 水机保护系统设计要求

（1）水机 PLC 性能要求简单，可使用中低端配置的 PLC 硬件实现，可有效减少成本。

（2）水机 PLC 需与主控 PLC 使用不同的独立的工作电源。

（3）水机 PLC 与主控 PLC 的输入输出信号电缆尽可能分开独立布置，若无条件实现，则可使用中间继电器进行扩展。

（4）水机 PLC 可与主控 PLC、上位机系统或现地触摸屏进行通信，进行相关过程监控，但通信内容不作为水机 PLC 系统运行的判断条件。

3. 流程配合要求

无论是继电器水机保护系统，还是 PLC 水机保护系统，其流程执行过程不可能与主控 PLC 完全一致，必然存在流程配合问题。为了防止两者不同控制过程对机组产生误动、控制冲突等事故隐患，建议在主控 PLC 系统和水机保护系统中均设置一个开出继电器，用于当本侧有事故动作时发出信号至对侧，对侧将该信号作为一个独立的事故启动源，以达到互相同时动作，避免事故隐患。

（四）典型案例

1. 继电器水机保护典型案例

某电站机组的继电器水机保护回路设计，如图 3-23、图 3-24 所示。

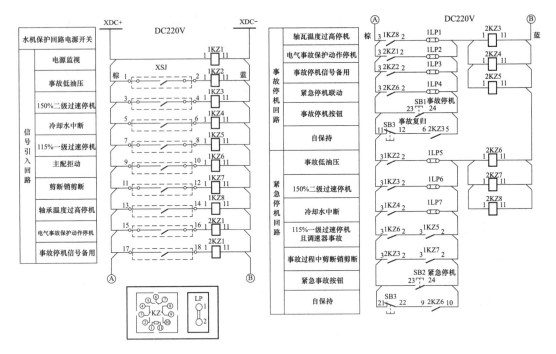

图 3-23   继电器水机保护信号接入回路图

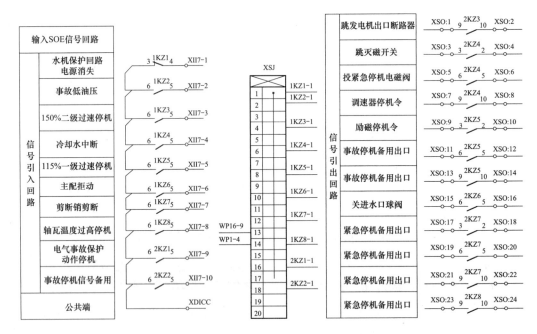

图 3-24   继电器水机保护信号输出回路图

2. 基于 PLC 水机保护典型案例

某电站机组的事故停机启动源汇总，如表 3-6 所示，水机保护 PLC 事故停机逻辑图如图 3-25 所示。

表 3-6 事故停机启动源汇总表

序号	测点名称	整定值	延时时间（ms）	电气跳机 ESD	机械跳机 QSD
1	转速装置115%Ne动作	DI［9］AND DI［8］=0	500		▲
2	机组A套停机信号输出	DI［14］	20	▲	
3	主变压器A套停机信号输出	DI［15］	20	▲	
4	机组主PLC电气事故停机启动源信号	DI［17］	30	▲	
5	机组主PLC机械事故停机启动源信号	DI［50］	500		▲
6	机组LCU电气事故停机按钮按下	DI［19］	100	▲	
7	机组火灾报警	DI［22］	500	▲	
8	励磁跳闸	DI［24］	100	▲	
9	油压装置事故低油压	DI［26］	500		▲
10	振摆大跳机	DI［27］	500		▲
11	机械过速装置动作（125%Ne）	DI［41］	500		▲
12	机组B套停机信号输出	DI［47］	20	▲	
13	主变压器B套停机信号输出	DI［48］	20	▲	
14	机组LCU机械事故停机按钮按下	DI［52］	200		▲

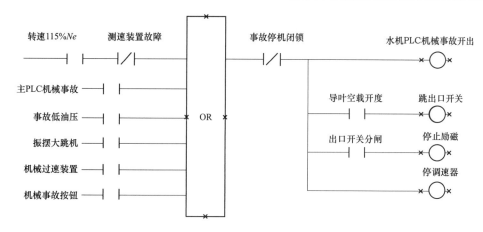

图 3-25 水机保护 PLC 机械事故停机逻辑图

传统的水机保护主要指机械部分的安全保护措施，包括剪断销信号、机组过速、轴承温度过高几种信号。与机械保护相对应的电气保护，即继电保护。常规水机回路接线复杂、可扩展性差、功能简易，在设计、技改、调试和运行维护开展期间均存在一定难度。纵观常规水机回路的不足以及当前技术改进需求，水机保护从内容到措施具有很大的变化，例如：图 3-23 中，振摆过大信号来源于机组状态监测系统；传统的水机保护信号是引入机组自动化回路。随着各种各自动化原件的可靠，PLC 控制系统的不断快速发展，独立的 PLC 水机保护方式必将替代常规的水机保护系统。目前独立于监控系统以外的水机保护系统正在成为各类型水电站的标准配置。

探索与思考

1. 水电站计算机监控系统的网络结构主要指厂站层，这一层涉及哪些关键技术？现有结构拓扑中有何更好的解决方案？未来可能有何变化？

2. 有关水电站计算机监控系统网络结构的文献较多，且都陈述了所采用监控系统的优势特色，而在进行改造分析时，又陈述许多不足。查询某一电站监控系统改造前后的分析陈述进行对比，谈谈你的观点。

3. 尽管各水电站厂站层设备配置有所不同，但是监控系统所具备和完成的功能上基本相似。未来在"无人值班"、远程集控、智能化等技术快速发展下，会有何变化？

4. 现地层涉及设备众多，是机组和电站运行安全的关键。在未来"无人值班"、远程集控条件下，如何确保机组和电站的安全？是否可能设置多级安全体系？

5. 水电站现地控制单元的划分已基本形成定式，即分为机组、开关站、公用、辅助LCU等。这种划分有何不足或潜在风险？灵活性如何？是否可以更多地提高集成度？

第四章 机组控制单元

第一节 水轮发电机组控制原理

一、发电机组控制对象

水轮发电机组是指由水轮机、发电机及其附属设备（调速和励磁等）组成的水力发电设备，水轮发电机组是机组单元核心设备。机组单元从设备的构成来说主要由机械设备、电气设备和辅助设备组成。

（一）机械设备

机组单元中机械设备主要有水轮机，进水阀（包含蝶阀、球阀、筒阀等）、调速器等。

1. 水轮机监视和控制

水轮机供货商会提供必要的仪器仪表和自动化元器件来采集水轮机的工作工况和性能参数值，也称常规自动化元件。由于计算机监控的广泛应用，用户也可要求制造厂提供指定的检测仪表和设备，用于计算机监控系统、在线监测系统、水轮机状态监测与故障诊断系统和相关的控制回路，其中主要信号有：

（1）与水头有关的信号：上下游水位、毛水头、净水头，一般通过液位计、压差表或者智能仪表来测量。

（2）与水轮机效率有关的信号：水轮机效率和耗水率，一般通过效率仪器仪表进行测量。

（3）转速：包括电气转速、机械转速和过速飞摆动作信号，电气转速和机械转速大小一般通过测速装置测速；过速飞摆动作信号通过机械过速保护装置测量。

（4）蜗壳压力：包括蜗壳前后压力，蜗壳进口压力、进口压力脉动、蜗壳尾端压力、转轮与导叶间压力和尾水管压力脉动等，通过压力表和脉动压力传感器测量。

（5）与顶盖有关的信号：顶盖水位、水位过高报警、顶盖排水泵的启停、运行、故障、流量以及电源监视。

（6）与水导轴承有关的信号：水导轴承温度和测温元件断线、水导轴承油槽油位高低和油混水报警、水导轴承冷却水正常、水导油槽外循环冷却器流量正常和水导外循环泵运行等监视信号。水导轴承温度信号一般采用PT100进行测量。

（7）震动和摆度信号，振摆一二级保护信号，一般由在线监测系统提供的电涡流位移传感器测量。

(8) 导叶剪断销：如果在停机过程中，导叶剪断销剪断将会启动紧急停机。

(9) 与主轴密封有关的信号：主轴检修密封有压、主轴密封磨损、主轴密封水中断、主轴密封水差压过低、备用主轴密封水差压过低和主轴密封水主用电磁阀开/关。

(10) 与导叶有关的信号：导叶开度、导叶位置全关、导叶位置空载以下、导叶位置空载和导叶位置全开等，其中开关量信号都是通过导叶的行程开关进行现场整定输出的。

机组现地控制单元（LCU）通过采集上述信号的变位以及测值，通过逻辑运算来判断水轮机运行工况，同时根据这些信号值的限制和特定条件下的信号的变位，以及接受到人为命令来控制水轮机，正常运行时，机组现地控制单元并不直接通过执行机构来控制水轮机，而是通过调速器系统来完成的对水轮机的控制，即通过发送导叶的开关命令，调速器系统接收到命令后进行导叶的开关，从而达到控制水轮机的转速或者输出功率目的；发生事故时，还会直接控制事故配压阀来直接控制水轮机；最终实现水轮机开停机、事故停机、紧急停机、速度控制和功率调节等。

2. 调速器系统

调速器系统主要由三部分组成，分别为调速柜（电气柜和机械柜）、油压装置和接力器。水轮机调速器控制方式有以下几种方式：

(1) 正常情况下的自动控制，电气控制柜输出控制信号（连续电压）—伺服阀功放—伺服比例阀—切换阀—主配—接力器—控制环—导叶；

(2) 异常情况下的自动控制（伺服阀发生故障），电气控制柜输出脉冲型控制信号—容错控制阀组—切换阀—主配—接力器—控制环—导叶；

(3) 正常情况下手动控制，手动控制开关输出脉冲型控制信号—错控制阀组—切换阀—主配—接力器—导叶；通过主配压阀自动复中来保证接力器稳定在某个位置；

(4) 紧急停机操作，直接通过操作紧急停机电磁阀完成，直接控制主配压阀关闭导叶。

调速器配置相仪器仪表和自动化元器件主要有以下几种信号：

1) 与电气柜有关的信号（均包含 AB 套）：调速器一般/严重故障、一次调频动作信号、功率闭环调节方式、电源监视信号、导叶采样故障、伺服阀故障、功率采样故障、机频采样故障、导叶手动控制、开停调速器信号和增减速信号。

2) 与机械柜有关的信号：主配阀拒动、调速器机械柜紧急停机按钮动作信号、事故配压阀投入/复归位置、自动比例伺服阀切换、电源监视信号、油泵启停控制/运行信号和紧急停电磁阀信号。

3) 与油压装置有关的信号：事故低油压信号、压油罐油压、压油罐压力异常、压油罐压力过低、压油罐油位、压油罐油位异常、漏油箱漏油泵信号、漏油箱油位过高、漏油箱油混水报警信号、回油箱油混水报警、回油箱油温异常、回油箱油位异常、回油箱油位、回油箱油温和压油泵滤芯堵塞等。

机组现地控制单元（LCU）通过采集上述信号的变位以及测值，判断其运行工况，同时根据这些信号值的限制和特定条件下的信号的变位，以及接收到操作人员命令，从而控制水轮机。

3. 进水阀

进水阀主要作用有三个，其一，关闭进水阀，截断水轮机进水，以利于水轮机检修；其二，当水轮机组调速系统发生故障，机组转速升高到整定值的情况下，动水紧急关闭进水阀，保证机组安全；其三，当水轮机组长期停机时，截断上游来水，减少导叶漏水，防止机组发生蠕动；另外，在不排空进水阀前压力管道的压力水的情况下，可以进行检修工作，且不影响其他机组的正常运行。

进水阀有球阀和蝶阀，一般用在中小型水电站中。通常监视和控制的主要信号有：阀全开和全关位置信号、阀系统的液压系统的压力、油温及阀门的位置和平压信号等。

4. 筒阀

筒阀是进水阀的一种，一般大型机组才配置，是为减少导水机构的空蚀和泥沙对水轮机的磨损，延长水轮机大修周期，以及机组在开机运行时进水阀不造成水力损失。筒阀随机组的启停而开闭，其操作是机组操作流程中的一部分。

通常监视和控制筒阀的主要信号有：筒阀的位置信号、筒阀油泵启停信号、筒阀油泵电机软启故障和电机故障、筒阀压力油罐压力和油位信号、筒阀回油箱油位和油温信号、筒阀的开关信号和位置值、筒阀控制电源监视信号、筒阀控制方式、筒阀失步、筒阀发卡以及筒阀系统紧急关机等。

（二）电气设备

电气设备主要包含电气一次设备和电气二次设备，电气一次设备主要有主变压器及其辅助设备（包含变压器风机及控制）、主变压器低压侧开关设备（包含断路器和隔离刀及地刀等）、发电机母线（包含离相封闭母线）、发电机出口开关设备、发电机、励磁系统设备（包含电气制动部分）、高厂变压器等；电气二次设备主要有计算机监控系统的机组现地控制单元（包含机组计量设备）、发变组保护（包含励磁保护和高厂变压器保护）、机组直流电源系统、机组自动化元器件及测量仪器仪表、机组在线监测系统（振摆保护设备）等。

1. 水轮发电机

水轮发电机主要由定子、转子、机架、轴承、制动系统、通风冷却系统、永磁机、励磁机及其他附属设备等部件组成。其中定子主要由机座、铁芯和三相绕组线圈等组成，转子由主轴、转子支架、磁轭和磁极等组成；机架按其所处的位置分为上、下机架，轴承主要由轴承座及支承、轴瓦、镜板、推力头、油槽及冷却装置等部件组成，发电机制动系统分为机械制动、电气制动、混合制动，制动系统是由制动装置（俗称风闸）、控制元件、管路系统组成。

水轮发电机性能参数有：

（1）额定功率：用以表示水轮发电机的容量，以千瓦计。额定功率除以效率不应大于水轮机的最大轴出力。

（2）额定电压：水轮发电机的额定电压需经技术经济比较会同制造厂决定，当前水轮发电机的电压从 0.4kV 到 18.0kV。容量越大则额定电压越高。

（3）额定功率因数：发电机的额定有功功率与额定视在功率之比，用 $\cos\varphi_n$ 表示，远离负荷中心的水电站常采用较高的功率因数。

水轮发电机运行时主要的工况和状态信号有：

（1）与定子有关的温度信号：定子铁芯温度、发电机上齿压板温度、发电机下齿压板温度、定子线圈温度。

（2）与轴瓦有关的信号：轴瓦温度（包括上导轴瓦、下导轴瓦和推力轴瓦或者组合轴承等，根据机组容量不同，个数也不一样，一般采用 PT100 测量，一部分瓦温信号点直接进入到监控中，发电机生产厂家一般选择有代表性的几个信号点接入到仪表盘柜中的自动化仪表中，作为监视和温度报警以及停机使用），轴瓦温度过高，轴瓦油槽温度，轴承冷却水流量，轴承冷却水中断信号，轴承油箱油位信号，轴承油箱油混水报警，轴承油冷却器进出油温。

（3）与空气冷却器有关的信号：空气冷却器冷风温度、空气冷却器热风温度、空冷器进水温度、空冷器出水温度、空气冷却水流量和空气冷却器冷却水中断信号。

（4）与制动块有关的信号：制动块绕转子一周分布，一般不少于 6 个（微型机组最小只有 2 个），主要有投入和退出信号，其中所有制动块必须退出是开机的必要条件。

（5）发电机机端电气量：包含机端三相电流、电压、有功、无功、频率、功率因素等。

机组现地控制单元（LCU）通过采集发电机上述位置和状态信号，判断水轮发电机运行工况，同时根据这些信号值的限制和特定条件下的信号的变位，以及接受到人为命令来控制水轮发电机。发电机的调节是通过励磁系统来实现。

2. 励磁系统

励磁系统由励磁电源和励磁装置两大系统构成。励磁电源的主体是励磁机或励磁变压器，主要向同步发电机励磁绕组提供直流励磁电流；励磁装置是指同步发电机的励磁系统中除励磁电源以外的对励磁电流能起控制和调节作用的电气调控装置。包括励磁自动调节回路、功率整流回路和灭磁回路三部分。励磁装置则根据不同的规格、型号和使用要求，分别由调节控制屏、整流屏和灭磁屏三个部分组合而成。

励磁系统的运行时主要的工况和状态信号有：

（1）与励磁电源有关的信号：直流/交流起励电源监视、励磁变温度监视、励磁变测温装置故障监视、励磁变电流电压和功率等。

（2）与励磁装置有关的信号：灭磁开关位置信号、灭磁开关操作电源监视、励磁风机电源监视、AB 套励磁调节器监视（故障、直流和交流电源、控制方式）、励磁调节器告警监视、励磁整流柜故障监视、励磁 TV 断线监视、起励失败监视、过/欠/强励限制监视、

V/F 限制监视、PSS 监视、整流柜监视（整流柜脉冲切除监视）、励磁过压监视、转子电压和转子电流等。

机组现地控制单元（LCU）通过采集上述信号的变位和大小，判断它运行工况，同时根据这些信号值的限制和特定条件下的信号的变位，以及接收到操作人员命令，从而控制发电机的电压和机组的无功功率。

3. 机组出口开关

机组出口开关属于成套设备，一般包含断路器、隔离刀和地刀等设备。一般而言机组出口都装设断路器，但是机组出口断路器不是发电机组配置的必须设备，有的中小型机组没有配置机组出口断路器，而是配置在主变压器高压侧上，从而节省投资。

断路器运行时的工况和位置主要信号有：

（1）发电机出口断路器位置信号、SF_6 压力信号、弹簧储能信号、控制方式信号、控制电源监视信号、回路故障监视信号；

（2）发电机出口断路器的前后隔离刀和接地刀位置信号。

机组现地控制单元（LCU）通过采集上述信号的变位以及其他系统和设备的信号，判断它运行工况，同时根据这些信号值的限制和特定条件下的信号的变位，以及接受到操作人员命令，从而控制发电机并网和解列。

4. 主变压器及母线

主变压器是电站中主要的机电设备之一，计算机监控系统监视和控制的主要信号有：变压器重瓦斯、轻瓦斯、主变压器油箱压力释放、主变压器油位、主变压器油温、主变压器冷却器（动力/交流/控制电源监视、故障监视、运行状态、控制方式）、主变压器绕组温度、冷却器水流故障、冷却器油流故障、冷却器泄漏故障、冷却器油泵故障、冷却器电动阀故障和冷却器进水水压报警等。

一般监控系统不控制主变压器，它的冷却器等控制都是靠自带的控制系统自动控制，主要是监视它的运行，一旦主变压器发生故障，监控系统收到事故信号后，立即启动电气事故停机，从而保护主变压器和机组，防止事故扩大化。

母线连接着发电机、开关、主变压器、高压厂用变压器等重要设备。一般母线上都配置 TV 和 TA，供给测量和保护使用，主要信号有：各段（发电机出口封母、发电机断路器封母和主变压器低压侧封母）封母 ABCX 相导体温度、外壳温度和 TV 和 TA 信号。

5. 机组单元发变组保护

机组单元发变组保护是从发变组单元系统中获取信息，并进行处理，能满足系统稳定和设备安全的需要，对发变组系统的故障和异常作出快速、灵敏、可靠、有选择地正确反应的自动化装置。发电机变压器保护对象为发电机定子、转子、机端母线、主变压器、厂用变压器、励磁变压器、高压短引线、断路器，并作为高压母线及引出线的后备保护等。

发电机变压器保护一般包含发电机定子短路主保护、发电机定子单相接地保护、发电机励磁回路接地保护、发电机定子短路后备保护、发电机异常运行保护、主变压器主保护、主变压器异常运行及后备保护、高压厂用变压器保护高厂变差动保护、励磁变压器（或励磁机）保护、高压启动备用变压器保护、断路器失灵启动保护、断路器非全相保护、发电机强励启动、过流闭锁（断路器遮断容量不够时采用）、发电机电超速保护、短引线差动保护、零功率保护、非电量保护（各类型变压器的重瓦斯、轻瓦斯、压力释放、油位、油温、温度、冷却器全停保护、发电机热工、断水、励磁系统故障等保护、高频切机保护等）。

计算机监控系统中主要接受发变组保护发过来的上述保护信号，一般根据信号进行运行监视，同时根据保护信号的级别启动电气事故停机，从而保护机组。

6. 其他电气设备

（1）其他开关设备。

机组单元中除了上述发电机出口开关，根据电站设计，有的电站还配置了主变低压侧开关设备、发电机中性点接地开关、主变压器中性点接地开关、高厂用变压器高压侧开关等。其中主变低压侧开关设备的监视和控制一般与机组出口开关设备相同；其他的开关主要是监视开关站位置信号和控制他们的分合闸。

（2）机组直流电源系统。

机组直流电源系统是为控制（电气的控制回路，二次的直流回路）、保护（继电保护）、事故（事故油泵，事故照明）、信号（声光信号，信号继电器，闪光回路）等提供电源，是当代电力系统控制和保护的基础。机组直流电源系统的设备表现形式为直流屏。直流屏由交配电单元、充电模块单元、降压硅链单元、直流馈电单元、配电监控单元、监控模块单元及绝缘监测单元组成；直流屏内含绝缘监察、电池巡检、接地选线、电池活化、硅链稳压、微机中央信号等功能，直流屏为远程检测和控制提供了强大的功能，并具有遥控、遥调、遥测、遥信功能和远程通信接口。直流屏通过远程通信接口与机组现地监控单元通信，提供直流电源系统的运行参数和位置信号，满足水电站无人值守"少人值班"的要求。

（3）机组在线监测系统。

机组在线监测是指对机组设备状态进行实时监测，并通过监测和测量机组设备或者部件运行状态信号和特征参数（机组的振动摆渡、轴承温度、蜗壳、尾水管压力、发电机绝缘状况、空气隙的变化、功率、导叶开度、水轮机流量以及空化噪声等），根据结果判断机组是否正常。其中机组振摆保护参量包括转动部件主轴摆度、固定部件轴承座的振动和轴向位移；主轴摆度分为上导处摆度、下导处摆度（法兰处摆度）和水导处摆度，固定部件轴承座的振动包括上机架振动、下机架振动和顶盖振动。机组振摆保护设两级越限信号输出，其中一级越限作用于报警，二级越限作用于停机并报警，一般这 2 个信号直接接入机组现地控制单元，用于机组振摆保护报警和停机控制；其他的在线监测量一般都通过通信方式接入到机组现地控制单元，用于运行监视。

（三）辅助设备

机组辅助设备包含油气水系统设备、金属结构设备和其他辅助设备等，油气水系统设备主要有机组技术供水、机组气系统部分、机组油系统部分等；金属结构设备主要有机组进水口闸门、机组进水口事故闸门、机组尾水门和机组尾水检修闸门；其他辅助设备主要有机组机械制动部分、发电机定转子测温（如光纤测温）、机组测流量设备（如超声波测流设备）、工业电视机组部分和火灾报警机组部分等。

1. 技术供水系统

水电站的技术供水主要作用是对运行设备进行冷却（水轮发电机组各轴承的油冷却器；水润滑的水轮机推力轴承、导轴承、水冷式空压机、主变压器、空气冷却器、油压装置等），其次是对水轮机的工作密封提供一定压力的清洁水源，也用来进行润滑（比如深井泵橡胶瓦导轴承）。

技术供水是计算机监控系统中重点监视和控制对象之一，监视和控制信号包括：冷却水流量过低、上导轴承冷却水中断、空气冷却器冷却水中断、组合轴承冷却水中断、顶盖排水泵电源故障、顶盖排水泵运行/故障、水导油槽外循环冷却器流量正常、技术供水安全阀位置、技术供水电动阀位置、技术供水滤水器差压过高、技术供水滤水器减速机电机故障、技术供水滤水器电源故障、技术供水总管压力和流量、组合轴承冷却水总流量、空气冷却水总流量、上导冷却水流量、空气冷却水流量等。技术供水的控制一般在机组的开停机过程中完成，主要是开/关机组 1 号技术供水电动阀。

2. 主轴密封系统

设置在水轮机主轴与顶盖间防止漏水的密封装置，分工作密封与检修密封两种。在机组正常运行时，从上止漏环处流出的泄漏水，通过转轮泵板排至顶盖取水管，密封体上接有排水管。从而将开机停机过程中流出的水排至集水井里面。有效地阻挡尾水管中的水从主轴与顶盖之间的间隙上溢，防止水轮机导轴承及顶盖被淹，维持轴承和机组的正常运行。通常监视的信号量有：主轴检修密封有压、主轴密封磨损、主轴密封水中断、主轴密封水差压过低、备用主轴密封水差压过低、主轴密封水主用/备用电磁阀开关位置。通常在机组开机的时候开关主轴密封水的电磁阀来达到密封。

3. 气系统与机组制动

为使水轮发电机组停机，用外力将其转动部分（转子、大轴和水轮机）停止转动的器具和操作机构称之为制动系统，包含制动装置和气系统。它的作用是机组在停机时，转速逐渐降低，到一定的转速就会不能满足维持油膜所需要的速度，使两金属面发生半干摩擦，可能会造成推力瓦的损坏，将机组快速停下来，以缩短推力瓦在半干摩擦工况下的运行时间，避免机组长间低速运转。通常监视的信号量有：机械制动柜电源故障、机械制动远方运行模式、制动投入腔有压、制动投入腔无压、制动退出腔有压、制动退出腔无压等，一般在开停机过程中控制投入和退出，制动闸投入一般转速在 35% 以下。

4. 高压油顶起装置

高压油顶起装置是专为水轮发电机推力轴承润滑系统而设计，其作用是在机组启动和停机时在推力轴承表面喷射高压油，使其表面形成油膜从而避免造成推力瓦的磨损。高压油顶起装置在机组开、停机过程中和机组蠕动时投入。通常监视的高压油顶起装置信号有：高压油顶起泵故障、高压油顶起泵运行、高压油顶起油泵自动控制方式、顶转子装置电源故障、转子顶到位、高压油顶起油泵出口流量异常、高压油顶起油总管流量低报警、高压油顶起油总管流量过低报警、高压油顶起油总管压力低报警、高压油顶起油总管压力高报警、高压油顶起油总管过滤器阻塞等信号。一般高压油顶起装置在开机是投入，机组达到95％转速的时退出，停机时，转速低于95％时投入。

5. 进水口快速闸门

水轮发电机组进水口工作闸门在水电站的水力机械保护中是最后一套保护，其动作的可靠性影响着整个电站和防洪的安全，可以防止水轮机因故不能关闭产生飞逸时，关闭进口快速闸门。一般电站进水口需要设置闸门，中大型机组一般一台机组一个进水口闸门，小型机组可以多台机组1个进水口快速闸门，特别是引水式水电站；在事故时，可以紧急关闭进水口快速闸门，截断水流，防止水淹厂房，避免事故扩大，同时也为引水建筑物的检修创造条件。

进水口快速闸门是电站中重要的金结设备之一，日常计算机监控系统监视和控制的主要信号有：进水口快速闸门开度、进水口快速闸门位置信号、进水口快速闸门下滑、进水口快速闸门充水平压、进水口快速闸门控制系统故障、进水口快速闸门交流电源消失、进水口快速闸门直流220V电源消失、进水口快速闸门直流24V电源消失。控制信号主要有进水口快速闸门液压启闭机开启、停止、关闭和故障复位和闸门液压启闭机事故闭门（紧急关闭闸门）。

二、监控系统控制原理

（一）与调速器协调控制

1. 控制方式

监控系统与调速器系统之间的有功功率调节控制主要有通信调节、模拟输出调节方式和PID调节三种方式。

通信功率调节方式是监控系统直接通过通信的方式将有功功率设定值下发给调速器控制系统，由调速器控制系统根据设定值直接进行PID闭环调节。这种控制方式目前在电站控制中不是很常见，并且这种控制方式对于监控系统而言是一个开环控制系统。

模拟输出调节方式与通信调节方式类似，只不过采用PLC的模出模块，将有功功率通过4～20mA的信号下发调速器系统，也是一个开环控制。

PID调节控制方式是由监控系统机组现地控制单元的控制器PLC，根据设定负荷与实际负荷的差值进行闭环控制调节；机组LCU输出增减脉冲信号控制调速器控制设备，调速器按照增减脉宽调节导叶开度。

有关计算机监控 LCU 与调速器控制的开环和闭环问题，在实际运行中也出现过一些问题[80,81]，解决方案大多根据电站实际情况进行改进。

2. PID 有功功率控制原理

监控系统的 PID 有功功率调节是以 PLC 作为控制器构成的 PID 闭环调节。整个控制系统是由上位机、机组控制单元、电流电压互感器、功率变送器或者是交采表、继电器、调速器系统、水轮发电机组组成的一个闭环控制系统。给定功率值为闭环控制系统的给定量，这个量来自监控系统上位机操作员的输入、LCU 现地触摸屏操作人员输入、调度系统下发或者 AGC 等计算所得等方式获得；机组 LCU 内的 PLC 为控制系统的控制器，主要包括了 PLC 程序（包括 PID 控制调节程序）、PLC 的输入输出模块（包括 AI、DI、DO、通信等模块），承担 PID 算法，偏差量的计算，反馈量的采集接口等功能，其中偏差量的计算为给定值与反馈实际值的差值；调速器系统、导叶和机组 LCU 内的开出继电器为控制系统的执行机构，负责控制被控对象，使被控量有功功率发生变化。

在 PID 调节过程中，PID 控制调节程序进行实时守候调节诊断，主要是诊断机组运行参数是否超出范围和诊断功率调节系统异常情况，它的输出就是保护，表现在以下两个方面：

（1）调节闭锁，水电站中主要包含了定子电流越上限调节闭锁、定子电压越上下限调节闭锁等。

（2）调节退出，主要包含了功率调节超时调节退出、功率调节负荷差过大或者过小调节退出、功率调节方向与实际值方向变化相反调节退出、机组频率越上下限调节退出。

（二）与励磁系统协调控制

监控系统与励磁系统之间的无功功率调节控制也有通信调节、模拟输出调节方式和 PID 调节三种方式。

（1）通信功率调节方式是监控系统直接通过通信的方式将无功功率设定值下发给励磁控制器，由励磁控制系统根据设定值直接进行 PID 闭环调节，这种控制方式目前在电站控制中不是很常见，并且这种控制方式对于监控系统而言是一个开环控制系统。

（2）摸出调节方式与通信调节方式类似，只不过采用 PLC 的模出模件，将无功功率通过 4~20mA 的信号下发励磁系统，也是一个开环控制。

（3）PID 调节控制方式是由监控系统机组现地控制单元的控制器 PLC，根据设定无功功率与实际无功功率的差值进行闭环控制调节；机组 LCU 输出增减脉宽控制励磁系统的励磁电流输出，从而改变发电机的无功功率。

（三）与辅助设备协调控制

通常机组监控系统与机组辅助设备之间协调控制主要包括了油气水系统的控制，主要有进水阀门启停控制（包括蝶阀、球阀、筒阀）、机械制动投退控制、高压油泵启停控制、空气围带充气控制、主轴密封水控制、出口断路器合分控制、技术供水阀门控制等，这些控制归结为开关量闭环控制系统，其控制逻辑关系主要根据设备运行方式确定。

除有独立控制单元的设备外，辅助设备单元的控制均由机组段 LCU 实施直接控制。机组 PLC 程序检测相应设备状态，按照预设控制逻辑进行判断并输出相应控制命令和状态值，状态检测输入和控制或状态输出通过 PLC 的 I/O 端口实现。

辅助设备中管道和阀门多、结构复杂，但是并不需要对其进行全部的监控。监控系统是实时监视和控制系统，在检修时才使用的各种阀门或设备不需要纳入监控范围，这也是监控系统设计的原则之一。因此，辅助设备中需实时监测和控制的设备并不是很多。近年来通过一些特殊事故的分析，逐步增设了一些冗余性质的状态检测项目，提高辅助设备系统的可靠性，例如：在冷却水管出口安装流量计。

第二节　机组 LCU 硬件设计

LCU 一般布置在电站生产设备附近，就地对电站各类被控对象进行实时监视和控制，是电站计算机监控系统的重要控制部分。LCU 一方面与电站生产过程联系、采集信息，并实现对生产过程的控制，另一方面与厂站控制层联系，向它传送信息，并接受它下达的命令。LCU 是计算机监控系统的基础，机组 LCU 更是机组能否安全运行的关键所在。因此，首先 LCU 要求安全性高，实时性好，抗干扰能力强，能适应电站的现场环境，系统本身的局部故障不影响现场设备的正常运行；其次具有可扩性，满足电站功能增加及规模扩充的需要。根据这一要求，LCU 硬件按照可用率高、容错性好、开放性强等方面进行设计。

现地控制单元级均采用工业级交换机，各现地控制单元级节点配置 2 套工业以太网交换机，系统各节点间的协调通过系统网络控制软件来实现。现地控制单元级按被控对象配置机组 LCU、公用设备 LCU、厂用电设备 LCU、开关站 LCU 和坝区 LCU 等现地控制单元。同时为使系统具有高的可靠性和可利用率，LCU 内部采用以太网结构，内部网络发生链路故障时能自动切换，且时间小于 50ms。各 LCU 的连接采用双通道光缆。

机组 LCU 完成对机组及其附属设备、励磁装置、调速器、调速器油压控制系统、进水口事故闸门、发电机断路器、隔离开关、接地开关、机组直流设备和交流采样装置等进行监视和控制。实现对电气量、温度量、模拟量和开关量等的采集和处理，对各种状态变化、故障事故信息和越复限等信息进行显示和报警，可实现机组各种工况的操作及有、无功功率的调节。

每台机组 LCU 盘面布置如图 4-1 所示。

1. LCU 供电

LCU 由 220V 交流厂用电和电站内设置的 220V 直流电源同时供电，LCU 工作电源采用交直流切换方式，正常情况下由交流厂用电供电，交流厂用电消失时通过柜内交直流双供电装置自动切换到电站直流电源。两套电源之间的切换是无扰动的。

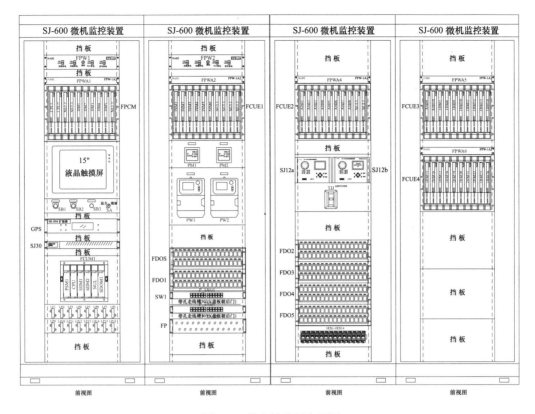

图 4-1 某电站机组盘面图

2. PLC 配置

机组配置总 I/O 点数为：384 点 DI，160 点 SOE，128 点 DO，128 点 AI，16 点 AO，64 点 RTD。

机组 LCU 单元 PLC 选用南瑞 MB 系列 iPLC 组建，如表 4-1。

表 4-1　　　　　　　　　　机组 LCU 单元 PLC 配置表

序号	模块类型	型号	数量	用途
1	CPU	MB80CPU722E	2	数据处理
2	数字输入量输入（DI）	MB80DIM214E	12	采集设备的开关状态
3	事件顺序记录（SOE）	MB80IIM214E	5	采集带时标的设备开关状态
4	数字输出量输出（DO）	MB80DOM214E	4	控制设备的分合或开关
5	模拟量输入（AI）	MB80AIM212E	8	采集设备的电量信号
6	模拟量输出（AO）	MB80AOM211E	4	给设备输出电量信号
7	温度量输入（RTD）	MB80TIM212E	8	采集设备的温度信号

以 PLC 为核心的 LCU 结构图如图 4-2 所示。配置了 2 个 CPU 组成热备冗余 CPU。CPU 模块型号为 MB80CPU722E，每个 CPU 自带 2 个以太网通信模块分别和柜内 2 台现地以太网交换机相连。

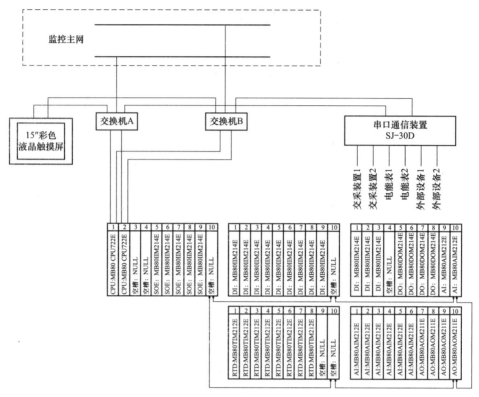

图 4-2　机组 LCU 单元 PLC 连接示意图

触摸屏以双网形式接入现地交换机和 PLC 的 CPU 通信，以获取所需要显示的信息；串口通信装置 SJ-30D 以串口通信的方式获取交流采集装置、电能表以及外部设备的信息并以双网的形式接入现地交换机，将信息送入 PLC 的 CPU。CPU 通过现地交换机接收和发送信息至监控系统应用服务器。

PLC 每个机架有 10 个槽位，每个槽位插 1 个模件，主机架和扩展机架以 CAN 网连接并构成环网，以提高机架之间连接的可靠性。

3. 现地网络配置

机组 LCU 配置了 2 台现地交换机，组成冗余结构，和地下厂房核心交换机采用双星网方式进行连接。现地交换机选用了国产瑞斯康达交换机，型号为：S2028I-NC-8M8FE-YKDC/D，该交换机为机架式工业级以太网交换机，双电源冗余供电，配置了 6 个 100M 多模光口和 8 个 100M RJ45 电口。现地 PLC 通过此交换机接入监控系统主网络。

机组 LCU 另配置了 1 台通信装置，具有 16 个通道，型号为 SJ-30D-16，采用 RS485 串口通信方式和其他智能设备通信，例如：机组微机保护装置、微机励磁调节装置、微机调速器及机组技术供水系统等。

4. 人机接口

机组现地控制屏配置一台 15 in（1 in＝2.54cm）触摸屏，型号为 MT8150iE，用于显示机组单元接线模拟画面、主要电气量测量值、温度量测量值、技术供水状态信息，当运行人员进行操作登录后，可通过触摸屏进行开停机操作和其他操作。触摸屏通过以太网口和现地交换机相连。

5. 其他配置

为保证机组单元工作的可靠性和相对独立性，还配置有以下智能单元：

（1）同期装置。

机组 LCU 配置了 2 套 NARI SJ-12D 多对象自动准同期装置。1 套微机自动准同期装置作为正常同期并网时使用，另外 1 套微机自动准同期装置作为备用。LCU 内设有同期对象选择、同期电压抽取选择和同期合闸选择的配套接线，满足不同断路器合闸需要，同时 LCU 设有非同期合闸的闭锁回路。

（2）交流采样装置。

每台机组 LCU 配置 2 台交流采样装置，选用爱博精电 Acuvim 系列，型号为 ACU-VIM ⅡR，0.2 级，100V/1A，用于测量机组发电机出口电量、主变压器高压侧电量，将采集的三相电流、三相电压、频率、有功功率、无功功率等电量参数通过装置本身的串口传送到机组 LCU 的通信装置。三相电流、三相电压等参数的测量精度达到 0.2% 级，交流采样装置额定电压输入为 AC：0～100V，额定电流输入为 AC：0～1A，装置辅助电源由 LCU 的交直流双供电装置输出的 DC 220V 供电。

（3）电量变送器。

每台机组 LCU 配置 2 台有功功率变送器、1 台无功功率变送器、1 个三相电压变送器和 1 个频率变送器，用于测量发电机出口的有功无功和电压及母线频率。选用浙江涵普产品，变送器的精度等级为 0.2 级，变送器额定电压输入为 AC：0～100V，额定电流输入为 AC：0～1A。变送器输出信号为 4～20mA，送入机组 PLC 模拟量输入模块。

（4）电能表。

每台机组 LCU 配置 2 台电子式数字电能表，选用长沙威胜电能表，型号为 DTSD341-9D，精度为 0.2s 级，用于测量机组出口和主变压器高压侧的有功电能量和无功电能量，并通过装置本身的串口将电能量送入电能量计量装置。电能表额定电压输入为 AC：0～100V，额定电流输入为 AC：0～1A。

（5）机组事故停机回路设计。

机组 LCU 配置一套南瑞 MB 系列 iPLC 作为紧急停机 PLC，用作主 PLC 的后备停机保护，该 PLC 在机组发生重要的水机事故、机组 LCU 冗余系统全部故障或工作电源全部失去时，执行完整的停机过程。为保证机组事故时安全可靠停机，其电源和输入信号与主 PLC 相互独立。

LCU 屏上装有带保护罩的事故停机按钮、紧急停机落闸门按钮和事故复位按钮各 1 个，当机组发生水力机械事故或按下事故停机按钮时，一方面将此事故信号输入计算机监控系统，启动机组 LCU 的事故停机程序进行事故停机，另一方面启动水机保护 PLC 的事故停机程序进行事故停机，水机保护事故停机程序直接作用于调速器紧急停机电磁阀、卸负荷至空载后直接作用于发电机断路器跳闸。当机组发生紧急事故或按下紧急停机落闸门按钮时,一方面将此紧急事故信号输入计算机监控系统,启动机组 LCU 的紧急事故停机程序进行紧急事故停机,另一方面启动水机保护 PLC 的紧急事故停机程序进行事故停机,水机紧急事故停机程序直接作用于事故配压阀、紧急关闭进水口快速闸门、卸负荷至空载后直接作用于发电机断路器跳闸。

(6) 光纤硬布线配置。

在地面值守楼内布置 1 面一键式落门控制柜,控制柜上配置 4 个紧急落门按钮,按钮带防误盖。

一键式落门控制柜通过电缆与机组进水口快速闸门控制柜进行连接,用于传输紧急停机落闸门命令。

一键式落门控制柜通过单模光缆与地下厂房机组 LCU 进行连接,一键式落门控制柜共配置 4 套远控信号光纤传输装置,其中每台机组配置 1 套,用于传输紧急停机落闸门按钮远方关闭上进水口闸门信号至机组主 PLC 和机组水机保护 PLC。当机组主 PLC 和水机保护 PLC 收到此信号后执行紧急事故停机程序。

防水淹厂房系统设置 40 套水位信号计,当水位达到第一上限时报警,当同时有 2 套水位信号器达到第二上限时,发送水淹厂房报警信号,并将此信号送入机组主 PLC 和水机保护 PLC,同时启动厂房事故广播系统。

当机组 LCU 收到水淹厂房信号时,机组进行紧急事故停机同时发送落进水口闸门信号至进水口闸门系统。

配置完成后的机组段单元如图 4-3 所示。

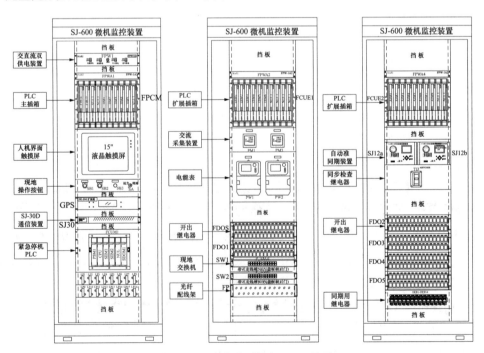

图 4-3　配置完成后机组 LCU 单元

第三节 机组 LCU 软件设计

当机组控制权限在"远方",电站成组控制在"电站",控制室操作员通过厂站控制层人机接口发令,现地控制层接受控制令将自动执行机组启停和工况转换控制流程。当机组控制权限选择"远方",电站成组控制在"调度",监控系统按照调度下发指令或调度下发的负荷/电压计划曲线,自动计算机组的有功/无功指令,根据指令自动触发相应机组启停控制,分配机组有功和无功指令。为实现厂站层和调度层的自动控制要求,现地控制层必须实现机组自动控制流程的逻辑组态和安全闭锁。本节将介绍现地控制层如何完成机组工况定义、工况流程转换、事故停机流程,以及介绍开机流程实例。

一、机组工况定义

水力发电机组具有停机、空转、空载、发电、调相等基本运行工况,以及黑启动、线路充电 2 种特殊运行工况。机组运行工况由机组及附属设备运行状态、机组转速、电气量、相关断路器和隔离开关位置等信号组合定义。机组工况定义与电站设备配置密切相关,为方便理解结合某电站情况给出机组各运行工况定义。

1. 停机工况

机组静止停机状态。停机工况一般满足下列判据:

(1) 机组出口断路器在"分闸"位置;

(2) 机组电气制动开关在"分闸"位置;

(3) 机组中性点隔离开关在"合闸"位置;

(4) 机组电压为零;

(5) 灭磁开关"分闸"位置;

(6) 机组转速为零;

(7) 导叶"全关";

(8) 进水阀"全关";

(9) 其他相关辅助设备"停止"。

2. 空转工况

机组以发电工况启动,机组达到额定转速、电压为零的一种工况。空转工况一般满足以下判据:

(1) 机组出口断路器在"分闸"位置;

(2) 机组电气制动开关在"分闸"位置;

(3) 机组中性点隔离开关在"合闸"位置;

(4) 机组电压为零;

(5) 灭磁开关在"分闸"位置;

(6) 机组转速为额定转速;

（7）导叶"未全关"或水轮机空载开度以上；

（8）进水阀"全开"；

（9）其他相关辅助设备"启动"。

3. 空载工况

机组达到额定转速，电压达到额定电压，未并网运行的一种工况。旋转备用工况一般满足以下判据：

（1）机组出口断路器在"分闸"位置；

（2）机组电气制动开关在"分闸"位置；

（3）机组中性点隔离开关在"合闸"位置；

（4）机组电压为额定电压；

（5）灭磁开关在"合闸"位置；

（6）机组转速为额定转速；

（7）导叶"未全关"或水轮机空载开度以上；

（8）进水阀"全开"；

（9）其他相关辅助设备"启动"。

4. 发电工况

从上水库放水流向下水库，驱动机组水泵水轮机转轮转动，将水势能转化为电能的运行状态。发电工况一般满足下列判据：

（1）机组出口断路器在"分闸"位置；

（2）机组电气制动开关在"分闸"位置；

（3）机组中性点隔离开关在"合闸"位置；

（4）机组电压为额定电压；

（5）灭磁开关在"合闸"位置；

（6）机组转速为额定转速；

（7）导叶"未全关"或水轮机空载开度以上；

（8）进水阀"全开"；

（9）其他相关辅助设备"启动"；

（10）机组功率大于初始预设负荷。

5. 发电调相工况

机组在进水阀全关、导叶全关、转轮室压水且尾水管水位低于转轮，发电方向并网运行的状态。发电调相工况一般满足下列判据：

（1）机组出口断路器在"合闸"位置；

（2）机组电气制动开关在"分闸"位置；

（3）机组中性点隔离开关在"合闸"位置；

（4）机组电压为额定电压；

（5）灭磁开关在"合闸"位置；

（6）机组转速为额定转速；

（7）调速器在"调相"模式运行；

（8）导叶"全关"；

（9）进水阀"全关"；

（10）调相压水系统"投入"；

（11）尾水管水位过"低"；

（12）其他相关辅助设备"启动"。

6. 线路充电工况

机组带主变压器、线路以零启升压方式给主变压器、线路充电的一种运行状态。线路充电工况一般满足下列判据：

（1）机组出口断路器在"合闸"位置；

（2）机组电气制动隔离开关在"分闸"位置；

（3）机组中性点隔离开关在"合闸"位置；

（4）灭磁开关合闸位置；

（5）机端电压大于设定值；

（6）励磁系统在"线路充电"模式运行；

（7）调速器在"孤网"模式运行；

（8）机组转速为额定转速；

（9）导叶"未全关"或水轮机空载开度以上；

（10）进水阀"全开"；

（11）其他相关辅助设备"启动"。

7. 黑启动工况

机组黑启动工况是在厂用电源及外部电网供电消失后，用厂用自备应急电源作为辅助设备操作电源，根据电网黑启动要求启动并对外供电，为电网中其他无自启动能力的机组提供辅助设备工作电源，使其恢复发电，进而逐步恢复整个电网正常供电的过程。黑启动工况一般满足下列判据：

（1）机组出口断路器在"合闸"位置；

（2）机组电气制动开关在"分闸"位置；

（3）灭磁开关在"合闸"位置；

（4）机端电压为额定电压；

（5）励磁系统在"黑启动"模式运行；

（6）调速器在"孤网"模式运行；

（7）机组转速为额定转速；

（8）导叶"未全关"或水轮机空载开度以上；

（9）进水阀"全开"；

（10）其他相关辅助设备"启动"；

（11）厂用交流电源正常；

（12）厂用直流电源正常。

二、机组工况转换

机组运行工况多、转换复杂、操作频繁，为保证机组工况转换准确、安全、可靠运行，控制流程需遵循以下设计原则：

（1）同一时刻仅允许一个流程执行。

（2）从机组安全运行的角度考虑，事故停机或正常停机流程优先于启动或工况转换流程，即在机组正常启动或工况转换过程中，若事故停机或停机流程触发，将中断正在运行的启动或工况转换流程，从事故停机或停机流程第一步开始执行事故停机或停机流程。

（3）当机组处于自动控制方式下，机组启动或工况转换流程的任一判断条件不满足（流程阻滞）或超时直接触发停机流程，从停机流程第一步开始执行。停机流程判断条件不满足将触发更高级别的事故停机流程。

（4）机组各工况的启动和工况转换受到许可条件和闭锁条件的约束，许可条件一般考虑设备的位置信息和可控状态（如手动/自动、远方/就地、启/停、分/合等），闭锁条件一般判断设备是否存在故障报警或故障报警未复位等。

（5）机组各工况顺序控制分主流程控制、子系统控制及设备控制，对于配备控制器的子系统如调速器、励磁、进水阀等控制，主流程只发出启停命令，由子系统根据不同工况要求自行控制相应的被控设备；对于单个设备控制，主流程则直接控制；对于顺序控制流程要求的设备状态判据，可根据设备的重要程度，直接由主流程判断或通过子系统判断。

机组具有停机、空转、空载、发电、发电调相、黑启动、线路充电，以及机械事故停机、电气事故停机和紧急事故停机等控制命令。操作人员通过人机接口下发控制命令后，机组现地控制单元首先根据机组的当前运行状态，判断当前运行状态到目标运行状态的工况转换条件是否满足，条件不满足则拒绝执行控制流程，条件满足则执行相应的工况转换控制流程。

机组工况转换控制流程主要有 16 种：停机→空转；空转→停机；停机→空载；空载→停机；停机→发电；发电→停机；停机→发电调相；发电调相→停机；空转→空载；空载→空转；空转→发电；发电→空转；空载→发电；发电→空载；空载→发电调相；发电调相→空载；发电调相→发电；发电→发电调相。如图 4-4 所示。

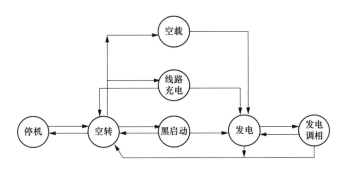

图 4-4　机组工况转换

为保证机组运行的安全，机组各运行工况转换应具有工况转换闭锁条件。根据各运行工况转换操作设备范围的不同，其工况转换条件也有区别。机组工况转换条件除了设备状态外，还有设备电源（正常/故障）、设备状态（分/合或启动/停止）、设备操作权限（现地/远方）、设备故障及闭锁条件等，机组只有在工况转换条件满足条件下才允许进行工况转换控制。所有的控制均必须以控制流程的方式执行，严禁以单点开出的方式对设备进行控制，所有流程控制必须满足以下"基本闭锁判断"和"时间参数"的要求。

（一）基本闭锁判断

水轮发电机和辅助设备供货商的控制流程一般不会包含一些基本的闭锁判断。监控系统在控制流程中适当增加一些基本闭锁判断可以避免不当的操作，同时降低操作失败的概率，提高监控系统的可靠性。

如无特殊要求，且基本闭锁判断用到的输入信号已接入监控系统，原则上这些闭锁判断必须在控制流程中加入。基本闭锁判断有：

1. 被控设备"当前状态/目标状态"闭锁

控制流程启动后判断被控设备的当前状态，如当前状态＝不定态（机组控制除外）或当前状态＝控制目标状态，则控制流程报警退出。

2. 被控设备"现地/远方"闭锁

控制流程启动后判断被控设备的控制方式是在"远方"还是"现地"，如被控设备处于"现地"控制状态，则控制流程报警退出。

3. 被控设备"故障/正常"闭锁

控制流程启动后判断被控设备的工作状态是"故障"还是"正常"，如被控设备处于"故障"状态，则控制流程报警退出。

（二）工况转换条件判断闭锁

根据机组的初始状态和目标状态，将机组各工况转换条件进行分类，共分为若干个工况转换条件。下面将具体介绍机组各工况转换条件的基本判断闭锁：

1. 机组其他工况转换至停机工况条件

为保证机组运行安全，机组的停机和事故停机命令是所有控制令里面优先级最高的控制令，机组工况无论是转换过程中或稳态运行时，当出现危及机组安全的事故时或控制室操作人员要求停机时，监控系统应无条件限制启动相应的事故停机流程。

2. 机组所有工况转换应满足的公用预启动条件

（1）机组相应的进水口闸门全开；

（2）机组相应的进水口闸门控制系统无故障；

（3）机组相应的尾水闸门全开；

（4）机组相应的尾水闸门控制系统无故障；

（5）机组及相应主变压器无故障报警信号；

（6）机组上导、下导油位正常；

（7）变压器冷却控制系统无故障；

（8）发电机-变压器组继电保护装置无故障；

（9）短引线保护装置无故障；

（10）无机械事故停机信号；

（11）无电气事故停机信号；

（12）无紧急事故停机信号；

（13）机组出口开关设备在"远方"控制方式；

（14）机组出口开关设备无故障；

（15）励磁系统在"远方自动"控制方式；

（16）励磁系统无故障；

（17）调速系统在"远方自动"控制方式；

（18）调速系统无故障；

（19）调速器/进水阀油罐压力正常；

（20）转速测量装置无故障；

（21）进水阀在"远方自动"控制方式；

（22）进水阀控制系统无故障；

（23）同期装置在"自动"控制方式；

（24）同期装置无故障；

（25）机组 LCU 无故障；

（26）机组状态监测系统无故障；

（27）高压油顶起系统在"远方自动"控制方式；

（28）高压油顶起系统无故障；

（29）机组轴承循环油泵在"远方自动"控制方式；

（30）机组轴承循环油泵无故障；

（31）机械制动在"远方自动"控制方式；

（32）机械制动气源压力正常；

（33）技术供水系统在"远方自动"控制方式；

（34）技术供水系统无故障；

（35）机组其他相关辅助设备在"远方自动"控制方式；

（36）机组其他相关辅助设备无故障；

（37）机组中性点隔离开关在"远方"控制方式；

（38）机组直流配电盘供电正常；

（39）机组交流配电盘供电正常。

3. 停机工况转换至空转/空载/发电工况应满足的条件

（1）机组在停机工况；

（2）公用预启动条件满足；

（3）机组主变压器低压侧有压；

（4）上水库水位正常；

（5）下水库水位正常。

4. 空转工况转换至空载/发电工况应满足的条件

（1）机组在空转工况；

（2）公用预启动条件满足；

（3）机组主变压器低压侧有压；

（4）上水库水位正常；

（5）下水库水位正常。

5. 空载工况转换至发电工况应满足的条件

（1）机组在空载工况；

（2）公用预启动条件满足；

（3）机组主变压器低压侧有压；

（4）上水库水位正常；

（5）下水库水位正常。

6. 空载工况转换至空转工况应满足的条件

（1）机组在旋转备用工况；

（2）公用预启动条件满足；

（3）上水库水位正常；

（4）下水库水位正常。

7. 停机工况转换至发电调相工况应满足的条件

（1）机组在停机工况；

（2）公用预启动条件满足；

（3）机组主变压器低压侧有压；

（4）机组调相压水气罐压力正常。

（三）时间参数

1. 开出时间

控制流程中的脉冲型开出，默认开出时间为 2s，现场控制流程调试过程中可以根据实际需要改动。

控制流程中不建议使用保持型开出，除非该控制输出必须由监控系统保持才能工作。一般不需要监控保持的开出即使开出动作时间较长，也必须通过脉冲方式实现。

2. 限时判断时间

流程调试过程中，不允许出现无限制时间的判断，任何判断必须有最大限制时间，超过限制时间后控制流程必需报警退出。

三、机组控制流程

机组控制包括机组停机、空转、空载、发电、调相、机械事故停机、电气事故停机和紧急事故停机控制流程。

由于各工况转换控制流程中有部分设备控制操作是相同的，因此可将各工况转换控制流程进一步细化，分解成独立的子控制流程模块，各工况转换控制流程由相应的子控制流程模块组合而成，从而降低各工况转换控制流程的复杂性和编程工作量，提高控制流程的执行效率和灵活性。

本节将以云南某电站为实例，介绍机组停机工况至发电工况的整个开机流程。

1. 机组输入、输出信号

PLC 通过输入信号监视机组各个设备状态，判读设备是否满足操作条件，操作完毕后监视是否操作成功，通过输出信号对各个设备进行启停和调节操作，因此机组 LCU 的输入、输出信号是实现机组控制和监视的基础。监控系统设计的完备性从某种意义上来看就是输入输出测点的配置。

IO 信号分为开关量输入、模拟量输入、开关量输出、模量输出以及交流采样输入。

开关量的输入信号按照输入来源可以分为：I/O 输入开关量信号、通信采集开关量信号和虚拟开关量信号。I/O 输入开关量信号为 PLC 模件采集的开关量信号，通信采集开关量信号为通过串口或者以太网根据通信规约采集的开关量信号，虚拟开关量信号为多组开关量输入或模量输入信号进行逻辑综合，组合出来的开关量信号，例如：机组发电态。

开关量又分为 SOE 中断开关量和普通开关量，中断开关量动作时间可以精确到 1ms，用于重要的信号监视，例如：保护信号动作、GCB 合闸信号和其他事故信号。普通开关量信号用于一般开关量信号的监视，例如：设备状态、设备告警、电源监视等，动作时间分辨率由 PLC 模件的 CPU 扫描周期决定。

模拟量输入信号同样可以按照输入来源可以分为：IO 输入模拟量信号、通信采集模拟量信号和虚拟模拟量信号。IO 输入模拟量信号为 PLC 模件采集的开关量信号，通信采集模拟量信号为通过串口或者以太网根据通信规约采集的模拟量信号，虚拟模拟量信号为多组开关量输入或模量输入信号进行逻辑综合，组合出来的开关量信号，例如：本次机组开机时间。

开关量输出、模量输出分别为 PLC 模件输出的开关量信号和模拟量信号，用于设备控制启停和调节，或输出开关信号、4～20mA 或 0～5V 的信号至其他系统用于监视。

监控系统会将所有输入输出信号进行整合，形成一套完成的 IO 点表，并对每个 IO 进行 PLC 寄存器地址注册或者进行变量注册，SOE 中断开关量点表如表 4-2 所示，模拟量输入点表如表 4-3 所示，开关量输出点表如表 4-4 所示，开关量输入点表如表 4-5 所示，开虚拟关量输入点表如表 4-6 所示。

表 4-2　　　　　　　　　　　　机组 SOE 中断开关量点表

SOE 中断开关量点表					
点号	变量名	测点描述	点号	变量名	测点描述
1	Ⅱ_BBUF［1］	1 号发电机出口 801 断路器合位	28	Ⅱ_BBUF［28］	灭磁开关分位
2	Ⅱ_BBUF［2］	1 号发电机出口 801 断路器分位	29	Ⅱ_BBUF［29］	励磁开关合位
3	Ⅱ_BBUF［3］	1 号发电机出口短路 8010 断路器合位	30	Ⅱ_BBUF［30］	励磁开关分位
4	Ⅱ_BBUF［4］	1 号发电机出口短路 8010 断路器分位	31	Ⅱ_BBUF［31］	电制动电源开关合位
5	Ⅱ_BBUF［5］	SOE 备用 5	32	Ⅱ_BBUF［32］	电制动电源开关分位
6	Ⅱ_BBUF［6］	SOE 备用 6	33	Ⅱ_BBUF［33］	主轴密封水流量过低
7	Ⅱ_BBUF［7］	SOE 备用 7	34	Ⅱ_BBUF［34］	主轴磨损量＞12mm 停机
8	Ⅱ_BBUF［8］	SOE 备用 8	35	Ⅱ_BBUF［35］	顶盖水位过高（停机）
9	Ⅱ_BBUF［9］	SOE 备用 9	36	Ⅱ_BBUF［36］	机组过速保护动作
10	Ⅱ_BBUF［10］	调速器 A 套严重故障	37	Ⅱ_BBUF［37］	剪断销剪断
11	Ⅱ_BBUF［11］	调速器 B 套严重故障	38	Ⅱ_BBUF［38］	机组 1 号转速装置≥115%Ne
12	Ⅱ_BBUF［12］	主配向关方向动作	39	Ⅱ_BBUF［39］	机组 1 号转速装置≥158%Ne
13	Ⅱ_BBUF［13］	紧急停机状态（调速器液压操作柜）	40	Ⅱ_BBUF［40］	机组 2 号转速装置≥115%Ne
14	Ⅱ_BBUF［14］	事故配压阀动作	41	Ⅱ_BBUF［41］	机组 2 号转速装置≥158%Ne
15	Ⅱ_BBUF［15］	事故低油压	42	Ⅱ_BBUF［42］	上导轴瓦温度过高（停机）
16	Ⅱ_BBUF［16］	事故低油位	43	Ⅱ_BBUF［43］	推力瓦温度过高（停机）
17	Ⅱ_BBUF［17］	振动/摆度过大停机	44	Ⅱ_BBUF［44］	下导轴瓦温度过高（停机）
18	Ⅱ_BBUF［18］	强励动作	45	Ⅱ_BBUF［45］	水导轴瓦温度过高（停机）
19	Ⅱ_BBUF［19］	欠励限制	46	Ⅱ_BBUF［46］	定子绕组温度过高（停机）
20	Ⅱ_BBUF［20］	过励限制	47	Ⅱ_BBUF［47］	定子铁芯温度过高（停机）
21	Ⅱ_BBUF［21］	低频过压限制	48	Ⅱ_BBUF［48］	SOE 备用 48
22	Ⅱ_BBUF［22］	灭磁开关误分	49	Ⅱ_BBUF［49］	SOE 备用 49
23	Ⅱ_BBUF［23］	过压保护动作	50	Ⅱ_BBUF［50］	发电机差动跳闸 A
24	Ⅱ_BBUF［24］	起励失败	51	Ⅱ_BBUF［51］	发电机裂相差动跳闸 A
25	Ⅱ_BBUF［25］	逆变灭磁失败	52	Ⅱ_BBUF［52］	发电横差跳闸 A
26	Ⅱ_BBUF［26］	过励保护动作	53	Ⅱ_BBUF［53］	定子接地跳闸 A
27	Ⅱ_BBUF［27］	灭磁开关合位	54	Ⅱ_BBUF［54］	定子过负荷跳闸 A

点号	变量名	测点描述	点号	变量名	测点描述
55	Ⅱ_BBUF [55]	负序过负荷跳闸 A	95	Ⅱ_BBUF [95]	频率保护跳闸 B
56	Ⅱ_BBUF [56]	过电压跳闸 A	96	Ⅱ_BBUF [96]	发电机相间后备跳闸 B
57	Ⅱ_BBUF [57]	过励磁跳闸 A	97	Ⅱ_BBUF [97]	失磁保护跳闸 B
58	Ⅱ_BBUF [58]	频率保护跳闸 A	98	Ⅱ_BBUF [98]	失步保护跳闸 B
59	Ⅱ_BBUF [59]	发电机相间后备跳闸 A	99	Ⅱ_BBUF [99]	逆功率保护跳闸 B
60	Ⅱ_BBUF [60]	失磁保护跳闸 A	100	Ⅱ_BBUF [100]	GCB 失灵保护跳闸 B
61	Ⅱ_BBUF [61]	失步保护跳闸 A	101	Ⅱ_BBUF [101]	启停机保护跳闸 B
62	Ⅱ_BBUF [62]	逆功率保护跳闸 A	102	Ⅱ_BBUF [102]	误上电跳闸 B
63	Ⅱ_BBUF [63]	GCB 失灵保护跳闸 A	103	Ⅱ_BBUF [103]	安稳切机 B
64	Ⅱ_BBUF [64]	启停机保护跳闸 A	104	Ⅱ_BBUF [104]	励磁速断及后备保护跳闸 B
65	Ⅱ_BBUF [65]	误上电跳闸 A	105	Ⅱ_BBUF [105]	SOE 备用 105
66	Ⅱ_BBUF [66]	安稳切机 A	106	Ⅱ_BBUF [106]	SOE 备用 106
67	Ⅱ_BBUF [67]	励磁速断及后备保护跳闸 A	107	Ⅱ_BBUF [107]	SOE 备用 107
68	Ⅱ_BBUF [68]	SOE 备用 68	108	Ⅱ_BBUF [108]	SOE 备用 108
69	Ⅱ_BBUF [69]	SOE 备用 69	109	Ⅱ_BBUF [109]	主变压器差动保护跳闸 B
70	Ⅱ_BBUF [70]	SOE 备用 70	110	Ⅱ_BBUF [110]	主变压器高压侧相间后备跳闸 B
71	Ⅱ_BBUF [71]	SOE 备用 71	111	Ⅱ_BBUF [111]	主变压器高压侧接地零序跳闸 B
72	Ⅱ_BBUF [72]	主变压器差动保护跳闸 A	112	Ⅱ_BBUF [112]	主变压器过励磁保护跳闸 B
73	Ⅱ_BBUF [73]	主变压器高压侧相间后备跳闸 A	113	Ⅱ_BBUF [113]	主变压器分侧差动保护跳闸 B
74	Ⅱ_BBUF [74]	主变压器高压侧接地零序跳闸 A	114	Ⅱ_BBUF [114]	断路器闪络保护跳闸 B
75	Ⅱ_BBUF [75]	主变压器过励磁保护跳闸 A	115	Ⅱ_BBUF [115]	倒送电保护跳闸 B
76	Ⅱ_BBUF [76]	主变压器分侧差动保护跳闸 A	116	Ⅱ_BBUF [116]	厂用变压器差动跳闸 B
77	Ⅱ_BBUF [77]	断路器闪络保护跳闸 A	117	Ⅱ_BBUF [117]	厂用变压器高压侧后备跳闸 B
78	Ⅱ_BBUF [78]	倒送电保护跳闸 A	118	Ⅱ_BBUF [118]	厂用变压器低压侧后备跳闸 B
79	Ⅱ_BBUF [79]	厂用变压器差动跳闸 A	119	Ⅱ_BBUF [119]	电气量保护动作停机 B
80	Ⅱ_BBUF [80]	厂用变压器高压侧后备跳闸 A	120	Ⅱ_BBUF [120]	第一组出口跳闸 C
81	Ⅱ_BBUF [81]	厂用变压器低压侧后备跳闸 A	121	Ⅱ_BBUF [121]	第二组出口跳闸 C
82	Ⅱ_BBUF [82]	电气量保护动作停机 A	122	Ⅱ_BBUF [122]	保护跳闸信号 C
83	Ⅱ_BBUF [83]	SOE 备用 83	123	Ⅱ_BBUF [123]	主变压器冷却器故障延时跳闸 C
84	Ⅱ_BBUF [84]	SOE 备用 84	124	Ⅱ_BBUF [124]	主变压器重瓦斯跳闸 C
85	Ⅱ_BBUF [85]	SOE 备用 85	125	Ⅱ_BBUF [125]	主变压器油温高跳闸 C
86	Ⅱ_BBUF [86]	SOE 备用 86	126	Ⅱ_BBUF [126]	主变压器绕组温度过高跳闸 C
87	Ⅱ_BBUF [87]	发电机差动跳闸 B	127	Ⅱ_BBUF [127]	主变压器油压速动跳闸 C
88	Ⅱ_BBUF [88]	发电机裂相差动跳闸 B	128	Ⅱ_BBUF [128]	主变压器压力释放跳闸 C
89	Ⅱ_BBUF [89]	发电机横差跳闸 B	129	Ⅱ_BBUF [129]	厂用变压器温度高跳闸 C
90	Ⅱ_BBUF [90]	定子接地跳闸 B	130	Ⅱ_BBUF [130]	500V 断路器 5002 失灵跳闸 C
91	Ⅱ_BBUF [91]	定子过负荷跳闸 B	131	Ⅱ_BBUF [131]	500V 断路器 5001 失灵跳闸 C
92	Ⅱ_BBUF [92]	负序过负荷跳闸 B	132	Ⅱ_BBUF [132]	发电机轴电流跳闸 C
93	Ⅱ_BBUF [93]	过电压跳闸 B	133	Ⅱ_BBUF [133]	非电量保护动作停机 C
94	Ⅱ_BBUF [94]	过励磁跳闸 B	134	Ⅱ_BBUF [134]	励磁变压器温度过高跳闸 C

续表

SOE 中断开关量点表

点号	变量名	测点描述	点号	变量名	测点描述
135	II_BBUF [135]	注入式转子接地跳闸	148	II_BBUF [148]	紧停 PLC 电气事故动作
136	II_BBUF [136]	乒乓式转子接地跳闸	149	II_BBUF [149]	紧停 PLC 机械事故动作
137	II_BBUF [137]	SOE 备用 137	150	II_BBUF [150]	压板 1 投入（火灾报警）
138	II_BBUF [138]	SOE 备用 138	151	II_BBUF [151]	压板 2 投入（振摆停机）
139	II_BBUF [139]	SOE 备用 139	152	II_BBUF [152]	压板 3 投入（顶盖水位高位报警）
140	II_BBUF [140]	SOE 备用 140	153	II_BBUF [153]	压板 4 投入（励磁系统电源消失）
141	II_BBUF [141]	SOE 备用 141	154	II_BBUF [154]	压板 5 投入（主轴密封磨损量大于 12mm）
142	II_BBUF [142]	SOE 备用 142	155	II_BBUF [155]	压板 6 投入（水淹厂房）
143	II_BBUF [143]	SOE 备用 143	156	II_BBUF [156]	压板 7 投入（定子铁芯、线圈温度过高）
144	II_BBUF [144]	SOE 备用 144	157	II_BBUF [157]	压板 8 投入（备用）
145	II_BBUF [145]	火警事故停机	158	II_BBUF [158]	紧停 PLC 紧急事故动作
146	II_BBUF [146]	水淹厂房事故停机	159	II_BBUF [159]	监控 LCU 事故停机按钮动作
147	II_BBUF [147]	中控室紧急停机	160	II_BBUF [160]	监控 LCU 紧急停机按钮动作

表 4-3 　　　　　　　　　模 拟 量 输 入 点 表

模拟量输入点表

点号	变量名	测点描述	点号	变量名	测点描述
1	AI_BBUF [1]	主轴密封水流量	15	AI_BBUF [15]	水导冷却水流量
2	AI_BBUF [2]	主轴密封磨损量	16	AI_BBUF [16]	蜗壳入口压力
3	AI_BBUF [3]	水导 3 号瓦温	17	AI_BBUF [17]	蜗壳末端压力
4	AI_BBUF [4]	水导 6 号瓦温	18	AI_BBUF [18]	1 号顶盖压力
5	AI_BBUF [5]	水导 1 号油温	19	AI_BBUF [19]	2 号顶盖压力
6	AI_BBUF [6]	水导 2 号油温	20	AI_BBUF [20]	尾水锥管进口压力
7	AI_BBUF [7]	顶盖水位	21	AI_BBUF [21]	尾水锥管出口压力
8	AI_BBUF [8]	机组净水头	22	AI_BBUF [22]	尾水肘管中部压力
9	AI_BBUF [9]	机组流量（差压变送器）	23	AI_BBUF [23]	尾水管出口压力
10	AI_BBUF [10]	水导油槽油位	24	AI_BBUF [24]	导叶位移 1
11	AI_BBUF [11]	主轴密封水压力	25	AI_BBUF [25]	导叶位移 2
12	AI_BBUF [12]	检修密封压力	26	AI_BBUF [26]	制动柜蠕动压力
13	AI_BBUF [13]	水导冷却水进口压力	27	AI_BBUF [27]	AI_BBUF 备用 27
14	AI_BBUF [14]	水导冷却水出口压力	28	AI_BBUF [28]	导叶给定

点号	变量名	测点描述	点号	变量名	测点描述
				模拟量输入点表	
29	AI _ BBUF〔29〕	功率给定	69	AI _ BBUF〔69〕	空冷器冷却水支管5流量
30	AI _ BBUF〔30〕	AI _ BBUF备用30	70	AI _ BBUF〔70〕	空冷器冷却水支管6流量
31	AI _ BBUF〔31〕	励磁电压	71	AI _ BBUF〔71〕	空冷器冷却水支管7流量
32	AI _ BBUF〔32〕	励磁电流	72	AI _ BBUF〔72〕	空冷器冷却水支管8流量
33	AI _ BBUF〔33〕	AI _ BBUF备用33	73	AI _ BBUF〔73〕	空冷器冷却水支管9流量
34	AI _ BBUF〔34〕	油压装置油罐压力	74	AI _ BBUF〔74〕	空冷器冷却水支管10流量
35	AI _ BBUF〔35〕	油压装置压力罐油位	75	AI _ BBUF〔75〕	空冷器冷却水支管11流量
36	AI _ BBUF〔36〕	油压装置回油箱油位	76	AI _ BBUF〔76〕	空冷器冷却水支管12流量
37	AI _ BBUF〔37〕	油压装置回油箱油温	77	AI _ BBUF〔77〕	空冷器冷却水总管流量
38	AI _ BBUF〔38〕	发电机冷却水总管流量	78	AI _ BBUF〔78〕	总冷却水排水管流量
39	AI _ BBUF〔39〕	测速装置1	79	AI _ BBUF〔79〕	上导油槽液位1
40	AI _ BBUF〔40〕	测速装置2	80	AI _ BBUF〔80〕	上导油槽液位2
41	AI _ BBUF〔41〕	主变压器A相油面温度1	81	AI _ BBUF〔81〕	推力油槽液位1
42	AI _ BBUF〔42〕	主变压器A相油面温度2	82	AI _ BBUF〔82〕	推力油槽液位2
43	AI _ BBUF〔43〕	主变压器A相绕组温度	83	AI _ BBUF〔83〕	下导油槽液位1
44	AI _ BBUF〔44〕	主变压器A相油位	84	AI _ BBUF〔84〕	AI备用84
45	AI _ BBUF〔45〕	主变压器B相油面温度1	85	AI _ BBUF〔85〕	冷却水总管压力
46	AI _ BBUF〔46〕	主变压器B相油面温度2	86	AI _ BBUF〔86〕	上导轴承冷却水进口压力
47	AI _ BBUF〔47〕	主变压器B相绕组温度	87	AI _ BBUF〔87〕	上导轴承冷却水进口水温
48	AI _ BBUF〔48〕	主变压器B相油位	88	AI _ BBUF〔88〕	推力轴承冷却水总管进口压力
49	AI _ BBUF〔49〕	主变压器C相油面温度1	89	AI _ BBUF〔89〕	推力轴承冷却水进口水温
50	AI _ BBUF〔50〕	主变压器C相油面温度2	90	AI _ BBUF〔90〕	空冷器冷却水进口压力
51	AI _ BBUF〔51〕	主变压器C相绕组温度	91	AI _ BBUF〔91〕	空气冷却器进口水温
52	AI _ BBUF〔52〕	主变压器C相油位	92	AI _ BBUF〔92〕	下导冷却水进口压力
53	AI _ BBUF〔53〕	机组流量（超声波）	93	AI _ BBUF〔93〕	下导轴承冷却水进口水温
54	AI _ BBUF〔54〕	上导轴承冷却水流量	94	AI _ BBUF〔94〕	水导轴承冷却水进口水温
55	AI _ BBUF〔55〕	推力轴承冷却水支管1流量	95	AI _ BBUF〔95〕	主变压器冷却水总进水管压力
56	AI _ BBUF〔56〕	推力轴承冷却水支管2流量	96	AI _ BBUF〔96〕	主变压器冷却水总进水管温度
57	AI _ BBUF〔57〕	推力轴承冷却水支管3流量	97	AI _ BBUF〔97〕	上导轴承冷却水出口压力
58	AI _ BBUF〔58〕	推力轴承冷却水支管4流量	98	AI _ BBUF〔98〕	上导轴承冷却水出口水温
59	AI _ BBUF〔59〕	推力轴承冷却水支管5流量	99	AI _ BBUF〔99〕	推力轴承冷却水总管出口压力
60	AI _ BBUF〔60〕	推力轴承冷却水支管6流量	100	AI _ BBUF〔100〕	推力轴承冷却水出口水温
61	AI _ BBUF〔61〕	推力轴承冷却水支管7流量	101	AI _ BBUF〔101〕	空冷器冷却水出口压力
62	AI _ BBUF〔62〕	推力轴承冷却水支管8流量	102	AI _ BBUF〔102〕	空气冷却器出口水温
63	AI _ BBUF〔63〕	推力轴承冷却水总管流量	103	AI _ BBUF〔103〕	下导冷却水出口压力
64	AI _ BBUF〔64〕	下导冷却水流量	104	AI _ BBUF〔104〕	下导轴承冷却水出口水温
65	AI _ BBUF〔65〕	空冷器冷却水支管1流量	105	AI _ BBUF〔105〕	水导轴承冷却水出口水温
66	AI _ BBUF〔66〕	空冷器冷却水支管2流量	106	AI _ BBUF〔106〕	主变冷却水总出水管压力
67	AI _ BBUF〔67〕	空冷器冷却水支管3流量	107	AI _ BBUF〔107〕	主变冷却水总出水管温度
68	AI _ BBUF〔68〕	空冷器冷却水支管4流量	108	AI _ BBUF〔108〕	制动柜气源压力

模拟量输入点表

点号	变量名	测点描述	点号	变量名	测点描述
109	AI_BBUF［109］	励磁变压器低压侧 A 相温度	119	AI_BBUF［119］	主表无功
110	AI_BBUF［110］	励磁变压器低压侧 B 相温度	120	AI_BBUF［120］	副表有功
111	AI_BBUF［111］	励磁变压器低压侧 C 相温度	121	AI_BBUF［121］	副表无功
112	AI_BBUF［112］	制动柜下腔压力	122	AI_BBUF［122］	出口电压 Ua1
113	AI_BBUF［113］	制动柜上腔压力	123	AI_BBUF［123］	出口电压 Ub1
114	AI_BBUF［114］	发电机出口封母导体 A 相温度	124	AI_BBUF［124］	出口电压 Uc1
115	AI_BBUF［115］	发电机出口封母导体 B 相温度	125	AI_BBUF［125］	出口电压 Ua2
116	AI_BBUF［116］	发电机出口封母导体 C 相温度	126	AI_BBUF［126］	出口电压 Ub2
117	AI_BBUF［117］	AI 备用 117	127	AI_BBUF［127］	出口电压 Uc2
118	AI_BBUF［118］	主表有功	128	AI_BBUF［128］	出口频率

表 4-4　　　　开 关 量 输 出 点 表

点号	变量名	测点描述	点号	变量名	测点描述
1	Q［1］	励磁开机令	29	Q［29］	合发电机出口断路器令
2	Q［2］	励磁停机令	30	Q［30］	分发电机出口断路器线圈 1 令（事故）
3	Q［3］	增磁令	31	Q［31］	分发电机出口断路器线圈 2 令（事故）
4	Q［4］	减磁令	38	Q［38］	调速器开机信号
5	Q［5］	PSS 投入	39	Q［39］	调速器停机信号
6	Q［6］	PSS 闭锁	40	Q［40］	增速
7	Q［7］	励磁返空载	41	Q［41］	减速
8	Q［8］	励磁切自动	42	Q［42］	一次调频投入
9	Q［9］	励磁切手动	43	Q［43］	一次调频退出
10	Q［10］	励磁投恒功率因数	44	Q［44］	功率闭环投入
11	Q［11］	励磁投恒无功	45	Q［45］	功率闭环退出
12	Q［12］	励磁切至 A 通道	46	Q［46］	孤岛运行投入
13	Q［13］	励磁切至 B 通道	47	Q［47］	孤岛运行退出
14	Q［14］	励磁切至 C 通道	48	Q［48］	功率闭环模拟量方式
15	Q［15］	合灭磁开关	50	Q［50］	投入紧急停机电磁阀
16	Q［16］	分灭磁开关 1	51	Q［51］	复归紧急停机电磁阀
17	Q［17］	分灭磁开关 2	52	Q［52］	投入锁锭电磁阀
18	Q［18］	电制动投入	53	Q［53］	拔出锁锭电磁阀
19	Q［19］	电制动解除	54	Q［54］	投入事故配
20	Q［20］	转速小于 5%Ne 开出至励磁	55	Q［55］	复归事故配
21	Q［21］	转速小于 60%Ne 开出至励磁	56	Q［56］	大轴补气电动蝶阀开启
23	Q［23］	机组制动投入	57	Q［57］	大轴补气电动蝶阀关闭
24	Q［24］	机组制动退出	58	Q［58］	开主用主轴密封水阀
25	Q［25］	机组制动复归	59	Q［59］	关主用主轴密封水阀
26	Q［26］	机组蠕动投入	62	Q［62］	合发电机出口隔离开关令
27	Q［27］	机组蠕动退出	63	Q［63］	分发电机出口隔离开关令
28	Q［28］	分发电机出口断路器令（正常）	64	Q［64］	合发电机出口接地刀闸 QE01

续表

点号	变量名	测点描述	点号	变量名	测点描述
65	Q［65］	分发电机出口接地刀闸 QE01	99	Q［99］	开 107 电动阀（机组供水电动阀）
66	Q［66］	合发电机出口接地刀闸 QE02	100	Q［100］	关 107 电动阀（机组供水电动阀）
68	Q［68］	切除空气围带	101	Q［101］	开机组供水四通转阀
70	Q［70］	合电制动开关	102	Q［102］	关机组供水四通转阀
71	Q［71］	分发电机短路开关 1	103	Q［103］	开 112 电动阀（主变压器冷却水电动阀）
72	Q［72］	分发电机短路开关 2	104	Q［104］	关 112 电动阀（主变压器冷却水电动阀）
73	Q［73］	远方投入制动器碳粉收集装置	105	Q［105］	开主变压器供水四通转阀
74	Q［74］	远方退出制动器碳粉收集装置	106	Q［106］	关主变压器供水四通转阀
75	Q［75］	远方投入发电机碳粉收集装置	113	Q［113］	主变压器 A 相 1 号冷却器启动
76	Q［76］	远方退出发电机碳粉收集装置	114	Q［114］	主变压器 A 相 1 号冷却器停止
77	Q［77］	远方急停发电机碳粉收集装置	115	Q［115］	主变压器 A 相 2 号冷却器启动
80	Q［80］	紧急落进水口闸门	116	Q［116］	主变压器 A 相 2 号冷却器停止
81	Q［81］	投入/退出加热器	117	Q［117］	主变压器 A 相 3 号冷却器启动
82	Q［82］	投入/退出除湿机	118	Q［118］	主变压器 A 相 3 号冷却器停止
83	Q［83］	远方投入上导油雾收收装置	119	Q［119］	主变压器 B 相 1 号冷却器启动
84	Q［84］	远方退出上导油雾吸收装置	120	Q［120］	主变压器 B 相 1 号冷却器停止
85	Q［85］	远方投入推力油雾吸收装置	121	Q［121］	主变压器 B 相 2 号冷却器启动
86	Q［86］	远方退出推力油雾吸收装置	122	Q［122］	主变压器 B 相 2 号冷却器停止
87	Q［87］	远方投入下导油雾吸收装置	123	Q［123］	主变压器 B 相 3 号冷却器启动
88	Q［88］	远方退出下导油雾吸收装置	124	Q［124］	主变压器 B 相 3 号冷却器停止
89	Q［89］	点亮发电机指示灯 1（黄）	125	Q［125］	主变压器 C 相 1 号冷却器启动
90	Q［90］	点亮发电机指示灯 2（绿）	126	Q［126］	主变压器 C 相 1 号冷却器停止
91	Q［91］	点亮发电机指示灯 3（红）	127	Q［127］	主变压器 C 相 2 号冷却器启动
93	Q［93］	开 102 电动阀（蜗壳取水滤水器前电动阀）	128	Q［128］	主变压器 C 相 2 号冷却器停止
94	Q［94］	关 102 电动阀（蜗壳取水滤水器前电动阀）	129	Q［129］	主变压器 C 相 3 号冷却器启动
95	Q［95］	开 103 电动阀（蜗壳取水滤水器后电动阀）	130	Q［130］	主变压器 C 相 3 号冷却器停止
96	Q［96］	关 103 电动阀（蜗壳取水滤水器后电动阀）			

表 4-5 　　　　　　　　　 开 关 量 输 出 点 表

开关量输入点表

点号	变量名	测点描述	点号	变量名	测点描述
1	SI_BBUF［1］	励磁 A 通道运行	11	SI_BBUF［11］	励磁厂用电源消失
2	SI_BBUF［2］	励磁 B 通道运行	12	SI_BBUF［12］	励磁直流电源消失
3	SI_BBUF［3］	励磁 C 通道运行	13	SI_BBUF［13］	励磁 1 号功率柜故障或退出
4	SI_BBUF［4］	励磁自动方式	14	SI_BBUF［14］	励磁 2 号功率柜故障或退出
5	SI_BBUF［5］	励磁手动方式	15	SI_BBUF［15］	励磁 3 号功率柜故障或退出
6	SI_BBUF［6］	励磁恒 Q 调节	16	SI_BBUF［16］	PSS 投入
7	SI_BBUF［7］	励磁 TV 故障	17	SI_BBUF［17］	励磁远控状态
8	SI_BBUF［8］	励磁同步故障	18	SI_BBUF［18］	励磁直流电源 3 路故障
9	SI_BBUF［9］	励磁通信故障	19	SI_BBUF［19］	励磁交流电源 2 路故障
10	SI_BBUF［10］	励磁 24V 电源故障	20	SI_BBUF［20］	励磁 DC24V 电源 1 路正常

开关量输入点表

点号	变量名	测点描述	点号	变量名	测点描述
21	SI_BBUF [21]	励磁 DC 24V 电源 2 路正常	59	SI_BBUF [59]	导叶液压故障
22	SI_BBUF [22]	PSS 动作	60	SI_BBUF [60]	孤岛运行投入
23	SI_BBUF [23]	励磁系统逆变状态	61	SI_BBUF [61]	调速器切换模件故障
24	SI_BBUF [24]	灭磁柜风机电源故障	62	SI_BBUF [62]	调速器 A 套 PCC 运行
25	SI_BBUF [25]	灭磁柜交流起励电源故障	63	SI_BBUF [63]	调速器 B 套 PCC 运行
26	SI_BBUF [26]	灭磁开关直流电源 1 路故障	64	SI_BBUF [64]	调速器 A 套机频故障
27	SI_BBUF [27]	灭磁开关直流电源 2 路故障	65	SI_BBUF [65]	调速器 B 套机频故障
28	SI_BBUF [28]	灭磁开关直流起励电源故障	66	SI_BBUF [66]	调速器 A 套功率采样故障
29	SI_BBUF [29]	电制动退出	67	SI_BBUF [67]	调速器 B 套功率采样故障
30	SI_BBUF [30]	电制动故障	68	SI_BBUF [68]	调速器 A 套水头采样故障
31	SI_BBUF [31]	电制动超时	69	SI_BBUF [69]	调速器 B 套水头采样故障
32	SI_BBUF [32]	发电就绪	70	SI_BBUF [70]	调速器导叶传感器 1 故障
33	SI_BBUF [33]	电制动电流异常	71	SI_BBUF [71]	调速器导叶传感器 2 故障
34	SI_BBUF [34]	电源切换开关异常	74	SI_BBUF [74]	调速器液压操作柜 AC 220V 电源故障
35	SI_BBUF [35]	发电机消谐装置 1 失电	75	SI_BBUF [75]	调速器液压操作柜 DC 220V 电源 1 故障
36	SI_BBUF [36]	发电机消谐装置 1 接地告警	76	SI_BBUF [76]	调速器液压操作柜 DC 220V 电源 2 故障
37	SI_BBUF [37]	发电机消谐装置 2 失电	77	SI_BBUF [77]	调速器液压操作柜 24V 电源装置 1 故障
38	SI_BBUF [38]	发电机消谐装置 2 接地告警	78	SI_BBUF [78]	调速器液压操作柜 24V 电源装置 2 故障
39	SI_BBUF [39]	主变压器低压侧消谐装置失电	79	SI_BBUF [79]	导叶手动状态
40	SI_BBUF [40]	主变压器低压侧消谐装置接地告警	80	SI_BBUF [80]	导叶滤芯堵塞
45	SI_BBUF [45]	调速器 AC 220V 电源故障	81	SI_BBUF [81]	导叶伺服切换
46	SI_BBUF [46]	调速器 DC 220V 电源故障 1	82	SI_BBUF [82]	锁锭远方控制
47	SI_BBUF [47]	调速器 DC 220V 电源故障 2	83	SI_BBUF [83]	导叶伺服阀 1 故障
48	SI_BBUF [48]	调速器 DC 24V 电源故障 1	84	SI_BBUF [84]	导叶伺服阀 2 故障
49	SI_BBUF [49]	调速器 DC 24V 电源故障 2	85	SI_BBUF [85]	调速器 B 套功率闭环功能投入
50	SI_BBUF [50]	调速器 A 套一般故障	90	SI_BBUF [90]	油压装置 AC 220V 电源失电
51	SI_BBUF [51]	调速器 B 套一般故障	91	SI_BBUF [91]	油压装置 DC 220V 电源失电
52	SI_BBUF [52]	一次调频动作	92	SI_BBUF [92]	油压装置 24V 电源监视 1
53	SI_BBUF [53]	调速器远方控制	93	SI_BBUF [93]	油压装置 24V 电源监视 2
54	SI_BBUF [54]	调速器分段关闭动作	94	SI_BBUF [94]	油压装置 1 号泵启动
55	SI_BBUF [55]	调速器 A 套通信故障	95	SI_BBUF [95]	油压装置 2 号泵启动
56	SI_BBUF [56]	调速器 B 套通信故障	96	SI_BBUF [96]	油压装置漏油泵启动
57	SI_BBUF [57]	一次调频功能投入	97	SI_BBUF [97]	油压装置自动补气全开
58	SI_BBUF [58]	调速器 A 套功率闭环功能投入	98	SI_BBUF [98]	油压装置 1 号泵故障

点号	变量名	测点描述	点号	变量名	测点描述
99	SI_BBUF [99]	油压装置 2 号泵故障	125	SI_BBUF [125]	出口断路器 801SF$_6$ 压力过低闭锁报警
100	SI_BBUF [100]	油压装置漏油泵故障	126	SI_BBUF [126]	出口断路器 801 现地操作位置
101	SI_BBUF [101]	油压装置自动补气全关	127	SI_BBUF [127]	出口断路器 801 加热器电源开关跳闸
102	SI_BBUF [102]	油压装置 1 号空开分励	128	SI_BBUF [128]	出口断路器 801 储能电机空开跳闸
103	SI_BBUF [103]	油压装置 2 号空开分励	129	SI_BBUF [129]	出口断路器 801 操作电源 1 空开跳闸
104	SI_BBUF [104]	油压装置自动补气投入	130	SI_BBUF [130]	出口断路器 801 操作电源 2 空开跳闸
105	SI_BBUF [105]	油压装置 PCC 报警	131	SI_BBUF [131]	出口断路器 801 刀闸电机三相电源故障
106	SI_BBUF [106]	油压装置压力罐压力异常	132	SI_BBUF [132]	出口隔离开关 8016 电机电源空开跳闸
107	SI_BBUF [107]	油压装置压力罐油位异常	133	SI_BBUF [133]	出口 1 号接地刀 80117 电机电源空开跳闸
108	SI_BBUF [108]	油压装置回油箱油位异常	134	SI_BBUF [134]	出口 2 号接地刀 801617 电机电源空开跳闸
109	SI_BBUF [109]	油压装置回油箱油温异常	135	SI_BBUF [135]	出口断路器 801 合闸线圈监视
110	SI_BBUF [110]	油压装置漏油箱油位异常	136	SI_BBUF [136]	出口隔离开关 8016 合位
111	SI_BBUF [111]	油压装置控制柜故障	137	SI_BBUF [137]	出口隔离开关 8016 分位
112	SI_BBUF [112]	油压装置 1 号泵自动	138	SI_BBUF [138]	出口 1 号接地刀 80117 合位
113	SI_BBUF [113]	油压装置 1 号泵切除	139	SI_BBUF [139]	出口 1 号接地刀 80117 分位
114	SI_BBUF [114]	油压装置 2 号泵自动	140	SI_BBUF [140]	出口 2 号接地刀 801617 合位
115	SI_BBUF [115]	油压装置 2 号泵切除	141	SI_BBUF [141]	出口 2 号接地刀 801617 分位
116	SI_BBUF [116]	油压装置滤芯堵塞报警	142	SI_BBUF [142]	电制动开关 8010 弹簧未储能
117	SI_BBUF [117]	油压装置回油箱油混水报警	143	SI_BBUF [143]	电制动开关 8010SF$_6$ 压力低闭锁报警
118	SI_BBUF [118]	油压装置漏油箱油混水报警	144	SI_BBUF [144]	电制动开关 8010SF$_6$ 压力过低闭锁报警
119	SI_BBUF [119]	漏油泵自动	145	SI_BBUF [145]	电制动开关 8010 远方操作位置
120	SI_BBUF [120]	漏油泵退出	146	SI_BBUF [146]	电制动开关 8010 加热器电源开关分位
122	SI_BBUF [122]	出口断路器 801 远方位置	147	SI_BBUF [147]	电制动开关 8010 电机电源开关分位
123	SI_BBUF [123]	出口断路器 801 弹簧未储能	148	SI_BBUF [148]	电制动开关 8010 操作电源 1 空开跳闸
124	SI_BBUF [124]	出口断路器 801SF$_6$ 压力低闭锁报警	149	SI_BBUF [149]	电制动开关 8010 操作电源 2 空开跳闸

续表

开关量输入点表

点号	变量名	测点描述	点号	变量名	测点描述
150	SI_BBUF[150]	水轮机辅控柜 AC 220V 电源故障	189	SI_BBUF[189]	主轴密封过滤器差压报警
151	SI_BBUF[151]	水轮机辅控柜 DC 220V 电源故障	190	SI_BBUF[190]	中性点接地刀闸合位
152	SI_BBUF[152]	水轮机辅控柜 24V DC 电源故障	191	SI_BBUF[191]	中性点接地刀闸分位
153	SI_BBUF[153]	水轮机辅控柜 380V AC 动力电源故障	193	SI_BBUF[193]	1号接力器自动锁锭投入
154	SI_BBUF[154]	大轴补气断路器断开	194	SI_BBUF[194]	1号接力器自动锁锭退出
155	SI_BBUF[155]	主轴密封水球阀全关	195	SI_BBUF[195]	2号接力器自动锁锭投入
156	SI_BBUF[156]	主轴密封水球阀全开	196	SI_BBUF[196]	2号接力器自动锁锭退出
159	SI_BBUF[159]	大轴补气电动蝶阀全开	197	SI_BBUF[197]	1号接力器手动锁锭投入
160	SI_BBUF[160]	大轴补气电动蝶阀全关	198	SI_BBUF[198]	1号接力器手动锁锭提出
161	SI_BBUF[161]	顶盖排水泵现地手动	199	SI_BBUF[199]	2号接力器手动锁锭投入
162	SI_BBUF[162]	顶盖排水泵检修	200	SI_BBUF[200]	2号接力器手动锁锭退出
163	SI_BBUF[163]	1号顶盖排水泵运行	201	SI_BBUF[201]	导叶全关位置
164	SI_BBUF[164]	2号顶盖排水泵运行	202	SI_BBUF[202]	导叶分段关闭位置
165	SI_BBUF[165]	总故障告警	203	SI_BBUF[203]	导叶空载位置以上
166	SI_BBUF[166]	1号顶盖排水泵故障	204	SI_BBUF[204]	导叶全开位置
167	SI_BBUF[167]	2号顶盖排水泵故障	206	SI_BBUF[206]	机组1号转速装置≤1%Ne
168	SI_BBUF[168]	顶盖水位过高起2台泵报警	207	SI_BBUF[207]	机组1号转速装置≤5%Ne
170	SI_BBUF[170]	主轴密封水流量低报警	208	SI_BBUF[208]	机组1号转速装置≤20%Ne
171	SI_BBUF[171]	主轴密封磨损量>6mm	209	SI_BBUF[209]	机组1号转速装置≤60%Ne
172	SI_BBUF[172]	主轴密封磨损装置断线报警	210	SI_BBUF[210]	机组1号转速装置≥95%Ne
173	SI_BBUF[173]	水导3号瓦温温度高报警	211	SI_BBUF[211]	机组1号转速信号装置故障
174	SI_BBUF[174]	水导3号瓦温信号断线报警	212	SI_BBUF[212]	机组1号转速信号装置蠕行报警
175	SI_BBUF[175]	水导6号瓦温温度高报警	213	SI_BBUF[213]	机组2号转速信号装置故障
176	SI_BBUF[176]	水导6号瓦温信号断线报警	214	SI_BBUF[214]	机组2号转速信号装置蠕行报警
177	SI_BBUF[177]	水导1号油温高报警	215	SI_BBUF[215]	1号上导瓦温度高报警
178	SI_BBUF[178]	水导1号油温过高报警	216	SI_BBUF[216]	2号上导瓦温度高报警
179	SI_BBUF[179]	水导1号油温信号断线报警	217	SI_BBUF[217]	1号推力瓦温度高报警
180	SI_BBUF[180]	水导2号油温高报警	218	SI_BBUF[218]	2号推力瓦温度高报警
181	SI_BBUF[181]	水导2号油温过高报警	219	SI_BBUF[219]	1号下导瓦温度高报警
182	SI_BBUF[182]	水导2号油温信号断线报警	220	SI_BBUF[220]	2号下导瓦温度高报警
183	SI_BBUF[183]	水导油槽油混水报警	221	SI_BBUF[221]	1号空冷器冷风温度高报警
184	SI_BBUF[184]	水导油槽油位高	222	SI_BBUF[222]	2号空冷器冷风温度高报警
185	SI_BBUF[185]	水导油槽油位低	223	SI_BBUF[223]	1号空冷器热风温度高报警
186	SI_BBUF[186]	水导油槽油位超低	224	SI_BBUF[224]	2号空冷器热风温度高报警
187	SI_BBUF[187]	主轴密封水有压	225	SI_BBUF[225]	机组上导油槽温度高报警
188	SI_BBUF[188]	检修密封有压	226	SI_BBUF[226]	机组推力油槽温度高报警

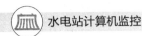

开关量输入点表

点号	变量名	测点描述	点号	变量名	测点描述
227	SI_BBUF[227]	机组下导油槽温度高报警	263	SI_BBUF[263]	除湿机运行
228	SI_BBUF[228]	冷却水总管流量低报警	264	SI_BBUF[264]	除湿机故障
229	SI_BBUF[229]	1号空冷器冷风温度过高报警	265	SI_BBUF[265]	碳粉除尘装置风机Ⅰ运行
230	SI_BBUF[230]	2号空冷器冷风温度过高报警	266	SI_BBUF[266]	碳粉除尘装置风机Ⅱ运行
231	SI_BBUF[231]	1号空冷器热风温度过高报警	267	SI_BBUF[267]	碳粉除尘装置风机Ⅲ运行
232	SI_BBUF[232]	2号空冷器热风温度过高报警	268	SI_BBUF[268]	碳粉除尘装置风机Ⅰ故障
233	SI_BBUF[233]	机组上导油槽温度过高报警	269	SI_BBUF[269]	碳粉除尘装置风机Ⅱ故障
234	SI_BBUF[234]	机组推力油槽温度过高报警	270	SI_BBUF[270]	碳粉除尘装置风机Ⅲ故障
235	SI_BBUF[235]	机组下导油槽温度过高报警	271	SI_BBUF[271]	碳粉除尘装置自动方式
236	SI_BBUF[236]	冷却水总管流量过低报警	272	SI_BBUF[272]	制动除尘装置风机Ⅰ运行
237	SI_BBUF[237]	发电机仪表柜仪表 AC220V 电源失电	273	SI_BBUF[273]	制动除尘装置风机Ⅱ运行
238	SI_BBUF[238]	发电机辅控柜电源第一路合闸位置	274	SI_BBUF[274]	制动除尘装置风机Ⅲ运行
239	SI_BBUF[239]	发电机辅控柜电源第二路合闸位置	275	SI_BBUF[275]	制动除尘装置风机Ⅰ故障
240	SI_BBUF[240]	机坑加热电源合闸位置	276	SI_BBUF[276]	制动除尘装置风机Ⅱ故障
241	SI_BBUF[241]	除湿机电源合闸位置	277	SI_BBUF[277]	制动除尘装置风机Ⅲ故障
242	SI_BBUF[242]	1号电动试压泵电源合闸位置	278	SI_BBUF[278]	制动除尘装置自动方式
243	SI_BBUF[243]	2号电动试压泵电源合闸位置	279	SI_BBUF[279]	上导吸油雾装置信号1
244	SI_BBUF[244]	制动除尘装置电源合闸位置	280	SI_BBUF[280]	上导吸油雾装置信号2
245	SI_BBUF[245]	碳粉除尘装置电源合闸位置	281	SI_BBUF[281]	上导吸油雾装置信号3
246	SI_BBUF[246]	上导油吸雾装置电源合闸位置	282	SI_BBUF[282]	推力吸油雾装置信号1
247	SI_BBUF[247]	推力油吸雾装置电源合闸位置	283	SI_BBUF[283]	推力吸油雾装置信号2
248	SI_BBUF[248]	下导油吸雾装置电源合闸位置	284	SI_BBUF[284]	推力吸油雾装置信号3
249	SI_BBUF[249]	防火门电源合闸位置	285	SI_BBUF[285]	下导吸油雾装置信号1
250	SI_BBUF[250]	运行指示灯电源合闸位置	286	SI_BBUF[286]	下导吸油雾装置信号2
251	SI_BBUF[251]	发电机辅助设备控制柜电源合闸位置	287	SI_BBUF[287]	下导吸油雾装置信号3
252	SI_BBUF[252]	机坑照明电源合闸位置	288	SI_BBUF[288]	大轴水位报警
253	SI_BBUF[253]	发电机仪表柜电源合闸位置	298	SI_BBUF[298]	机组技术供水电动阀102全开
254	SI_BBUF[254]	制动补气柜电源合闸位置	299	SI_BBUF[299]	机组技术供水电动阀102全关
255	SI_BBUF[255]	发电机自动化端子箱电源合闸位置	300	SI_BBUF[300]	机组技术供水电动阀102故障
256	SI_BBUF[256]	发电机用电源插座合闸位置	303	SI_BBUF[303]	发电机保护A套装置闭锁
257	SI_BBUF[257]	转子红外测温合闸位置	304	SI_BBUF[304]	发电机保护A套装置报警
258	SI_BBUF[258]	机坑加热除湿手动	305	SI_BBUF[305]	发电机保护A套TA断线
260	SI_BBUF[260]	机坑加热除湿自动控制	306	SI_BBUF[306]	发电机保护A套TV断线
261	SI_BBUF[261]	机坑加热器运行	307	SI_BBUF[307]	发电机保护A套逆功率报警
262	SI_BBUF[262]	机坑加热器故障	308	SI_BBUF[308]	发电机保护A套过励磁报警

续表

开关量输入点表					
点号	变量名	测点描述	点号	变量名	测点描述
309	SI_BBUF［309］	发电机保护 A 套定子过负荷报警	342	SI_BBUF［342］	发电机保护 B 套负序过负荷报警
310	SI_BBUF［310］	发电机保护 A 套负序过负荷报警	343	SI_BBUF［343］	发电机保护 B 套励磁过负荷报警
311	SI_BBUF［311］	发电机保护 A 套励磁过负荷报警	344	SI_BBUF［344］	发电机保护 B 套定子接地报警
312	SI_BBUF［312］	发电机保护 A 套定子接地报警	345	SI_BBUF［345］	发电机保护 B 套失磁报警
313	SI_BBUF［313］	发电机保护 A 套失磁报警	346	SI_BBUF［346］	发电机保护 B 套失步报警
314	SI_BBUF［314］	发电机保护 A 套失步报警	347	SI_BBUF［347］	发电机保护 B 套频率报警
315	SI_BBUF［315］	发电机保护 A 套频率报警	348	SI_BBUF［348］	主变压器技术供水电动阀 112 全开
318	SI_BBUF［318］	机组技术供水电动阀 103 全开	349	SI_BBUF［349］	主变压器技术供水电动阀 112 全关
319	SI_BBUF［319］	机组技术供水电动阀 103 全关	350	SI_BBUF［350］	主变压器技术供水电动阀 112 故障
320	SI_BBUF［320］	机组技术供水电动阀 103 故障	353	SI_BBUF［353］	变压器保护 B 套装置闭锁
321	SI_BBUF［321］	变压器保护 A 套装置闭锁	354	SI_BBUF［354］	变压器保护 B 套装置报警
322	SI_BBUF［322］	变压器保护 A 套装置报警	355	SI_BBUF［355］	变压器保护 B 套 TA 断线
323	SI_BBUF［323］	变压器保护 A 套 TA 断线	356	SI_BBUF［356］	变压器保护 B 套 TV 断线
324	SI_BBUF［324］	变压器保护 A 套 TV 断线	357	SI_BBUF［357］	变压器保护 B 套主变压器过励磁报警
325	SI_BBUF［325］	变压器保护 A 套过励磁报警	358	SI_BBUF［358］	变压器保护 B 套主变压器低压侧零序电压报警
326	SI_BBUF［326］	变压器保护 A 套低压侧零序电压报警	359	SI_BBUF［359］	变压器保护 B 套主变压器高压侧过负荷报警
327	SI_BBUF［327］	变压器保护 A 套高压侧过负荷报警	360	SI_BBUF［360］	变压器保护 B 套主变压器低压侧过负荷报警
328	SI_BBUF［328］	变压器保护 A 套低压侧过负荷报警	361	SI_BBUF［361］	变压器保护 B 套厂用变压器过负荷报警
329	SI_BBUF［329］	变压器保护 A 套厂用变压器过负荷报警	362	SI_BBUF［362］	机组技术供水四通阀全开
330	SI_BBUF［330］	机组技术供水电动阀 106 全开	363	SI_BBUF［363］	机组技术供水四通阀全关
331	SI_BBUF［331］	机组技术供水电动阀 106 全关	364	SI_BBUF［364］	机组技术供水四通阀故障
332	SI_BBUF［332］	机组技术供水电动阀 106 故障	365	SI_BBUF［365］	注入式定子接地装置报警
335	SI_BBUF［335］	发电机保护 B 套装置闭锁	366	SI_BBUF［366］	发变组 C 柜第一组控制回路断线
336	SI_BBUF［336］	发电机保护 B 套装置报警	367	SI_BBUF［367］	发变组 C 柜第二组控制回路断线
337	SI_BBUF［337］	发电机保护 B 套 TA 断线	368	SI_BBUF［368］	发变组 C 柜第一组电源断线
338	SI_BBUF［338］	发电机保护 B 套 TV 断线	369	SI_BBUF［369］	发变组 C 柜第二组电源断线
339	SI_BBUF［339］	发电机保护 B 套逆功率报警	370	SI_BBUF［370］	发变组 C 柜装置闭锁
340	SI_BBUF［340］	发电机保护 B 套过励磁报警	371	SI_BBUF［371］	发变组 C 柜装置报警
341	SI_BBUF［341］	发电机保护 B 套定子过负荷报警	372	SI_BBUF［372］	发变组 C 柜非电量电源监视

点号	变量名	测点描述	点号	变量名	测点描述
		开关量输入点表			
373	SI_BBUF [373]	发变组 C 柜主变压器轻瓦斯信号	399	SI_BBUF [399]	稳定性数据采集箱故障报警
374	SI_BBUF [374]	发变组 C 柜主变压器油温高信号	400	SI_BBUF [400]	机组在线监测气隙一级报警
375	SI_BBUF [375]	发变组 C 柜主变压器油位高信号	401	SI_BBUF [401]	机组在线监测气隙二级报警
376	SI_BBUF [376]	发变组 C 柜主变压器绕组温度高信号	402	SI_BBUF [402]	气隙数据采集箱故障报警
377	SI_BBUF [377]	发变组 C 柜主变压器压力释放信号	403	SI_BBUF [403]	在线监测交流失电报警
378	SI_BBUF [378]	发变组 C 柜主变压器低油位信号	404	SI_BBUF [404]	在线监测直流失电报警
379	SI_BBUF [379]	发变组 C 柜励磁变温度高信号	405	SI_BBUF [405]	局放监测仪失电报警
380	SI_BBUF [380]	发变组 C 柜厂用变压器温度高信号	407	SI_BBUF [407]	振摆一级报警
381	SI_BBUF [381]	发变组 C 柜发电机轴电流报警信号	408	SI_BBUF [408]	振摆二级报警
382	SI_BBUF [382]	主变压器技术供水四通阀全开	409	SI_BBUF [409]	TN6000 故障报警
383	SI_BBUF [383]	主变压器技术供水四通阀全关	410	SI_BBUF [410]	振摆保护交流失电
384	SI_BBUF [384]	主变压器技术供水四通阀故障	411	SI_BBUF [411]	振摆保护直流失电
385	SI_BBUF [385]	转子接地保护 1 号装置闭锁	412	SI_BBUF [412]	制动柜 DC 24V 控制电源正常
386	SI_BBUF [386]	转子接地保护 1 号装置报警	413	SI_BBUF [413]	制动器手动控制
387	SI_BBUF [387]	转子接地保护 1 号装置转子接地报警	414	SI_BBUF [414]	制动器自动控制
388	SI_BBUF [388]	转子接地保护 2 号装置闭锁	415	SI_BBUF [415]	制动器投入位置
389	SI_BBUF [389]	转子接地保护 2 号装置报警	416	SI_BBUF [416]	制动器退出位置
390	SI_BBUF [390]	转子接地保护 2 号装置转子接地报警	417	SI_BBUF [417]	制动气源压力正常
393	SI_BBUF [393]	故障录波装置告警及电源消失	418	SI_BBUF [418]	制动器上腔充气
394	SI_BBUF [394]	故障录波装置启动录波	419	SI_BBUF [419]	制动器下腔充气
395	SI_BBUF [395]	PMU 装置电源消失	420	SI_BBUF [420]	制动柜 DC 24V 控制电源开关合闸位置
396	SI_BBUF [396]	PMU 装置告警	421	SI_BBUF [421]	制动柜柜内照明及加热器电源开关合闸位置
397	SI_BBUF [397]	振摆压力一级报警	422	SI_BBUF [422]	蠕动装置手动控制
398	SI_BBUF [398]	振摆压力二级报警	423	SI_BBUF [423]	蠕动装置自动控制

点号	变量名	测点描述	点号	变量名	测点描述
		开关量输入点表			
424	SI_BBUF [424]	蠕动装置投入位置	445	SI_BBUF [445]	空冷器冷却水进水管8流量正常
425	SI_BBUF [425]	蠕动装置退出位置	446	SI_BBUF [446]	空冷器冷却水进水管9流量正常
427	SI_BBUF [427]	上导轴承冷却水进水管流量正常	447	SI_BBUF [447]	空冷器冷却水进水管10流量正常
428	SI_BBUF [428]	推力轴承冷却水进水管1流量正常	448	SI_BBUF [448]	空冷器冷却水进水管11流量正常
429	SI_BBUF [429]	推力轴承冷却水进水管2流量正常	449	SI_BBUF [449]	空冷器冷却水进水管12流量正常
430	SI_BBUF [430]	推力轴承冷却水进水管3流量正常	450	SI_BBUF [450]	空冷器冷却水进水总管流量正常
431	SI_BBUF [431]	推力轴承冷却水进水管4流量正常	451	SI_BBUF [451]	上导轴承冷却水排水总管流量正常
432	SI_BBUF [432]	推力轴承冷却水进水管5流量正常	452	SI_BBUF [452]	推力轴承冷却水排水管1流量正常
433	SI_BBUF [433]	推力轴承冷却水进水管6流量正常	453	SI_BBUF [453]	推力轴承冷却水排水管2流量正常
434	SI_BBUF [434]	推力轴承冷却水进水管7流量正常	454	SI_BBUF [454]	推力轴承冷却水排水管3流量正常
435	SI_BBUF [435]	推力轴承冷却水进水管8流量正常	455	SI_BBUF [455]	推力轴承冷却水排水管4流量正常
436	SI_BBUF [436]	推力轴承冷却水进水总管流量正常	456	SI_BBUF [456]	推力轴承冷却水排水管5流量正常
437	SI_BBUF [437]	下导轴承冷却水进水管流量正常	457	SI_BBUF [457]	推力轴承冷却水排水管6流量正常
438	SI_BBUF [438]	空冷器冷却水进水管1流量正常	458	SI_BBUF [458]	推力轴承冷却水排水管7流量正常
439	SI_BBUF [439]	空冷器冷却水进水管2流量正常	459	SI_BBUF [459]	推力轴承冷却水排水管8流量正常
440	SI_BBUF [440]	空冷器冷却水进水管3流量正常	460	SI_BBUF [460]	推力轴承冷却水排水总管流量正常
441	SI_BBUF [441]	空冷器冷却水进水管4流量正常	461	SI_BBUF [461]	下导轴承冷却水排水总管流量正常
442	SI_BBUF [442]	空冷器冷却水进水管5流量正常	462	SI_BBUF [462]	空冷器冷却水排水管1流量正常
443	SI_BBUF [443]	空冷器冷却水进水管6流量正常	463	SI_BBUF [463]	空冷器冷却水排水管2流量正常
444	SI_BBUF [444]	空冷器冷却水进水管7流量正常	464	SI_BBUF [464]	空冷器冷却水排水管3流量正常

点号	变量名	测点描述	点号	变量名	测点描述
			开关量输入点表		
465	SI_BBUF[465]	空冷器冷却水排水管4流量正常	491	SI_BBUF[491]	推力油槽液位2过低报警
466	SI_BBUF[466]	空冷器冷却水排水管5流量正常	492	SI_BBUF[492]	下导油槽液位1过高报警
467	SI_BBUF[467]	空冷器冷却水排水管6流量正常	493	SI_BBUF[493]	下导油槽液位1高报警
468	SI_BBUF[468]	空冷器冷却水排水管7流量正常	494	SI_BBUF[494]	下导油槽液位1低报警
469	SI_BBUF[469]	空冷器冷却水排水管8流量正常	500	SI_BBUF[500]	上导轴承油槽油混水报警
470	SI_BBUF[470]	空冷器冷却水排水管9流量正常	501	SI_BBUF[501]	推力轴承油槽油混水报警
471	SI_BBUF[471]	空冷器冷却水排水管10流量正常	503	SI_BBUF[503]	下导轴承油槽油混水报警
472	SI_BBUF[472]	空冷器冷却水排水管11流量正常	506	SI_BBUF[506]	转子顶起系统有压
473	SI_BBUF[473]	空冷器冷却水排水管12流量正常	507	SI_BBUF[507]	总冷却水进水有压
474	SI_BBUF[474]	空冷器冷却水排水总管流量正常	508	SI_BBUF[508]	总冷却水排水有压
475	SI_BBUF[475]	总冷却水排水管流量正常	509	SI_BBUF[509]	蠕动装置报警
476	SI_BBUF[476]	上导油槽液位1过高报警	510	SI_BBUF[510]	转子行程开关1顶起位置
477	SI_BBUF[477]	上导油槽液位1高报警	511	SI_BBUF[511]	转子行程开关2顶起位置
478	SI_BBUF[478]	上导油槽液位1低报警	513	SI_BBUF[513]	主变压器A相冷却器油流量低
479	SI_BBUF[479]	上导油槽液位1过低报警	514	SI_BBUF[514]	主变压器A相冷却器水流量低
480	SI_BBUF[480]	上导油槽液位2过高报警	515	SI_BBUF[515]	主变压器A相冷却器渗漏报警
481	SI_BBUF[481]	上导油槽液位2高报警	516	SI_BBUF[516]	主变压器A相冷却器电动阀控制故障
482	SI_BBUF[482]	上导油槽液位2低报警	517	SI_BBUF[517]	主变压器A相冷却器油泵故障
483	SI_BBUF[483]	上导油槽液位2过低报警	518	SI_BBUF[518]	主变压器A相冷却器Ⅰ段电源故障
484	SI_BBUF[484]	推力油槽液位1过高报警	519	SI_BBUF[519]	主变压器A相冷却器Ⅱ段电源故障
485	SI_BBUF[485]	推力油槽液位1高报警	520	SI_BBUF[520]	主变压器A相冷却器控制电源故障
486	SI_BBUF[486]	推力油槽液位1低报警	521	SI_BBUF[521]	主变压器A相冷却器PLC停运
487	SI_BBUF[487]	推力油槽液位1过低报警	523	SI_BBUF[523]	主变压器A相冷却器全停
488	SI_BBUF[488]	推力油槽液位2过高报警	524	SI_BBUF[524]	主变压器A相1号电动水阀手动开状态
489	SI_BBUF[489]	推力油槽液位2高报警	525	SI_BBUF[525]	主变压器A相1号电动水阀手动关状态
490	SI_BBUF[490]	推力油槽液位2低报警	526	SI_BBUF[526]	主变压器A相1号电动水阀自动状态

续表

开关量输入点表

点号	变量名	测点描述	点号	变量名	测点描述
527	SI_BBUF [527]	主变压器 A 相 2 号电动水阀手动开状态	547	SI_BBUF [547]	主变压器 B 相冷却器 I 段电源故障
528	SI_BBUF [528]	主变压器 A 相 2 号电动水阀手动关状态	548	SI_BBUF [548]	主变压器 B 相冷却器 II 段电源故障
529	SI_BBUF [529]	主变压器 A 相 2 号电动水阀自动状态	549	SI_BBUF [549]	主变压器 B 相冷却器控制电源故障
530	SI_BBUF [530]	主变压器 A 相 3 号电动水阀手动开状态	550	SI_BBUF [550]	主变压器 B 相冷却器 PLC 停运
531	SI_BBUF [531]	主变压器 A 相 3 号电动水阀手动关状态	552	SI_BBUF [552]	主变压器 B 相冷却器全停
532	SI_BBUF [532]	主变压器 A 相 3 号电动水阀自动状态	553	SI_BBUF [553]	主变压器 B 相 1 号电动水阀手动开状态
533	SI_BBUF [533]	主变压器 A 相 1 号油泵自动状态	554	SI_BBUF [554]	主变压器 B 相 1 号电动水阀手动关状态
534	SI_BBUF [534]	主变压器 A 相 1 号油泵手动状态	555	SI_BBUF [555]	主变压器 B 相 1 号电动水阀自动状态
535	SI_BBUF [535]	主变压器 A 相 2 号油泵自动状态	556	SI_BBUF [556]	主变压器 B 相 2 号电动水阀手动开状态
536	SI_BBUF [536]	主变压器 A 相 2 号油泵手动状态	557	SI_BBUF [557]	主变压器 B 相 2 号电动水阀手动关状态
537	SI_BBUF [537]	主变压器 A 相 3 号油泵自动状态	558	SI_BBUF [558]	主变压器 B 相 2 号电动水阀自动状态
538	SI_BBUF [538]	主变压器 A 相 3 号油泵手动状态	559	SI_BBUF [559]	主变压器 B 相 3 号电动水阀手动开状态
539	SI_BBUF [539]	主变压器 A 相 1 号油泵运行	560	SI_BBUF [560]	主变压器 B 相 3 号电动水阀手动关状态
540	SI_BBUF [540]	主变压器 A 相 2 号油泵运行	561	SI_BBUF [561]	主变压器 B 相 3 号电动水阀自动状态
541	SI_BBUF [541]	主变压器 A 相 3 号油泵运行	562	SI_BBUF [562]	主变压器 B 相 1 号油泵自动状态
542	SI_BBUF [542]	主变压器 B 相冷却器油流量低	563	SI_BBUF [563]	主变压器 B 相 1 号油泵手动状态
543	SI_BBUF [543]	主变压器 B 相冷却器水流量低	564	SI_BBUF [564]	主变压器 B 相 2 号油泵自动状态
544	SI_BBUF [544]	主变压器 B 相冷却器渗漏报警	565	SI_BBUF [565]	主变压器 B 相 2 号油泵手动状态
545	SI_BBUF [545]	主变压器 B 相冷却器电动阀控制故障	566	SI_BBUF [566]	主变压器 B 相 3 号油泵自动状态
546	SI_BBUF [546]	主变压器 B 相冷却器油泵故障	567	SI_BBUF [567]	主变压器 B 相 3 号油泵手动状态

开关量输入点表

点号	变量名	测点描述	点号	变量名	测点描述
568	SI_BBUF［568］	主变压器 B 相 1 号油泵运行	589	SI_BBUF［589］	主变压器 C 相 3 号电动水阀手动关状态
569	SI_BBUF［569］	主变压器 B 相 2 号油泵运行	590	SI_BBUF［590］	主变压器 C 相 3 号电动水阀自动状态
570	SI_BBUF［570］	主变压器 B 相 3 号油泵运行	591	SI_BBUF［591］	主变压器 C 相 1 号油泵自动状态
571	SI_BBUF［571］	主变压器 C 相冷却器油流量低	592	SI_BBUF［592］	主变压器 C 相 1 号油泵手动状态
572	SI_BBUF［572］	主变压器 C 相冷却器水流量低	593	SI_BBUF［593］	主变压器 C 相 2 号油泵自动状态
573	SI_BBUF［573］	主变压器 C 相冷却器渗漏报警	594	SI_BBUF［594］	主变压器 C 相 2 号油泵手动状态
574	SI_BBUF［574］	主变压器 C 相冷却器电动阀控制故障	595	SI_BBUF［595］	主变压器 C 相 3 号油泵自动状态
575	SI_BBUF［575］	主变压器 C 相冷却器油泵故障	596	SI_BBUF［596］	主变压器 C 相 3 号油泵手动状态
576	SI_BBUF［576］	主变压器 C 相冷却器 I 段电源故障	597	SI_BBUF［597］	主变压器 C 相 1 号油泵运行
577	SI_BBUF［577］	主变压器 C 相冷却器 II 段电源故障	598	SI_BBUF［598］	主变压器 C 相 2 号油泵运行
578	SI_BBUF［578］	主变压器 C 相冷却器控制电源故障	599	SI_BBUF［599］	主变压器 C 相 3 号油泵运行
579	SI_BBUF［579］	主变压器 C 相冷却器 DC 24V 电源故障	600	SI_BBUF［600］	主变压器 A 相 1 号冷却器油泄漏
580	SI_BBUF［580］	主变压器 C 相冷却器 PLC 停运	601	SI_BBUF［601］	主变压器 A 相 2 号冷却器油泄漏
581	SI_BBUF［581］	主变压器 C 相冷却器全停	602	SI_BBUF［602］	主变压器 A 相 3 号冷却器油泄漏
582	SI_BBUF［582］	主变压器 C 相 1 号电动水阀手动开状态	603	SI_BBUF［603］	主变压器 B 相 1 号冷却器油泄漏
583	SI_BBUF［583］	主变压器 C 相 1 号电动水阀手动关状态	604	SI_BBUF［604］	主变压器 B 相 2 号冷却器油泄漏
584	SI_BBUF［584］	主变压器 C 相 1 号电动水阀自动状态	605	SI_BBUF［605］	主变压器 B 相 3 号冷却器油泄漏
585	SI_BBUF［585］	主变压器 C 相 2 号电动水阀手动开状态	606	SI_BBUF［606］	主变压器 C 相 1 号冷却器油泄漏
586	SI_BBUF［586］	主变压器 C 相 2 号电动水阀手动关状态	607	SI_BBUF［607］	主变压器 C 相 2 号冷却器油泄漏
587	SI_BBUF［587］	主变压器 C 相 2 号电动水阀自动状态	608	SI_BBUF［608］	主变压器 C 相 3 号冷却器油泄漏
588	SI_BBUF［588］	主变压器 C 相 3 号电动水阀手动开状态	609	SI_BBUF［609］	1 号主变压器冷却水总管流量

	开关量输入点表				
点号	变量名	测点描述	点号	变量名	测点描述
610	SI_BBUF［610］	机组技术供水滤水器故障	639	SI_BBUF［639］	LCU2 号供电插箱直流电源消失
611	SI_BBUF［611］	机组技术供水滤水器差压过高	640	SI_BBUF［640］	事故复归按钮动作
612	SI_BBUF［612］	机组技术供水滤水器滤筒运行	641	SI_BBUF［641］	水机信号扩展电源故障
613	SI_BBUF［613］	机组技术供水滤水器排污阀全开	646	SI_BBUF［646］	自准同期 a 失败
614	SI_BBUF［614］	机组技术供水滤水器排污阀全关	647	SI_BBUF［647］	同期装置 a 故障
617	SI_BBUF［617］	1 号主轴密封滤水器故障	648	SI_BBUF［648］	自准同期 b 失败
618	SI_BBUF［618］	1 号主轴密封滤水器差压过高	649	SI_BBUF［649］	同期装置 b 故障
619	SI_BBUF［619］	1 号主轴密封滤水器滤筒运行	650	SI_BBUF［650］	GPS 装置电源消失
620	SI_BBUF［620］	1 号主轴密封滤水器排污阀全开	651	SI_BBUF［651］	GPS 装置 IN1 消失
621	SI_BBUF［621］	1 号主轴密封滤水器排污阀全关	654	SI_BBUF［654］	FPWA1 主 5V 电源故障
623	SI_BBUF［623］	2 号主轴密封滤水器故障	655	SI_BBUF［655］	FPWA1 辅 5V 电源故障
624	SI_BBUF［624］	2 号主轴密封滤水器差压过高	656	SI_BBUF［656］	FPWA2 主 5V 电源故障
625	SI_BBUF［625］	2 号主轴密封滤水器滤筒运行	657	SI_BBUF［657］	FPWA2 辅 5V 电源故障
626	SI_BBUF［626］	2 号主轴密封滤水器排污阀全开	658	SI_BBUF［658］	FPWA3 主 5V 电源故障
627	SI_BBUF［627］	2 号主轴密封滤水器排污阀全关	659	SI_BBUF［659］	FPWA3 辅 5V 电源故障
629	SI_BBUF［629］	水导冷却水流量低	660	SI_BBUF［660］	FPWA4 主 5V 电源故障
631	SI_BBUF［631］	机组技术供水电动阀 107 全开	661	SI_BBUF［661］	FPWA4 辅 5V 电源故障
632	SI_BBUF［632］	机组技术供水电动阀 107 全关	662	SI_BBUF［662］	FPWA5 主 5V 电源故障
633	SI_BBUF［633］	机组技术供水电动阀 107 故障	663	SI_BBUF［663］	FPWA5 辅 5V 电源故障
635	SI_BBUF［635］	LCU PS4 电源监视	664	SI_BBUF［664］	FPWA6 主 5V 电源故障
636	SI_BBUF［636］	LCU PS5 电源监视	665	SI_BBUF［665］	FPWA6 辅 5V 电源故障
637	SI_BBUF［637］	LCU2 号供电插箱调试键动作	666	SI_BBUF［666］	LCU PS1 电源监视
638	SI_BBUF［638］	LCU2 号供电插箱交流电源消失	667	SI_BBUF［667］	LCU PS2 电源监视

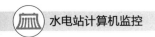

		开关量输入点表			
点号	变量名	测点描述	点号	变量名	测点描述
668	SI＿BBUF［668］	LCU PS3 电源监视	679	SI＿BBUF［679］	发电机出口封母导体温度高
669	SI＿BBUF［669］	LCU 现地把手动作	680	SI＿BBUF［680］	发电机出口封母外壳温度高
670	SI＿BBUF［670］	LCU1 号供电插箱调试键动作	681	SI＿BBUF［681］	发电机断路器进线封母导体温度高
671	SI＿BBUF［671］	LCU1 号供电插箱交流电源消失	682	SI＿BBUF［682］	发电机断路器出线封母导体温度高
672	SI＿BBUF［672］	LCU1 号供电插箱直流电源消失	683	SI＿BBUF［683］	主变进线 AB 相封母导体温度高
673	SI＿BBUF［673］	a 相温控器故障报警	684	SI＿BBUF［684］	主变进线 AB 相封母外壳温度高
674	SI＿BBUF［674］	a 相励磁变风机运行	685	SI＿BBUF［685］	主变进线 BC 相封母导体温度高
675	SI＿BBUF［675］	b 相温控器故障报警	686	SI＿BBUF［686］	主变进线 BC 相封母外壳温度高
676	SI＿BBUF［676］	b 相励磁变风机运行	687	SI＿BBUF［687］	主变进线 CA 相封母导体温度高
677	SI＿BBUF［677］	c 相温控器故障报警	688	SI＿BBUF［688］	主变进线 CA 相封母外壳温度高
678	SI＿BBUF［678］	c 相励磁变风机运行			

表 4-6　　　　　　　　　开虚拟关量输入点

		DI 虚拟点	
序号	文字描述	逻辑描述	虚拟变量名
1	调速器系统 A、B 套均无故障	Ⅱ＿BBUF［10］＝＝0&&Ⅱ＿BBUF［11］＝＝0&&SI＿BBUF［50］＝＝0&& SI＿BBUF［51］＝＝0&&SI＿BBUF［55］＝＝0&&SI＿BBUF［56］＝＝0&&SI＿BBUF［64］＝＝0&& SI＿BBUF［65］＝＝0	DUMMY_SI_BBUF［61］＝＝1
2	各油槽油位正常	SI＿BBUF［184］＝＝0 && SI＿BBUF［185］＝＝0 && SI＿BBUF［186］＝＝0 && SI＿BBUF［476］＝＝0 && SI＿BBUF［477］＝＝0 && SI＿BBUF［478］＝＝0 && SI＿BBUF［479］＝＝0 && SI＿BBUF［480］＝＝0 && SI＿BBUF［481］＝＝0 && SI＿BBUF［482］＝＝0 && SI＿BBUF［483］＝＝0 && SI＿BBUF［484］＝＝0 && SI＿BBUF［485］＝＝0 && SI＿BBUF［486］＝＝0 && SI＿BBUF［487］＝＝0 && SI＿BBUF［488］＝＝0 && SI＿BBUF［489］＝＝0 && SI＿BBUF［490］＝＝0 && SI＿BBUF［491］＝＝0 && SI＿BBUF［492］＝＝0 && SI＿BBUF［493］＝＝0 && SI＿BBUF［494］＝＝0 && SI＿BBUF［495］＝＝0 && SI＿BBUF［496］＝＝0 && SI＿BBUF［497］＝＝0 && SI＿BBUF［498］＝＝0 && SI＿BBUF［499］＝＝0	DUMMY＿SI＿BBUF［62］＝＝1
3	发电机保护动作已复归	Ⅱ＿BBUF［50］＝＝0 && Ⅱ＿BBUF［51］＝＝0 && Ⅱ＿BBUF［52］＝＝0 && Ⅱ＿BBUF［59］＝＝0 && Ⅱ＿BBUF［87］＝＝0 && Ⅱ＿BBUF［88］＝＝0 && Ⅱ＿BBUF［89］＝＝0 && Ⅱ＿BBUF［96］＝＝0 && Ⅱ＿BBUF［132］＝＝0	DUMMY_SI_BBUF［63］＝＝1

DI 虚拟点			
序号	文字描述	逻辑描述	虚拟变量名
4	进水口闸门全开	ETH_REC_SI_BBUF [1]==1	DUMMY_SI_BBUF [64]==1
5	进水口闸门全关	ETH_REC_SI_BBUF [2]==1	DUMMY_SI_BBUF [65]==1
6	进水口事故闸门全关	ETH_REC_SI_BBUF [3]==1	DUMMY_SI_BBUF [66]==1
7	事故闸门下滑到事故位	ETH_REC_SI_BBUF [4]==1	DUMMY_SI_BBUF [67]==1
8	检修闸门下滑全关	ETH_REC_SI_BBUF [4]==1	DUMMY_SI_BBUF [78]==1
9	推力轴承冷却器冷却水正常	SI_BBUF [428]==1 && SI_BBUF [429]==1 && SI_BBUF [430]==1 && SI_BBUF [431]==1 && SI_BBUF [432]==1 && SI_BBUF [433]==1 && SI_BBUF [434]==1 && SI_BBUF [435]==1 && SI_BBUF [436]==1 && SI_BBUF [452]==1 && SI_BBUF [453]==1 && SI_BBUF [454]==1 && SI_BBUF [455]==1 && SI_B BUF [456]==1 && SI_BBUF [457]==1 && SI_BBUF [458]==1 && SI_BBUF [459]==1 && SI_BBUF [460]==1	DUMMY_SI_BBUF [69]==1
10	接力器锁定投入	SI_BBUF [193]==1 && SI_BBUF [194]==0 && SI_BBUF [195]==1 && SI_BBUF [196]==0	DUMMY_SI_BBUF [70]==1
11	接力器锁定退出	SI_BBUF [193]==0 && SI_BBUF [194]==1 && SI_BBUF [195]==0 && SI_BBUF [196]==1	DUMMY_SI_BBUF [71]==1
12	各部位冷却水压力、流量正常	DUMMY_SI_BBUF [69]==1 && SI_BBUF [228]==0 && SI_BBUF [236]==0 && SI_BBUF [427]==1 && SI_BBUF [437]==1 && SI_BBUF [438]==1 && SI_BBUF [43 9]==1 && SI_BBUF [440]==1 && SI_BBUF [441]==1 && SI_BBUF [442]==1 && SI_BBUF [443]== && SI_BBUF [444]==1 && SI_BBUF [445]==1 && SI_B BUF [446]==1 && SI_BBUF [447]==1 && SI_BBUF [448]==1 && SI_BBUF [449]==1 && SI_BBUF [450]==1 && SI_BBUF [451]==1 && SI_BBUF [461]==1 && SI_BBUF [462]==1 && SI_BBUF [463]==1 && SI_BBUF [464]==1 && SI_BBUF [465]==1 && SI_BBUF [466]==1 && SI_BBUF [467]==1 && SI_BBUF [468]==1 && SI_BBUF [469]==1 && SI_BBUF [470]==1 && SI_BBUF [471]==1 && SI_BBUF [472]==1 && SI_BBUF [473]==1 && SI_BBUF [474]==1 && SI_BBUF [475]==1	DUMMY_SI_BBUF [72]==1
13	励磁系统无故障	SI_BBUF [13]==0 && SI_BBUF [14]==0 && SI_BBUF [15]==0 && SI_BBUF [1]==1 && SI_BBUF [2]==1 && SI_BBUF [3]==1	DUMMY_SI_BBUF [73]==1
14	电气制动系统无故障	SI_BBUF [29]==0 && SI_BBUF [30]==0 && SI_BBUF [31]==0 && SI_BBUF [33]==0 && SI_BBUF [34]==0 && SI_BBUF [142]==0 && SI_BBUF [144]==0 && SI_BBUF [145]==1	DUMMY_SI_BBUF [74]==1

表 4-7   开 机 条 件 判 断

序号	文字描述	变量描述
1	紧停 PLC 无故障	
2	紧停 PLC 停机流程已复归（无流程在执行）	
3	停机态	DUMMY _ DI [3]==1
4	机组出口接地开关分闸	SI _ BBUF [138]==0&&SI _ BBUF [139]==1
5	制动气源压力正常	SI _ BBUF [417]==1
6	制动器已复归	SI _ BBUF [415]==0&&SI _ BBUF [416]==1
7	事故配压阀未动作	Ⅱ _ BBUF [14]==0
8	调速器系统 A、B 套均无故障	DUMMY _ DI [61]==1
9	调速器紧急停机电磁阀未动作	Ⅱ _ BBUF [13]==0
10	调速器在远方操作位	SI _ BBUF [53]==1
11	调速器在自动运行位置	SI _ BBUF [53]==1
12	油压装置在自动控制位置	SI _ BBUF [112]==1&&SI _ BBUF [114]==1
13	油压装置控制电源正常	SI _ BBUF [90] == 0&&SI _ BBUF [91] == 0&&SI _ BBUF [92]==0&&SI _ BBUF [93]==0
14	无压力油罐油位过低信号	Ⅱ _ BBUF [16]==0&&SI _ BBUF [107]==0
15	无压力油罐事故低油压信号	Ⅱ _ BBUF [15]==0&&SI _ BBUF [106]==0
16	油压装置两台油泵均无故障	SI _ BBUF [98]==0&&SI _ BBUF [99]==0
17	无机组振摆保护启动停机信号	Ⅱ _ BBUF [17]==0
18	各油槽油位正常（上下水推）	DUMMY _ DI [62]==1
19	发电机保护动作已复归	DUMMY _ DI [63]==1
20	发电机保护报警已复归	SI _ BBUF [381]==0
21	机组进水口闸门全开	DUMMY _ DI [64]==1
22	机组转速装置无故障	SI _ BBUF [211]==0&&SI _ BBUF [213]==0
23	接力器锁定自动投入且手动退出	SI _ BBUF [193] == 1&&SI _ BBUF [194] == 0&&SI _ BBUF [195]==1&&SI _ BBUF [196]==0&&SI _ BBUF [197]==0&&SI _ BBUF [198]==1&&SI _ BBUF [19 9]==0&&SI _ BBUF [200]==1
24	导叶剪断销未剪断	Ⅱ _ BBUF [37]==0
25	电制动短路开关在分闸位置	Ⅱ _ BBUF [3]==0&&Ⅱ _ BBUF [4]==1
26	主变低压侧接地开关分闸	SI _ BBUF [140]==0&&SI _ BBUF [141]==1
27	机组无事故停机信号且不在事故过程中	DUMMY _ DI [15]=0&&DUMMY _ DI [16]=0&&DUMMY _ DI [17]=0&&DUMMY _ DI [18]=0&&DUMMY _ DI [19]=0&&DUMMY _ DI [20]=0

机组停机工况至发电工况实现方法：

PLC 中组态的顺控的方法有多种，包括图形化编程语言和文本化编程语言。图形化编程语言包括：梯形图（ladder diagram，LD）、功能块图（function block diagram，FBD）、顺序功能图（sequential function chart，SFC）。文本化编程语言包括：指令表（IL-instruction list）和结构化文本（ST-strutured text）。本节将以顺序功能图来介绍机组停机至发电工况的机组顺控组态。

对照表 4-2～表 4-6 的测点定义，以及图 4-5～图 4-8 的控制逻辑程序解读如下：

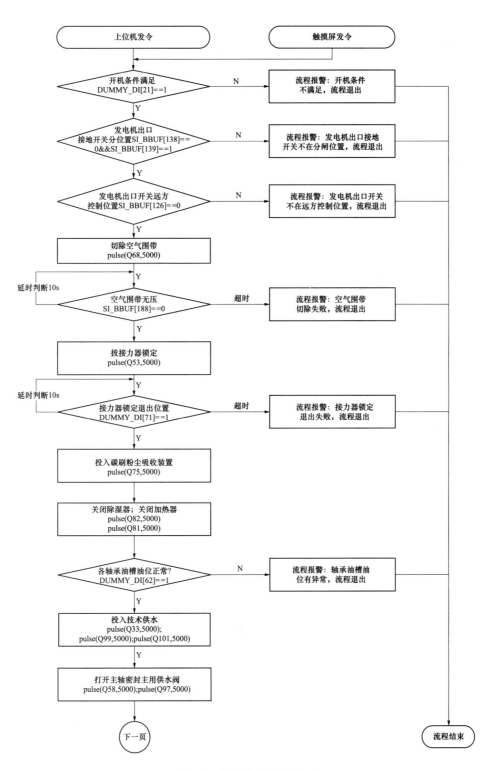

图 4-5　机组启动流程（一）

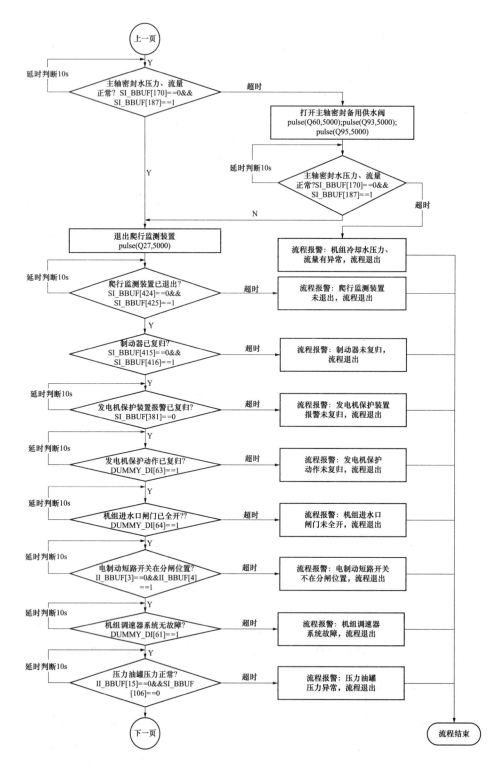

图 4-6　机组启动流程（二）

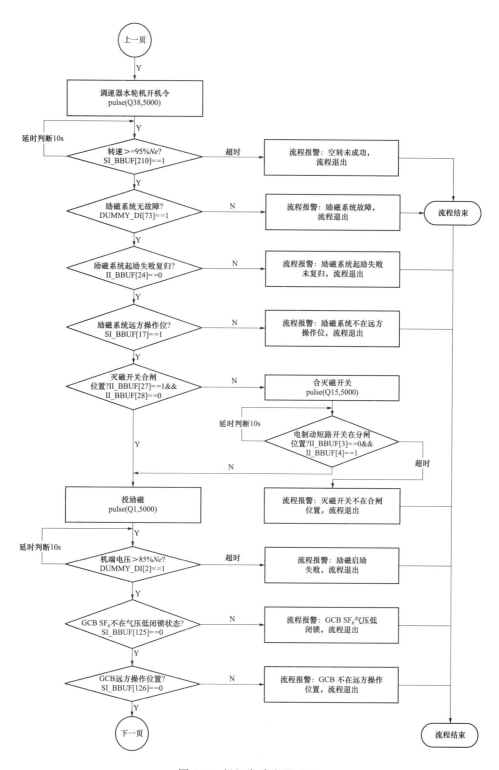

图 4-7　机组启动流程（三）

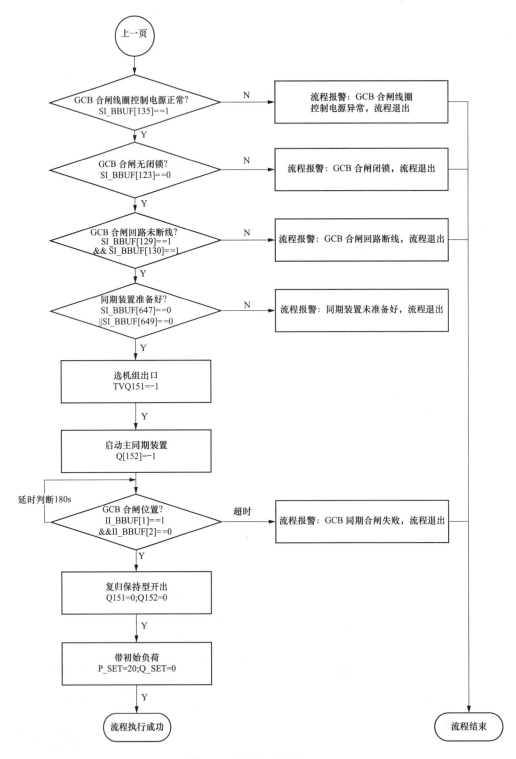

图 4-8　机组启动流程（四）

（1）图 4-4，当 PLC 收到上位机或者触摸发来的"发电量"，第一步判断机组开机条件是否满足，及判断变量 DUMMY＿DI［21］的值是否为 1。开机条件如表 4-7 所示，当

表 4-7 中所有条件都满足时，及 DUMMY ＿ DI［21］的值为 1，开机条件满足；

（2）图 4-4，若开机条件满足，下一步分别判断机组出口接地刀闸是否在分闸位置、断路器在远方控制位置，及判断变量"SI＿BBUF［138］==0 && SI＿BBUF［139］==1""SI＿BBUF［126］==0"，如果条件不满足则流程退出，并进行相应流程报警"发电机出口开关不在远方控制位置，流程退出"，上位机将此条报警并推送到报警界面，提示运行人员开机不成功的原因。

若条件满足，执行"切除空气围带（检修围带）"操作，开关量输出表 Q68 变量为切除空气围带，变量执行 pulse（Q68，5000）的含义为对开出第 68 点输出 5s 的脉冲。执行下一步延时 10s 判断空气围带无压 SI＿BFUU［188］＝0，在 10s 内如果 SI＿BFUU［188］测值为 0，则执行下一步，超过 10s 测值仍然不为 0，则流程退出并进行报警"空气围带切除失败，流程退出"。空气围带切除成功后，依次操作"投入碳刷粉尘吸收装置""关闭除湿器""关闭加热器"，"投入技术供水"和"打开主轴密封主用供水阀"，延时 10s 判断主轴密封水压力、流量是否正常，如果超时说明主用水阀打开失败或水压异常，则操作"打开主轴密封备用供水阀"开启备用水阀，延时判断主轴密封水、流量是否正常，如果仍然异常则流程退出并进行报警，若流程正常，继续操作"退出爬行监测装置"，延时 10s 判断爬行装置是否退出，未退出则流程退出并进行报警，正常退出则进行一下步判断或操作。

此部分的流程主要判断开机条件是否满足，开启发电机和水轮机的辅助控制设备，启动冷却水系统，为机组打开导叶机组转动做好准备。

（3）图 4-5，则延时判断制动器是否退出状态、保护装置是否无报警无故障、进水口闸门在全开位置、制动器短路刀闸是否在分位置、压力油罐是否正常，其中任何一个条件不满足，则流程退出并进行报警。所有条件都满足则进行给调速器发送开机令"调速器水轮机开机令 pulse（Q38，5000）"，当调速器开机后机组开始转动后延时判断机组是否在正常时间内达道额定转速，当机组转速＞95％时，判断励磁系统是否正常、励磁是否具备启动条件、励磁系统是否处于远方操作位置、灭磁系统是否在合闸位置，如果不在合闸位置操作灭磁开关合闸，以上条件都具备后则，具备励磁启动条件，给励磁启动令，励磁将给转子输入励磁电流开始升压，流程延时判断机组出口电压是否在正常时间内达到额定电压，当机组出口电压＞85％额定电压以后，判断 GCB 是否具备合闸条件，判断 GCB SF$_6$是否有低压闭锁故障、判断 GCB 是否在远方操作位置。

此部分流程主要先判断开机前制动器是否退出，引水回路是否正常，调速器压油动力回路是否正常，当以上条件都具备时，调速器可以正常开机。机组转速达到额定后，判断励磁系统是否正常，是否具备启励条件，当条件都具备后启动励磁将机组电压升至额定电压。

（4）如图 4-5 所示，在判断 GCB 无合闸闭锁故障且 GCB 在远方操作位置后，判断 GCB合闸回路电源是否正常，合闸回路 TV 未断线，判断同期装置是否准备好，当以上条件都正常时，则准备启动同期，如果有异常则流程退出并进行报警。启动同期前，将机组出口 TV

切入同期装置，然后启动同期，延时180s等待同期装置对机组出口电压和频率进行调节，当机组出口TV与系统TV的频率、电压和相角差在合闸范围之内，同期装置自动输出机组出口合闸令。GCB合闸后，机组并入电网，流程自动将机组负荷调节至基础负荷，防止机组进相。

四、软件总体结构

1. 初始化程序

初始化程序，主要完成以下功能，该程序在PLC断电重启有且仅调用一次。对PLC所用的各类配置信息以及变量进行初始化，主要完成以下工作：

（1）系统参数配置；

（2）基本信号输入输出点配置；

（3）LCU I/O点数配置；

（4）PID参数配置；

（5）上，下行数据缓冲区初始化；

（6）所有控制，开出复归。

2. 模入量处理程序

对硬件采集模入信号，虚拟模入，通信模入信号测值和品质状态汇总处理，硬件采集模入信号进行滤波后生成有效值码值进行工程值转换处理成工程值赋值到AI_BUF［］数组中用于逻辑闭锁判断，并上送至上位机和触摸用于人机显示。

3. 模出量处理程序

硬件模出值进行工程值－码值计算赋值至AO_BUF［］数组中，并输出值至模出模件将4～20mA信号或者1～5v模出量信号发送给其他设备或系统。其他虚拟模出，通信模出通过通信将模出量发送给其他系统。

4. 开入量处理程序

对硬件采集开入信号，虚拟开入，模件状态，通信开入入信号测值汇总处理，赋值至SI_BUF［］数组和Ⅱ_BUF［］数组中用于逻辑闭锁判断，并上送至上位机和触摸用于人机显示。

5. 温度输入量处理程序

对硬件采集温度信号，虚拟温度，通信温度信号测值和品质状态汇总处理，赋值至TI_BUF［］数组中用于逻辑闭锁判断，并上送至上位机和触摸用于人机显示。

6. 开关量输出处理程序

将程序中生成的开出至开出模件，模件输出0～24V信号驱动中间继电器线圈，通过继电器的节点来完成设备的控制。

7. 虚拟量判断程序

该程序段用于判断机组状态，所有停机、空转、发电等工况在此程序段进行判断，以及计算流程中用到的综合判断点和计算程序中需要用到的各种虚拟点，并将计算结果赋值至 DUMMY ＿ DI ［］数组中。

8. 接收信号及控制令处理程序

下行信文接收处理程序，解释上位机发令并执行相应操作。

9. 发送信号及控制令处理程序

改程序用于系统状态信文组织，上行信文处理程序，将 PLC 采集的各种 IO 状态信息放至相应数据区供上位机或系统通信系统进行读取。

10. 触摸屏控制令接收程序

触摸屏控制令接收程序，接收触摸屏下发的控制命令并做相应处理。

11. 控制令接受解释程序

控制命令接收，解释程序，判断控制命令的合法性，如判断控制令的优先级，当机组在停机过程中决绝执行开机令，在开机过程中可以执行停机令；根据控制令的来源，判断是否具备控制权限；根据控制命令内容确定需要执行的控制流程等。

12. 事故流程自动启动判断程序

事故流程自动启动判断程序，监视机组状况和各事故点，事故条件满足时自动启动事故停机流程。

软件程序执行过程图 4-9 所示。

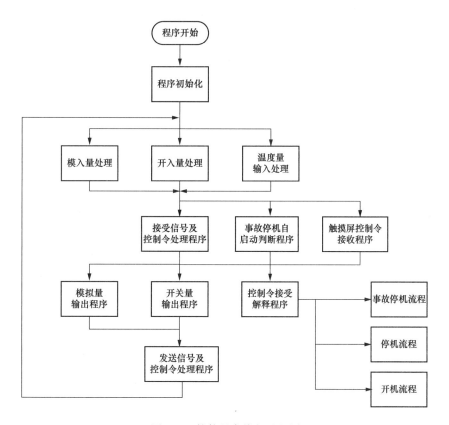

图 4-9　软件程序执行过程图

第四节 机组状态监测系统

一、机组状态监测技术的发展

世界各国水电站实行的设备预防性维修制度主要有两大体系：一是以苏联为代表的、以周期结构和修理系数等整套定额标准为主要支持的计划预修制度；二是以欧美国家为代表的、以日常监测和定期检查为基础的预测性的维修体制。我国水电站在引用苏联水电站维修制度的基础上，建立并形成了具有中国特点的定期保养和修理制度，并不断修改补充，到 2002 年制定了 SD230《发电厂检修规程》，成为我国水电站设备维修的基本法规。该检修规程是定期预防维修的规程，其体系仍然属于苏式的设备计划预修制度。我国水电站现有的扩大性大修、大修、小修、临检等定期检修形式，是沿用苏联计划性维修的经验总结。

计划性检修是按规定的检修周期进行检修，以统一规定的周期去对各台状态不同的设备进行检修，必然出现"检修过剩"和"检修不足"的现象。计划检修不能充分发挥设备的潜能，耗费了大量的财力和人力，不能及时发现故障，不仅带来经济上的损失、人力的浪费，而且还有可能引发灾难性的事故，因此新的检修模式被提出来了状态检修——以状态监测为基础的"预测性维修"。

设备状态监测（condition monitoring）就是在对设备全面系统分析的基础上确定优化维护系统所需要的状态参数，布置相应的数据采集设备，采用自动或人工的手段获取设备运行状态信息和健康状态信息。

早在 1997 年 11 月，由清华大学等单位联合研制的"水电机组状态监测分析诊断系统"在广州抽水蓄能电站 1 号机上投入使用[82]。随后，国内科研院所和高校开展了许多相关研究[83-85]。以掌握机组运行状态为目标的状态监测技术取得了长足的发展与进步，多种水电机组状态监测系统投入应用。这些系统可以归纳为两类[86]：一类是专项监测装置，对水轮发电机组或其中某个设备的某项（类）状态进行监测，德国申克公司的 Vibrocontrol 4000 系统主要用于监测分析水轮机振动、加拿大 VirosystM 公司的 AGMS[87] 系统用于监测发电机的气隙、加拿大 IRIS 公司的发电机局部放电监测系统（PDA）[88,89]、华中科技大学 HSJ 机组振摆监测系统[90] 等。另一类是集合监测系统，即将多个专项监测装置集合到同一网络平台上，如加拿大 VibroSystM 公司的水轮发电机组在线监测与诊断系统（ZOOM）、瑞士 VIBRO-METER 公司的 VM600、美国内华达公司的 Hydro VU 系统、德国西门子的 Scard、南瑞的 SJ-9000[91-94]、北京华科同安公司的 TN8000 水电机组状态监测分析故障诊断系统[95-97]、中国水利水电科学研究院的 HM9000 水电机组状态监测综合分析系统[98] 及其以 H9000 为核心扩展的 SMA2000 状态监测分析系统[99-102]，北京奥技异电气技术研究所的 PSTA 网络化全状态监测系统[103-106]，深圳创为实 S8000、北京英华达 EN8000、深圳洲立达 YSZJ，以及多种子系统集成[107,108] 等。目前，更多的新技术和延伸技术引入水电机组状态监测的研究也在持续开展[109-114]。

我国水电站实施状态检修，将计划检修逐步过渡到预测维修制度，经过近 20 年的研究和实践，随着水电站"无人值班（少人值守）"工作深入，水电站运行管理和设备管理积累了丰富的经验，有了很大的提高，在利用计算机、监测诊断技术、研制开发水电机组状态监测及故障诊断系统方面取得较好的成绩，为状态检修奠定了良好的基础。但是由于水电站状态检修起步较晚，真正实施状态检修还有一定的距离。

二、机组状态监测系统功能及性能要求

1. 主要功能

状态监测系统的主要功能如下：

（1）投产的水轮发电机组启动试运行过程中，发现问题、优化机组特性。

水轮发电机组在制造或安装、调整方面的一些问题，如机组转动部分重量分布不平衡、水轮机叶片形状不良、空蚀严重、轴承间隙调整不好、摆度过大等等原因，都可能使振动加剧。通过对振动的监测和分析，可以帮助找出这些问题。

在线监测系统对状态参数的监测不是停留在某一静止状态，而是通过对动态过程进行连续跟踪记录，并生成振动波形、频谱、轴心轨迹、棒图、过程曲线或趋势曲线等监视图形，所以最适宜应用于各种特性试验，对过渡过程进行监测。例如用于开/停机过程、甩负荷过程等做全过程的监测和记录。通过对过渡过程数据的分析，不但可以发现上述问题，还可以为机组排除不良状态点，找出最优特性曲线。这种特性试验对新投机组有特殊作用。

（2）在机组正常运行过程，避开非正常状态运行，延长机组寿命。

水轮发电机组在线监测通过对各种工况下运行数据的分析、比较，掌握机组的稳定运行区域，以供合理调度，避开振动、空蚀严重的不稳定负荷区运行，起到优化运行和提高机组寿命的良好作用。

（3）防止突发事故，保证运行安全。

有些机械事故，如机组过速；有些电气事故，如发电机短路、失磁、三相严重不平衡等事故，都表现出强烈的振动，故具有振动监测功能的在线监测系统也可起后备保护的作用。

另一方面，对反映机组健康状态的参数进行监测，及时发现机组事故隐患，并通过有效的预警机制通知管理人员，这对防止发生突发性事故，保障机组安全运行有着重要的作用。

（4）提供反映机组健康状况的状态信息，为状态检修提供必要的依据。

2. 性能要求

状态监测系统的性能要求包括硬件和软件两个方面：

（1）硬件具有足够的可靠性，能和被监测的设备一起常年连续运行；具有足够大的容

量，能存储大量的原始数据；具有较高的性能价格比。

（2）软件具有足够高的采样频率和快速的信号处理方法；能精确地确定机器的振动参数，即频率、幅值和相位；能对信号进行综合地处理和直观地显示；能正确地识别异常状态并及时提供分析的依据；具有有效的数据压缩功能和足够容量的数据库；具有自学习功能，随着数据的积累能自动修正阈值。

三、典型状态监测系统设计

（一）系统结构

水电机组状态监测系统一般采用分层分布式的结构，由传感器单元、数据采集单元和上位机单元组成，某电站状态监测系统结构如图 4-10 所示。

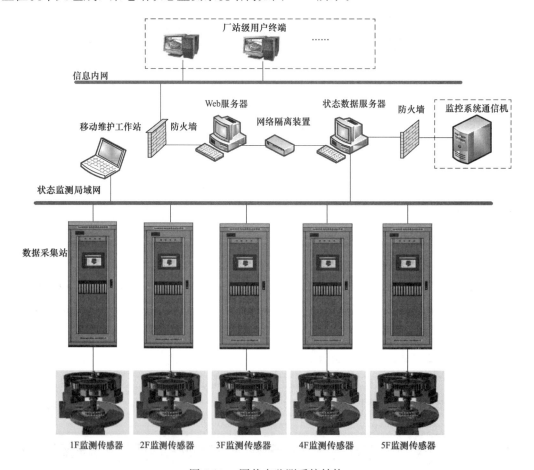

图 4-10　图状态监测系统结构

传感器单元是指状态监测系统所用到的各种传感器及其附属设备，是状态监测系统的基础。根据工作原理，常用的传感器有以下几种类型：电容式传感器、位移传感器、速度传感器、加速度传感器、电涡流传感器、压力脉动传感器。

数据采集单元是指完成信号采集和处理的装置及其辅助设备，其核心是数据采集箱，通常布置在机旁或机组单元控制室。

上位机单元包括状态数据服务器、应用服务器、WEB服务器和相关网络设备（交换机、网络安全隔离设备等），安装在电站计算机室，通常全站机组共用一套。

上位机单元和数据采集单元之间采用以太网结构连接，并满足工业通用的国际标准 IEEE 802.3 和 TCP/IP 规约。每台机组现地层设备设一个数据采集站，每个数据采集站设备集中组屏，成套在一面标准控制盘内，布置在机旁盘柜室内。

（二）测点布置

机组状态监测系统的测点布置应根据不同类型水轮发电机组的结构特点和特性参数进行合理有效配置。大中型混流式水轮发电机组典型测点如表4-8所示。

表 4-8　　　　　　　　　　大中型混流式水轮发电机组状态监测系统测点

测点名称	传感器数量	布置说明
键相	1	一般布置在转子励磁主引线同一方位上，一般在＋X 或＋Y 方位
上导摆度	2	2个测点互成90°径向布置，一般为＋X、＋Y 布置
下导摆度	2	同上
水导摆度	2	同上
上机架水平振动	2	2个测点互成90°径向布置，一般为＋X、＋Y 布置。测点应尽量靠近机组中心位置
上机架垂直振动	1	测点应尽量靠近机组中心位置。非承重机架可不设垂直振动测点
下机架水平振动	2	2个测点互成90°径向布置，一般为＋X、＋Y 布置。测点应尽量靠近机组中心位置
下机架垂直振动	1	测点应尽量靠近机组中心位置。非承重机架可不设垂直振动测点
定子机座水平振动	2	—
定子机座垂直振动	1	—
局部放电	≥6	每相至少2个，必要时可每支路设置1个，测点可布置在发电机绕组高压出线端附近或其他适当位置
空气间隙	4 或 8	定子铁芯内径小于7.5m 时设置4个，大于及等于应设置8个，沿周向均匀布置；定子铁芯高度大于2.75m 时测点可在轴向分两层均匀布置
磁通量	1	磁通密度传感器粘贴在定子铁芯内壁上
顶盖水平振动	2	2个测点互成90°径向布置，一般为＋X、＋Y 布置。测点应尽量靠近机组中心位置
顶盖垂直振动	1	测点应尽量靠近机组中心位置
定子铁芯振动	2	每组包括1个水平振动和1个垂直振动
轴向位移	1	测点布置按机组结构而定
蜗壳进口压力脉动	1	—
顶盖与转轮间压力脉动	1	—
尾水管进口压力脉动	2	与模型试验测点位置相对应

（三）系统功能

1. 状态监测功能

系统通过集成设备在线监测数据、离线检测数据（包含设备历年缺陷数据、预防性试验数据、巡检数据、缺陷处理数据等），实现对水电站关键设备的监测功能。并能根据自定义的时间段查询在线监测数据的历史趋势，能组态多个监测量进行关联历史趋势查询与分析。通过在系统总貌图上组态测点进行在线监测是其中一项典型功能，系统总貌图则根据测点布置调整，不同类型机组的系统总貌图样板如图 4-11 所示。

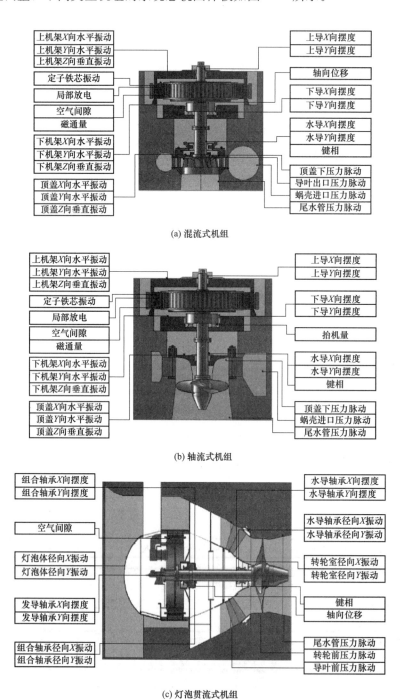

(a) 混流式机组

(b) 轴流式机组

(c) 灯泡贯流式机组

图 4-11　不同类型机组的系统总貌界面（一）

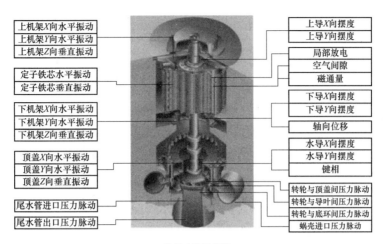

（d）抽水蓄能机组

图 4-11　不同类型机组的系统总貌界面（二）

2. 数据分析功能

（1）水轮机部分专业应用功能。

1）波形频谱分析。

状态监测应用软件的波形分析功能可以对任一机组的任意 1~4 个通道的实时和历史数据进行分析。通常每个波形显示通道显示连续采样点的波形数据，同时，在波形图中可方便地控制波形的显示（如暂停波形显示、放大或缩小某一时间段内的波形等）。

2）瀑布图分析。

基于时间的瀑布图主要用于分析机组在某一时间段内相同工况下振动、摆度、压力脉动各种频率成分随时间变化规律，有助于掌握机组在稳定运行工况下的任何异常变化和发生事故时分析机组异常原因。

3）振摆趋势分析。

通过分析趋势图可以有效地预测振动的发展趋势，为提高设备运行状况的稳定提供了保证。

状态监测应用软件提供多种形式的趋势分析功能，可以显示所有机组的快变量及过程量监测通道参数的实时趋势和历史趋势，有利于运行人员及时掌握机组最新的运行状态及瞬态过程的特征。监测参数可在菜单中方便选择，所选监测通道可以在同一坐标中单独显示，也可以在同一坐标中联合显示。

振动趋势专用于振动摆度等快变量通道分析，不包括对过程量通道的分析。根据当前或历史数据，绘制出相应通道信号的趋势图，可选定任一机组任意多个通道的峰峰值、平均值或有效值随时间变化的曲线，最多可以同时选取 6 个通道进行趋势分析。在趋势曲线的右方，可以设置用以显示的每个通道对应的趋势幅值坐标范围，同时，在趋势曲线的下方，可以显示当前所选通道的统计值（最大值、最小值、当前值等）（见图 4-12）。

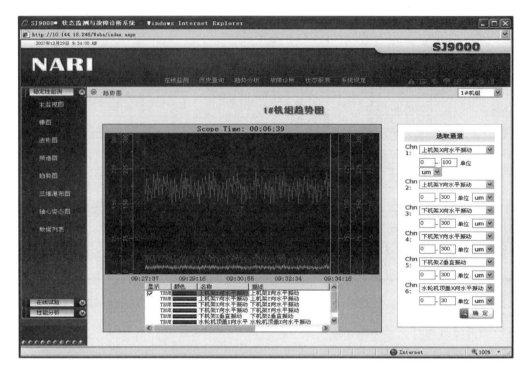

图 4-12　图趋势分析图

（2）发电机部分专业应用功能。

1）气隙监测分析。

状态监测应用软件中气隙监测分析功能如下：

利用前端气隙监测装置对安装在发电机定子内壁的 4 个或 8 个空气间隙传感器电流输出信号进行采集和处理，形成各种图谱，监测各磁极气隙变化趋势，分析判断异常情况或故障，并在必要时输出开关量故障告警信号。

通过气隙圆图、磁极形貌图、相关趋势图分析评价发电机气隙特性、检察转子各磁极是否伸长、了解定子结构的变形规律、评价发电机转子的机械特性。系统可通过气隙圆图、磁极形貌图实时监测最小气隙、最大气隙、平均气隙及其发生的准确角度和磁极号，给出转子中心和定子中心的偏移量，并模拟磁极周向形貌。

通过监测比较不同时刻转子形貌和分析各磁极对应气隙的长期趋势，检察转子各磁极是否伸长；通过监测各气隙传感器平均间隙的长期变化趋势了解定子结构的变形规律。

2）趋势分析功能。

系统运行趋势分析模块具备如下功能：

具备阈值（如固定阈值、动态阈值、梯度阈值和函数阈值等）诊断，趋势诊断，具备工况关联的状态特征值相关趋势分析。

具有自学习故障诊断功能，能对历史数据进行挖掘，跟踪设备运行过程中特征参数变化规律（或者是参数范围），自动分析设备在不同运行工况、不同运行条件下的运行参数范围并构成设备运行推荐标准，根据设备运行推荐标准，对设备实时运行状态进行比较分析，形成诊断结论。

自动结合工况信息对设备的特征数据进行统计分析计算，总结出设备的特征数据所服从的随机分布过程，当后续数据偏离上述总结的随机分布时，能给出故障诊断结论。

结合工况信息自动分析设备特征数据的渐变趋势，当趋势持续增大或减少时，能给出故障诊断结论。

具备设备健康运行标准及故障样本维护功能。

能自动生成分析报告，报告模板、内容可定制。

具备分析结果查询功能。

3）综合报警功能。

系统具备多业务综合报警管理高级应用功能，该模块提供了更多的报警途径和智能管理，实现了更广义上的综合报警和决策支持，具有综合自动化辅助子系统的特征，可有效代替运行值班人员在工程事故时的电话通知和逐级汇报工作，以缩短事故处理时间和提高事故处理能力，是监视全站运行实况的专业辅助模块。综合报警高级应用统一采集全站报警消息，当采集的数据完成基本处理后根据报警策略进行智能分级报警，并能按照预定义的通知策略即时通知到对应的责任人，通知方式可采用 On-call 通知或广播指令系统进行通知。

4）报表工具与分析报告功能。

针对生产管理的各种统计口径需求，从实用出发，实现定制企业所需的各种固定式和非固定式生产报表，完成企业生产信息的自动汇总与统计，在简化生产信息报送工作的同时，能够实现对全公司范围内的各类生产进行统计和分析功能。

探索与思考

1. 水电机组控制单元，核心任务就是控制机组的启动、停止、以及工况转换，为实现该任务，需检测机组相关状态。虽然在硬件实现方式上与时俱进，但是基本的控制思路多年来变化很小，理论和工程应用研究也很少。由于水电机组结构设计方面趋同，多数水电站的机组单元控制流程也基本相同。机组控制单元未来的变化可能由哪些方面、哪些因素诱发？

2. 查询文献，收集整理国内外水电站机组事故故障，分析从控制角度可能采取的措施和方法。这里给出一些概念供大家思考分析：增加测点获取更多状态数据，构建安全极限测控集，局部高度集成化，设备本身的智能化，等等。

3. 机组状态监测技术已有较多应用，也是未来发展的热点。然而在水轮机运行状态检测方面尚有许多空白，查阅文献思考，还有哪些项目检测问题尚需开展进一步的研究。

4. 查阅文献分析状态监测系统与计算机监控系统两者之间的关系。

第五章　公用、辅助设备及闸门控制单元

水电站公用、辅助设备及闸门控制系统主要包括技术供水系统、厂内排水系统、压缩空气系统、油系统、闸门控制系统和厂用电系统等。这些设备一般布置在公用、辅助设备和闸首设备附近，就地完成被控对象的实时监视和控制，根据各系统设备位置而设置相应的公用 LCU、厂用电 LCU、辅助设备 LCU 和闸门 LCU 等。根据电站实际监控需求，公用及辅助控制单元组合会有所变化。对于中小水电站，设备相对集中，辅助设备系统不是很复杂，为减小设备维护量，通常将厂用电和辅助设备系统合并为一套 LCU，统一负责全厂相关子系统的监控，有时也简称为公用 LCU。对于大型水电站，各子系统配置较为复杂，通常是分别配置相应的 LCU。

第一节　厂用电 LCU 监控系统

一、控制对象及主要功能

1. 控制对象及要求

厂用电系统取得电源的方式有以下几种：电站不同发电机的机端引取供电，通过主变压器倒送厂用电，取自高压联络自耦变压器的第三绕组，取自与系统连接的地区电网、近区变或保留的施工变电所、地方小水电等。根据电站的实际情况，可结合电站内部和外部的系统电源，共同构成厂用电的电源。

水电站的厂用电设备主要是作为降压使用，将电网电压通过主变压器降到 6.3kV、10kV 等电压后或直接采用外来电源，经过厂用变压器降到 400V 电压或者其他电压后，再经过厂用馈线柜或者低压配电柜，给电站内相关设备提供工作电源。有些电站还会配置柴油发电机作为厂用电的后备电源使用。因此，厂用电设备还应具备多路供电电源自动切换和供电分区功能。

根据厂用电设备在水电站生产过程中的作用，厂用电供电中断时对人身、设备及电能生产造成的危害程度可分为 I 类厂用负荷、II 类厂用负荷、III 类厂用负荷。对不同性质的负荷采用不同的供电方式，重要的负荷如 I 类厂用负荷应有两个独立的电源供电，应配备备用电源自动投入装置，当一个电源消失后，另一个电源应能立即自动投入并继续供电。II 类厂用负荷应由两个独立电源供电，一般备用电源采用手动切换方式投入。而一般的负荷如Ⅲ类厂用负荷一般由一个电源供电即可。

厂用电现地控制单元（厂用电 LCU）一般布置在低压配电室，监控对象主要包括外来电源、高压开关柜、低压开关柜、馈线柜、厂用变压器、厂用电备自投及厂用电配电装置等。厂用电 LCU 主要监视和控制这些设备的运行工况、位置状态、电压和电流大小等。主要位置状态包括与厂用电相关的各个断路器、开关、接地刀闸的位置信号等。

厂用电 LCU 一般以可编程逻辑控制器（PLC）为控制核心，由中央处理器（CPU）、存储器、输入/输出（I/O）接口模块、电源等部分组成，具备可编程能力。具有相对独立性，能脱离电站控制层直接完成其监控范围内设备的实时数据采集及处理、设置值修改、单元设备状态监视、控制和事故处理等功能。

2. 数据采集和处理

厂用电 LCU 按照数据就地处理的原则自动完成数据处理任务，仅向厂站控制层传送其运行、控制、监视所必须的数据，并在现地控制单元屏上提供显示及相应的报警。

厂用电 LCU 主要采集厂用变压器、厂用断路器的状态和继电保护动作信息，采集其他电压等级厂用变压器、厂用配电装置的状态及保护动作信息，采集各段厂用电母线电压，采集备用电源自动投入装置、事故照明自动切换装置等的状态及动作信息，并将采集到的信息量进行工程值变换和越限检查，发现越限和其他异常情况时及时上送至厂站控制层，同时在现地控制单元上作报警显示和语音报警。

定时对厂用变压器的启停次数和运行时间，以及断路器、隔离开关的分合次数等进行分类处理，上送至厂站控制层。采集的信息包括报警事件发生的时间、地点和事件性质等参数。

通过 LCU 通信接口接收厂用电数字式电能表提供的电能参数，上送厂站控制层。

3. 控制与监视

厂用电 LCU 具有显示、监视用的人机接口。与厂站控制层和监视对象的控制保护系统配合，完成设备安全监视任务，主要包括设备状态变化监视和主要运行参数监视，现地控制单元异常监视，异常时应发报警显示和语音报警。现地/远方切换开关布置在现地控制单元屏上。

厂用电 LCU 主要实现对厂用电所有开关的操作控制及状态监视，厂用电各段母线的运行监视；400V 厂用电（包括机组自用电、检修用电、照明用电、公用电系统）各段母线进线开关、母联开关的操作控制和运行监视，400V 厂用电各段母线的运行监视。

完成 10kV、6.3kV 等厂用电系统各断路器的分/合操作；完成 0.4kV 厂用电进线及母联断路器的分/合操作；完成中、低压厂用电系统各种运行方式确定及厂用电备用电源自动投入的控制功能，厂用电系统的备用电源自动投入时间不大于 2s。

接收厂站控制层控制命令、完成有关断路器顺序操作，具有完善的操作安全闭锁。控制厂用电进线断路器及母联断路器的分/合控制等。

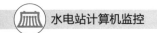

4. 数据通信

完成与厂站控制层及机组现地控制单元的数据交换，实时上送厂站控制层所需的过程信息，接收厂站控制层的控制和调整命令。

接收电站的卫星同步时钟系统的信息，以保持与厂站控制层同步。

厂用电 LCU 与厂用电配电控制保护装置的通信采用以太网或现场总线技术。对于无法采用数字通信的设备采用硬布线 I/O 进行连接。

5. 自诊断与自恢复功能

LCU 具备自诊断能力，能够在线或离线诊断 CPU 模件、输入/输出模件、以太网通信模件、电源模件等硬件故障，也可以通过软件自诊断在线和离线诊断定位到软件功能模块并判明故障性质。软件及硬件应具有自恢复功能，当诊断出故障时应能自动闭锁控制输出，并在 LCU 上显示和报警，同时将故障信息及时准确地上送主控级。进行在线自诊断时不能影响 LCU 的正常监控功能。

二、系统设计及设备配置

厂用电系统是电站的重要电源，直接向机组辅助设备系统、厂房公用辅助设备、厂房照明以及通风等系统提供电能，其可靠性与电站的安全运行息息相关。在厂用电设计时首先考虑的是供电的可靠性，其次是合理性。厂用电消失会直接导致机组停运，为保证厂用电系统的可靠性和连续性，厂用电系统需具有备用电源自动投入功能。

厂用电源数量主要与电站的装机规模与运行方式等因素有关，对于大中型水电站还应设置厂用备用电源，或另设一台柴油发电机作为电站的保安电源。

厂用电系统备用电源自动投入功能主要有两种实现方式，一种是采用备自投装置，另一种是采用基于厂用 LCU 中的 PLC 的备自投逻辑控制系统。

厂用电系统一般由 6.3kV/10kV 和 400V 两个电压等级构成，6.3kV/10kV 厂用电一般由多段 6.3kV/10kV 母线组成，400V 厂用电由厂内各个配电盘组成，每个配电盘由两段母线供电。

从电站经济角度考虑，一般厂用电取电优先考虑电站机组自发电源，进行备自投切换时可以通过专门的备自投设备完成，也可通过 PLC 程序控制实现。下面以三段 10kV 母线供厂用电实例进行介绍，通过 PLC 的逻辑控制来实现厂用电的切换。

Ⅰ、Ⅲ段 10kV 母线分别由 1、2 号机组供电，Ⅱ段 10kV 母线有两路进线，分别来自地区外来供电电源和厂用柴油发电机。当地区电源失电，可由柴油发电机发电，实现机组黑启动。10kV 母线通过负荷开关向各个 400V 配电盘供电，整个厂用电系统示意图如图 5-1 所示。正常供电时 400V Ⅰ 段和 Ⅱ 段母线分别由各自的厂用变压器 T04 和 T05 供电，分段联络开关 78QF 断开运行。

为简易起见，断路器位置开关考虑单节点信号、电压采用开关量接点信号，一些逻辑程序涉及的状态标志进行简化，主接线图涉及的外部输入和输出测点定义见表 5-1。

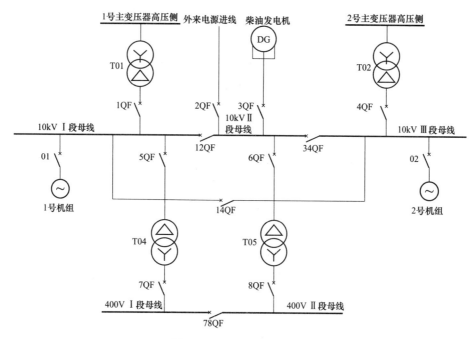

图 5-1　厂用电系统示意图

表 5-1　　　　　　　　　　　　厂用电系统输入测点定义表

序号	DI	测点描述	序号	DO	测点描述
1	I001	10kV Ⅰ母进线有压	1	Q001	分Ⅲ母进线开关 4QF
2	I002	10kV Ⅰ母母线有压	2	Q002	分Ⅰ-Ⅲ段联络开关 14QF
3	I003	10kV Ⅱ母进线有压	3	Q003	分Ⅱ-Ⅲ段联络开关 34QF
4	I004	10kV Ⅱ母母线有压	4	Q004	合Ⅰ-Ⅲ段联络开关 14QF
5	I005	10kV Ⅲ母进线有压	5	Q005	合Ⅲ母线路开关 4QF
6	I006	10kV Ⅲ母母线有压	6	Q006	合Ⅱ-Ⅲ段联络开关 34QF
7	I007	备用 I7	7	Q007	分Ⅰ母进线开关 1QF
8	I008	备用 I8	8	Q008	分Ⅰ-Ⅱ母联开关 12QF
9	I009	Ⅲ母进线开关 4QF 合位	9	Q009	合Ⅰ-Ⅱ母联开关 12QF
10	I010	Ⅰ-Ⅲ段联络开关 14QF 合位	10	Q010	分 400VⅡ段进线开关 8QF
11	I011	Ⅱ-Ⅲ段联络开关 34QF 合	11	Q011	合Ⅰ-Ⅱ段母联开关 78QF 合位
12	I012	备用 I12	12	Q012	备用 Q12
13	I013	Ⅰ母进线开关 1QF 合位			
14	I014	Ⅰ-Ⅱ段联络开关 12QF 合位			
15	I015	备用 I15			
16	I016	400V Ⅰ段母线有压			
17	I017	400V Ⅱ段母线有压			
18	I018	400V Ⅰ段进线开关 7QF 合位			
19	I019	400V Ⅱ段进线开关 8QF 合位			
20	I020	400V Ⅰ-Ⅱ段母联开关 78QF 合位			

典型配置：一个典型的厂用电 LCU 配置主要包括：供电设备、可编程控制器、触摸屏、交流采样装置（或变送器）、交换机、通信管理装置、继电器、备自投装置（也可考

虑安装在开关柜或保护屏上）、屏柜、光纤保护盒等。

主要设备功能配置如下：

（1）可编程控制器（PLC）。

厂用电 LCU 尽量选用与机组、公用等其他 LCU 相同品牌的 PLC，一般包括电源、CPU、以太网、开入、开出、模拟量等模块，完成数据采集和处理。

（2）触摸屏。

主要完成现地监视显示、控制命令下发等功能。通过该人机接口设备，可显示设备的运行状态及运行参数、各种事故及事故报警等，当运行人员进行操作登录后，可通过触摸屏按照安全闭锁要求进行厂用电断路器的相关操作。

（3）供电电源。

一般选用交直流、双交流等双供电装置，以提高供电的可靠性。供电装置经过整流、滤波等处理后为 LCU 提供 220V、24V 等直流电源，为柜内 PLC、触摸屏、交换机等设备供电。

（4）交流采样装置/变送器。

通过交流采样装置或电压变送器采集厂用电分段母线、进线的电压。

（5）通信管理装置。

完成交流采样装置、备自投装置等设备的通信，采集到的数据再送入到 PLC。

三、厂用电 LCU 控制系统

（一）软件总体结构

根据厂用电系统结构和功能，备自投系统有 10kV 母线和 400V 备自投两种控制策略，具体为：当 10kV 母线失电时，先执行 10kV 母线备自投，如 10kV 母线备自投执行成功则不执行 400V 配电盘备自投，如果 10kV 母线备自投执行不成功则再执行 400V 配电盘备自投，如图 5-2 所示。

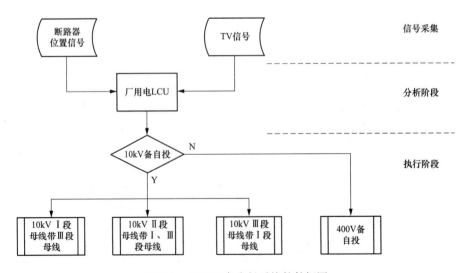

图 5-2　厂用电备自投系统软件框图

下面分别介绍 10kV 和 400V 厂用电备自投控制流程。

（二）10kV 备自投系统控制流程

1. 10kV Ⅰ段母线带Ⅲ段母线备自投控制

当 10kV Ⅰ段母线及Ⅰ段进线有电、Ⅲ段进线及Ⅲ段母线无电、10kV 母线备自投功能投入、当前开关状态不处于"Ⅰ带Ⅲ"的目标状态、无其他 10kV 备自投流程在执行，则触发"Ⅰ带Ⅲ"备自投控制流程。10kV Ⅰ段母线带Ⅲ段母线备自投控制流程如图 5-3 所示。

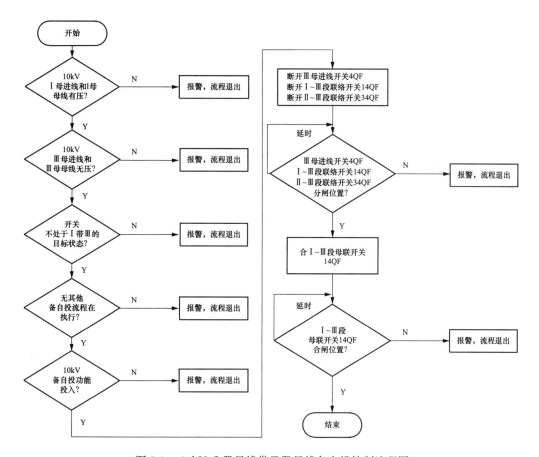

图 5-3　10kV Ⅰ段母线带Ⅲ段母线备自投控制流程图

在图 5-3 控制流程图中，当同时满足 10kV Ⅰ母进线有电、10kV Ⅰ母母线有电、10kV Ⅲ母进线无电和 10kV Ⅲ段母线无电时，跳开 4QF、14QF 和 34QF，确保安全延时 100ms 再合 14QF。在 PLC 中通过以下梯形图 5-4 来实现。

对照表 5-1 和表 5-2 的测点定义，以及图 5-3 的逻辑框图，图 5-4 的控制逻辑程序解读如下：

（1）Ⅰ母有电（I001、I002）且Ⅲ母无电（I005、I006），跳开Ⅲ母进线开关（Q001）、Ⅰ-Ⅲ段联络开关（Q002）和Ⅱ-Ⅲ段联络开关（Q003），置位中间变量（M0011）；

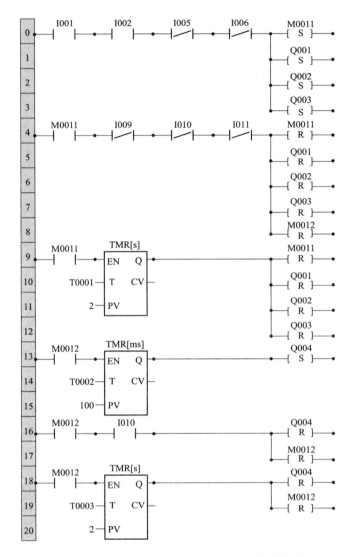

图 5-4　10kV Ⅰ段母线带Ⅲ段母线备自投控制梯形图

（2）确定Ⅲ母进线开关（I009）、Ⅰ～Ⅱ和Ⅱ～Ⅲ段联络开关（I010、I011）在分位后，复归 1＞中开出（Q001、Q002、Q003）和中间变量 M0011，并置位中间变量（M0012）；

（3）否则在延时 2s 后，复归 1＞中开出（Q001、Q002、Q003）和中间变量 M0011；

（4）延时 100ms 后，合Ⅰ～Ⅲ段联络开关（Q004）；

（5）收到Ⅰ～Ⅲ段联络开关合位（I010）后，则备投合闸成功，复归开出（Q004）和中间变量（M0012）；

（6）否则延时 2s 后，复归开出（Q004）和中间变量（M0012）。

10kV Ⅲ段母线带Ⅰ段母线备自投控制流程同 10kV Ⅰ段母线带Ⅲ段母线备自投控制流程。

2. 10kV Ⅱ段母线带Ⅰ段和Ⅲ段母线备自投控制

当10kV Ⅰ、Ⅲ段母线及Ⅰ、Ⅲ进线无电、Ⅱ段母线有电、10kV 备自投功能投入、开关状态不处于"Ⅱ带Ⅰ、Ⅲ"的目标状态、无其他 10kV 备自投流程执行，则触发"Ⅱ带Ⅰ、Ⅲ"备自投控制流程。10kV Ⅱ段母线带Ⅰ、Ⅲ段母线备自投控制流程如图 5-5 所示。

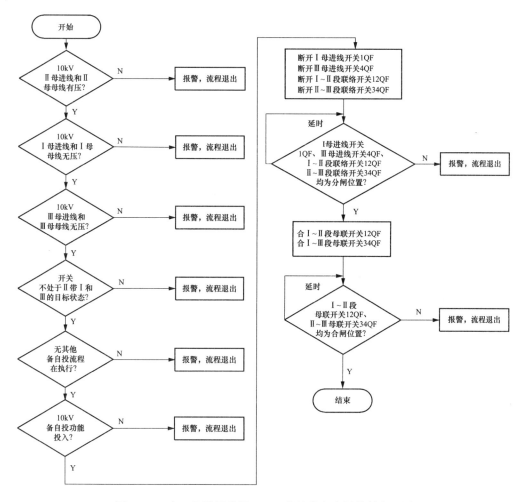

图 5-5　10kV Ⅱ段母线带Ⅰ、Ⅲ段母线备自投控制流程图

在图 5-5 控制流程图中，当同时满足 10kV Ⅱ母进线有电、10kV Ⅱ母母线有电、10kV Ⅰ母进线无电、10kV Ⅰ母母线无电、10kV Ⅲ母进线无电和 10kV Ⅲ母母线无电，跳开 1QF、4QF、12QF 和 34QF，确保安全延时 100ms 再合 12QF、34QF。在 PLC 中通过以下梯形图 5-6 来实现。

对照表 5-1 和表 5-2 的测点定义，以及图 5-5 的逻辑框图，图 5-6 的控制逻辑程序解读如下：

（1） Ⅱ母有电（I003、I004）且Ⅲ母无电（I005、I006）和Ⅰ母无点（I001、I002），

跳开Ⅲ母进线开关（Q001）、Ⅱ～Ⅲ段联络开关（Q003）、Ⅲ母进线开关（Q007）、Ⅰ-Ⅱ
段联络开关（Q008），置位中间变量（M0021）；

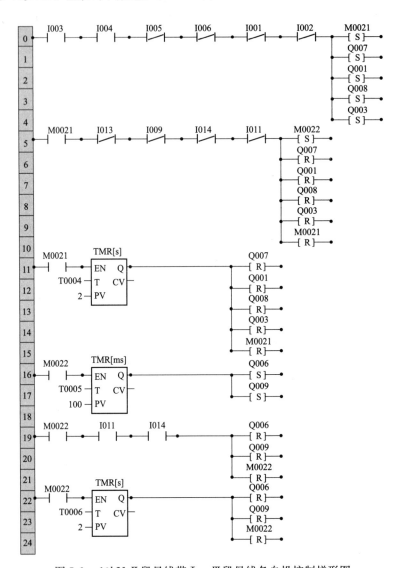

图 5-6　10kVⅡ段母线带Ⅰ、Ⅲ段母线备自投控制梯形图

（2）确定Ⅰ母进线开关（I013）、Ⅲ母进线开关（I009）、Ⅰ～Ⅱ段联络开关（I014）
和Ⅱ-Ⅲ段联络开关（I011）在分位后，复归1>中开出（Q001、Q003、Q007、Q008）和
中间变量 M0021，并置位中间变量（M0022）；

（3）否则在延时 2s 后，复归1>中开出（Q001、Q003、Q007、Q008）和中间变量
M0021；

（4）延时 100ms 后，合Ⅱ～Ⅲ段联络开关（Q006），合Ⅰ～Ⅱ段联络开关（Q009）；

（5）收到Ⅱ～Ⅲ段联络开关合位（I011）和Ⅰ～Ⅱ段联络开关合位（I013）后，则备
投合闸成功，复归开出（Q006、Q009）和中间变量（M0022）；

（6）否则延时 2s 后，复归开出（Q006、Q009）和中间变量（M0022）。

（三）400V 备自投系统控制流程

400V 配电盘由两段母线组成，故备自投逻辑较为简单。需要注意的是，为避开 10kV 备自投执行过程中的短暂失电，400V 备自投启动条件需做适当延时处理，延时时间根据现场试验情况整定。

当 400V Ⅱ段母线无电、Ⅰ段母线有电、400V 备自投功能投入、当前开关状态不处于"Ⅰ带Ⅱ"的目标状态、该备自投无其他备自投流程在执行，则触发"Ⅰ带Ⅱ"备自投控制流程。400V Ⅰ段母线带Ⅱ段母线备自投控制流程如图 5-7 所示。

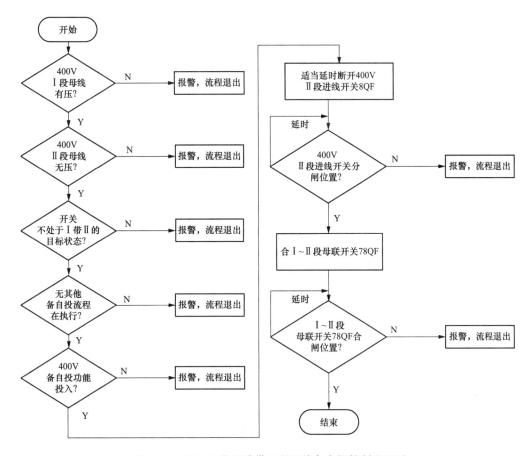

图 5-7　400V Ⅰ段母线带Ⅱ段母线备自投控制流程图

400V Ⅱ段母线带Ⅰ段母线备自投控制流程同 400V Ⅰ段母线带Ⅱ段母线备自投控制流程。

在图 5-7 控制流程图中，当同时满足 400V Ⅰ段母线有电、400V Ⅱ段母线无电时，跳开 8QF，确保安全延时 100ms 再合 78QF。在 PLC 中通过以下梯形图 5-8 来实现。

对照表 5-1 和表 5-2 的测点定义，以及图 5-7 的流程图，图 5-8 的控制逻辑程序解读如下：

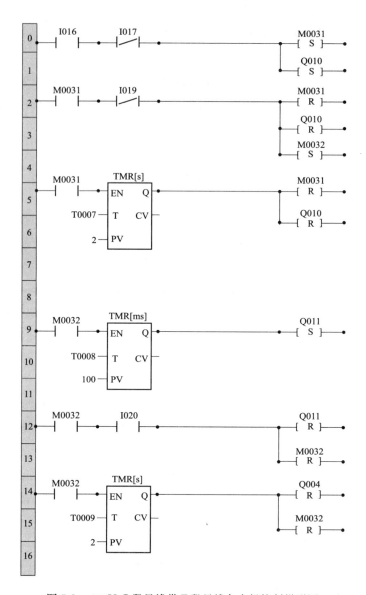

图 5-8　400V Ⅰ段母线带Ⅱ段母线备自投控制梯形图

（1）400V Ⅰ母有电（I016）且Ⅱ母无电（I017），跳开Ⅱ段进线开关（Q010），置位中间变量（M0031）；

（2）确定Ⅱ母进线开关（I019）在分位后，复归1＞中开出（Q010）和中间变量 M0031，并置位中间变量（M0032）；

（3）否则在延时 2s 后，复归1＞中开出（Q010）和中间变量 M0031；

（4）延时 100ms 后，合Ⅰ～Ⅱ段母联开关（Q011）；

（5）收到Ⅰ～Ⅱ段母联开关合位（I020）后，则备投合闸成功，复归开出（Q011）和中间变量（M0032）；

（6）否则延时 2s 后，复归开出（Q011）和中间变量（M0032）。

第二节 辅助设备 LCU 监控系统

一、油系统

（一）油系统监控对象

水电站辅助设备的油系统主要指油冷却和润滑系统、调速器油压、主阀油压装置。油处理系统不需要实时监控，不纳入监控系统。主变压器等使用的绝缘油通常纳入主变压器监控部分。

油冷却和润滑系统主要指机组轴承系统冷却和润滑用油。这部分的监测主要包括轴承油位和油温监测，相对比较简单，通常不设置独立的监控单元，只是将相应的油位、油温监测信号送到机组段 LCU 进行处理。

可设置独立控制子系统的主要是压力油系统，包括调速器油压装置、主阀油压装置以及其他需提供压力油源的设备。控制任务是维持压油罐的压力稳定在给定范围内。压油泵一般有连续运行和间断运行两种方式。

在连续工作方式时，一般是主用油泵连续运行，油泵向压油罐供油是由卸载阀控制，当压油罐压力降至下限值时，主用油泵向压油罐供油；若油压继续下降至过低值时，启动备用泵，加强向油压管供油；当油压上升至接近上限值时，停止备用泵，油压上升至上限值时，主用泵的卸载阀动作，油泵输出的压力油被卸载阀短路而排回回油箱。

在间断工作方式时，压油罐油压下降至下限值时启动主用油泵；若油压继续下降达到过低值时启动备用油泵；当压油罐油压回升至上限值时停止油泵。间断运行方式具有节省电能、降低油泵磨损等优点，但存在因油泵频繁启动导致启动接触器容易损坏。

压油罐内还需要补充压缩空气，在控制流程中还应考虑到当压油罐油位上升到上限值且油压低于额定值时，应打开补气阀进行补气，当油压低于下限值或油压高于额定值时，关闭补气阀，停止补气。

由水电站计算机监控系统自动控制的油系统主要有调速器油压系统、进水口球阀油压系统、灯泡贯流机组辅助油系统。球阀油压系统的组成、功能、控制要求与调速器油压系统相同，本节仅介绍调速器油压系统和灯泡贯流机组辅助油系统。

1. 调速器油压系统

调速器油压装置是保证液压类调速器正常工作必不少的设备，调速器油压系统一般由回油箱、漏油箱、油泵电动机组、压力油罐、PLC 控制器、油泵电机启动设备、自动化元器件及阀门组成。回油箱和压力油罐是储油设备，回油箱用以储存无压力油，压力油罐内 $60\%\sim65\%$ 是压缩空气，只有 $35\%\sim40\%$ 的油。油泵用于将透平油从回油箱送至压力油罐。PLC 控制器按照预置程序完成对油压系统的自动测量控制，实现油泵电机的自动启停及工作、备用运行状态的自动切换，以维持压力油罐中的工作压力。当油面升高并达到补气油位时，自动控制补气阀进行补气。漏油箱收集叶片调整机构漏油，当油位高时，自动启动漏油泵，将油送至回油箱。压力油罐的油压与油位、回油箱油位及各种运行状态可在现地触摸屏显示。

2. 灯泡贯流机组辅助油系统

灯泡贯流机组转速低、轴承受重量大、轴承油槽容量小，在机组开停机及正常运行时需向推力轴承、水导轴承、发电机导轴承提供润滑油，高压油顶起装置和低压油润滑装置是灯泡贯流机组正常运行必不可少的设备。灯泡贯流机组辅助油系统主要由低位油箱、回油泵、高位油箱、高顶油泵、滤油器、PLC 控制器、电机启动设备、自动化元器件及阀门组成。其中采取高位油箱供油产生的油压是一个恒定值，能够满足机组额定转速运行时对轴承润滑油压力的要求，当高位油箱油位低时，启动回油泵将低位油箱润滑油补充到高位油箱。高顶油泵在机组开停机过程中运行，向机组轴承提供高压油，降低摩擦力，保护轴承。PLC 控制器按照预置程序接收监控系统开停机指令，完成对油泵电机的自动启停及工作、备用运行状态的自动切换，以维持高位油箱的油位。高位油箱油位、低位油箱油位及油泵运行状态可在现地触摸屏显示。

(二) 调速器油压装置

调速器油压装置由压力油罐、回油箱、油泵组件、自动化元件等部分组成，压力油罐与回油箱分开设置，如图 5-9 所示。

1. 压力油罐

压力油罐要求有足够的压力油工作容积，按接力器关-开-关 3 个行程而不用启动油泵所要求的容积设计，相应于从最低正常工作油压的油位到压力油罐事故停机油压相应油位。在最大工作油压时，压力油罐内的油与压缩空气之比为 1∶2。

压力油罐附件包括配套空气安全阀、供排油接头、空气过滤器、供气接头和手动操作空气泄放阀及压缩空气自动补气等装置。除供排气和安全阀接口外，压力油罐的所有接口均应在最低油位以下，并保证在最低油位情况下，无空气进入调速器管道内。

2. 回油箱

回油箱容积不小于压力油罐的全部油量和依靠重力从调速系统返回回油箱的全部油量之和的 1.1 倍，且有足够的容积，以使油泵能在合适的工作油位范围内运行。

3. 调速器油泵

调速系统油压装置设有 2 台相同的立式油泵，其中 1 台作为工作泵，1 台为备用泵。依据压力油罐的油压和液位控制信号运行。1 台油泵每分钟总输油量应不小于水轮机导叶接力器总有效容积的 1.5 倍，且每台泵输油量应不小于调速系统最大输油量的 1.5 倍。所有油泵为螺旋形，在最大油压下能自吸，每台泵直接与三相、低启动电流、50Hz、380V 交流感应电动机相连，油泵电动机可全电压直接启动。

油泵装设具有卸荷、安全、止回功能的模块式阀组，任何一台油泵检修或更换时与油压系统隔开而不影响系统运行。安全阀的动作压力值具备现场调整功能。在每台油泵出口配备可切换的双油过滤器，过滤精度为 $20\mu m$，每个过滤器应设有堵塞信号装置用于报警指示并送入油泵自动控制系统。

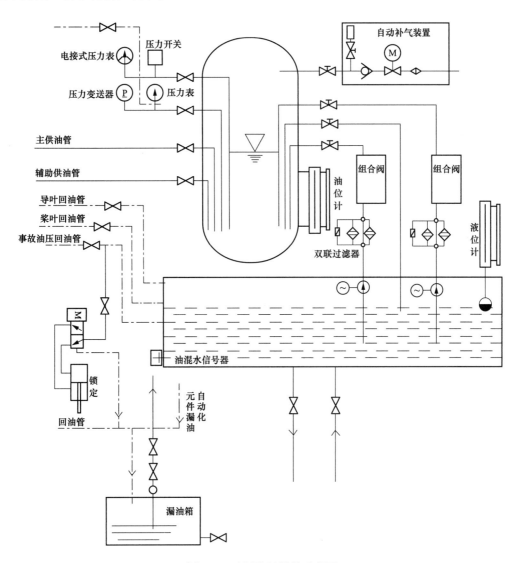

图 5-9　油压装置结构示意图

4. 自动化元件

调速器油压系统中使用的自动化元件见表 5-2。现地变送器、仪表外壳的保护等级不低于 IP54 级，防水型不低于 IP65 级，指示仪表的精度不低于 1.0 级，变送器精度不低于 0.5 级，液压自动化元件需要按 IEC 标准进行液压试验，元件、仪表的结构易于安装，易损零件便于更换。

（三）调速器油压装置控制要求

每台机组设 1 套机组油压装置控制设备。机组油压装置控制设备使用可编程控制器（PLC）作为核心控制元件。

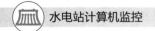

1. 机组油压装置控制盘

机组油压装置控制设置 2 面控制盘，控制盘外形尺寸为 2260mm×800mm×600mm（高×宽×深）。所有机组油压装置控制系统的控制元件均布置在该控制盘内及其操作面板上。

2. 控制对象

2 台 AC 380V，55kW 油泵电动机，2 个 DC 220V 卸载电磁阀、1 套 DC 220V 自动补气装置。本系统 2 台 55kW 油泵电机采用软启动器启动方式。

3. 设备安装方式及布置位置

机组油压装置控制屏布置主厂房发电机层相应机组段。

4. 操作运行及控制要求

通用技术要求如下：

(1) 每套控制系统设备的运行状态及故障信号应设有空接点信号对外输出，每个信号的输出接点不少于两对。

(2) 在每套控制系统的控制屏面板上设有故障复归按钮以复归各故障信号，并设有必要的电源监视等信号指示灯。

(3) 各控制系统设备与电站计算机监控系统相应 LCU 之间的通信包括数字通信以及直接 I/O 信号传输两种方式。数字通信应采用现场总线的方式与相应 LCU 之间进行连接，具体通信规约遵循相应 LCU 的规定，提供 MB+（或其他类型）和 MB 两种通信规约的现场总线。

(4) 模拟量的信号源是从现场的非电量传感器或变送器引入的两线制模拟量（DC 4～20mA）信号，模拟量信号需配置相应的隔离器。

5. 主油泵电动机的控制要求

(1) 每台主油泵的运行方式可通过一个控制开关进行设置，运行方式包括：手动、切除、工作、备用及工备自转。在后 3 种运行方式下均能实现各主油泵的"自动"启/停控制；在手动控制方式下，可通过控制盘上的自复式控制开关（或触摸屏）实现各主油泵的"手动"启/停操作；"工备自转"状态下各主油泵的"工作/备用"状态可进行自动轮换设置，自动轮换的条件应根据现场情况设定为运行时间或启动次数可选，以实现 2 台主油泵运行时间或启动次数均衡的要求。

(2) 在自动运行方式下，根据压油罐压力自动启、停工作主油泵及备用主油泵。当压油罐压力降至一限整定值时，启动工作主油泵；当压油罐压力继续降至二限整定值时，启动备用主油泵，并发备用主油泵启动信号及压油罐压力低报警信号；当压油罐压力升至正常时，停运各主油泵。

(3) 在机组运行过程中，当压油罐压力继续下降至事故低油压压力时，发事故低油压事故信号并作用于机组事故停机；当压油罐压力升至过高压力时，发油压过高故障信号，并停各工作油泵。

6. 卸载电磁阀的控制要求

卸载电磁阀阀打开、关闭与各主油泵电机启、停联动控制，主油泵启动后打开卸载电磁阀，当主油泵电机转速达到额定转速后（延时），关闭卸载阀电磁阀。

补气电磁阀的控制要求如下：

（1）补气电磁阀的运行方式可通过一个控制开关进行设置，运行方式包括：自动、手动、切除。在手动控制方式下，能通过控制盘上的自复式控制开关或触摸屏实现补气电磁阀的手动启、停操作。

（2）在自动运行方式下，当压油罐油位偏高而压力低于一限整定值时，自动开启补气电磁阀对压油罐进行补气，当压油罐压力升至正常时或油位偏低时，自动关闭补气电磁阀停止补气。

（3）控制用的反馈量可以选择模拟量或开关量信号，本系统为压油罐压力变送器、压油罐液位变送器配置隔离器。

7. 供电要求

本控制盘控制电源采用交流 220V、直流 220V 双电源供电方式。

每台油泵电动机主电源按每台泵 1 回独立的动力电源供电，动力电源取自厂用电系统，油泵电动机控制回路电源应经 380V/220V 隔离变压器进行隔离。

8. 通信要求

机组油压装置控制系统与电站计算机监控系统的机组 LCU 进行数据通信。通信内容包括压油罐的实时压力及油位、回油箱的油位、每台油泵运行状态、运行方式及系统的故障等信号。

经综合后的系统故障信号，控制电源失电信号、备用主油泵启动信号、事故低油压信号等应以 I/O 接点方式引出。

9. 显示

本系统配置触摸屏，系统各设备的运行状态、运行参数、故障及事故等信号均应在触摸屏上进行显示，电站运行、值班人员可在触摸屏上进行查询以及一些基本控制和操作。

（四）调速器油压装置控制系统

根据上述调速器油压装置控制要求列出相应 I/O 点表，如表 5-2 所示。

表 5-2　　　　　　　　　　　　　油压装置 I/O 点表

DI	测点描述	DI	测点描述	DI	测点描述
1	DC I 段电源消失	7	1 号泵运行信号	13	补气装置自动位置
2	DC II 段电源消失	8	1 号泵故障信号	14	补气装置全开
3	事故复归	9	2 号泵控制电源消失	15	补气装置全关
4	DI 备用 4	10	2 号泵自动位置	16	DI 备用 16
5	1 号泵控制电源消失	11	2 号泵运行信号	17	压力过高
6	1 号泵自动位置	12	3 号泵故障信号	18	停泵压力

续表

DI	测点描述	DO	测点描述	AI	测点描述
19	启主泵压力	1	1号泵启停	1	油罐油压
20	启备泵压力	2	2号泵启停	2	油罐油压
21	压力油罐油位上上限	3	开补气装置	3	回油箱油位
22	压力油罐油位上限	4	关补气装置		
23	压力油罐油位下限	5	综合故障		
24	压力油罐油位下下限				
25	回油箱油位上限				
26	回油箱油位下限				
27	油混水信号				

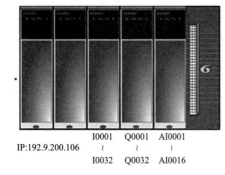

PSM129E   DIM214E
CPU711EA   DOM214E

IP:192.9.200.106

I0001   Q0001   AI0001
～   ～   ～
I0032   Q0032   AI0016

图 5-10　油压装置 PLC 硬件配置图

1. 硬件配置

调速器油压装置控制系统采用南瑞自产 MB40 系列可编程控制器，此 PLC 可编程控制器为模块式，可以根据 DI、DO，AI 点数来配置模块使用数量，具体配置如图 5-10 所示。

根据上图列出所得 PLC 模块数量如下：

（1）6 槽基板插箱（带背板）：MB40CHS806E 1 块；

（2）电源模件：MB40 PSM129E 1 块；

（3）单机 CPU 主控模件，单以太网口：MB40CPU711EA 1 块；

（4）32 点开关量输入模块：MB40 DIM214E 1 块；

（5）16 通道模拟量输入模块（4-20mA）：MB40 AIM212E 1 块；

（6）32 点开关量输出模块：MB40 DOM214E 1 块。

2. PLC 程序设计

采用南瑞 MBPro 专用编程软件，根据设计流程使用梯形图来对油泵和补气阀的控制进行编程。设计变量如表 5-3 所示，设计流程图如图 5-11～图 5-15 所示。

表 5-3　　　　　　　　　　　　油压装置 PLC 基本变量

编号	变量定义	变量名称	计算方式
1	启动主泵信号	PRESS_L1	(DI [19]==1) 延时 2s
2	启动备用泵信号	PRESS_L2	(DI [20]==1) 延时 2s
3	停泵信号	PRESS_OK	(DI [17]==1 OR DI [18]==1) OR (DI [21]==1 OR DI [22]==1) 延时 2s
4	补气信号	BQ_STR	(DI [19]==1 OR DI [20]==1) AND (DI [21]==1 OR DI [22]==1) 延时 2s
5	补气停止	BQ_STP	(DI [17]==1 OR DI [18]==1) OR (DI [23]==1 OR DI [24]==1) 延时 2s

编号	变量定义	变量名称	计算方式
6	1号泵自动位置	P1_AUTO	DI [6]==1
7	1号泵运行状态	P1_RUN	DI [7]==1
8	1号泵故障	P1_FLT	DI [8]==1 OR DI [5]==1 OR P1_STR_FLT==1
9	1号泵启动失败	P1_STR_FLT	
10	1号泵停止失败	P1_STP_FLT	
11	1号泵满足启动条件	P1_CAN_STR	P1_AUTO==1 AND P1_FLT==0
12	2号泵自动位置	P2_AUTO	DI [10]==1
13	2号泵运行状态	P2_RUN	DI [11]==1
14	2号泵故障	P2_FLT	DI [12]==1 OR DI [9]==1 OR P2_STR_FLT==1
15	2号泵启动失败	P2_STR_FLT	
16	2号泵停止失败	P2_STP_FLT	
17	2号泵满足启动条件	P2_CAN_STR	P2_AUTO==1 AND P2_FLT==0

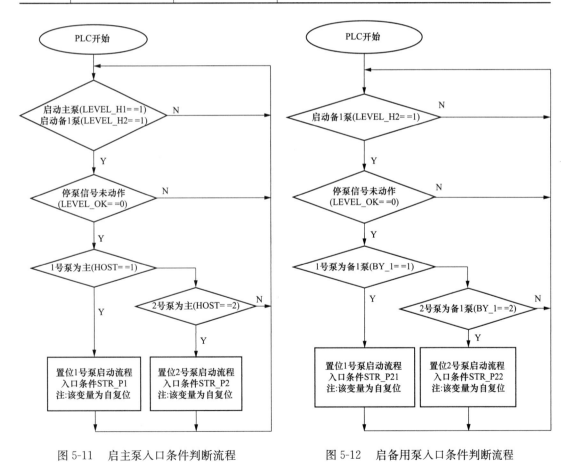

图 5-11　启主泵入口条件判断流程　　　　图 5-12　启备用泵入口条件判断流程

3. PLC 梯形图说明

(1) PLC 采集泵状态信号（见图 5-16）。

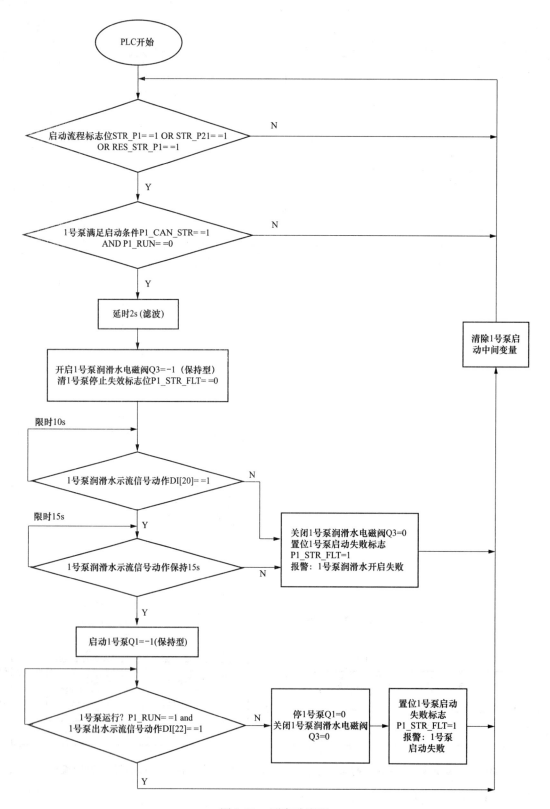

图 5-13　泵启动流程

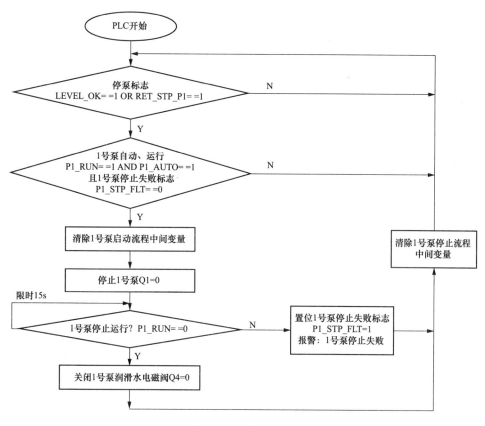

图 5-14　泵停止流程

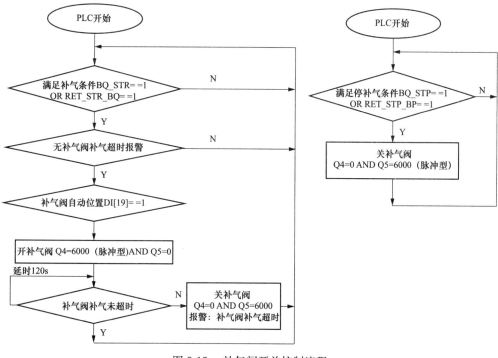

图 5-15　补气阀开关控制流程

（2）PLC采集起停泵信号，其中PRESS_L1为启主泵变量，PRESS_L2为启备用泵变量，PRESS_OK为停泵变量（见图5-17）。

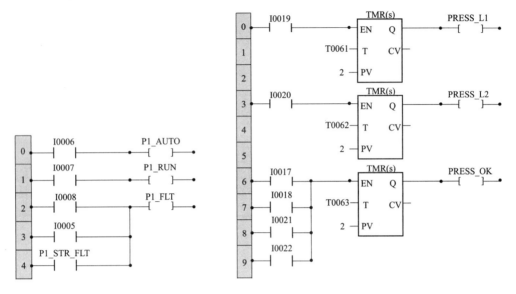

图 5-16　泵相关状态信号　　　　　　　　　　图 5-17　泵启停相关信号

（3）启泵入口条件判断，寄存器HOST、BY_1内的数据是由轮换程序功能块经过计算得出的数据，存放的分别是主泵泵号、备用泵泵号，例如：如果HOST=1则表明1号泵为主泵，若BY_1=1则表明1号泵为备用泵。其主备泵的轮换大体遵循如下规则（为便于理解，此处以两台泵为例）（见图5-18）。

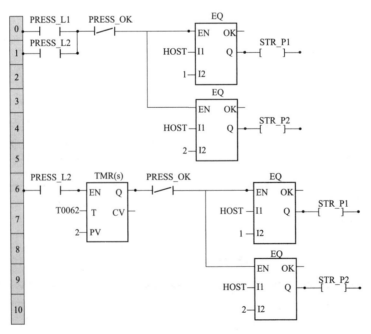

图 5-18　启泵入口条件判断

1）主备泵都满足轮换条件的情况下，主泵启动次数达到设定值时（合同技术协议无指定轮换要求时默认轮换次数设定值为1）且两台泵均处于停止状态，主泵自动降为备泵，而相应的备泵自动升为主泵，并清除对应泵的轮换用运行次数统计（不影响其他泵轮换用运行次数的统计）。

2）主备泵都满足轮换条件且均处于停止状态时，上位机/触摸屏可发令强制进行主备切换，即将主泵降为备泵，而相应的备泵升为主泵（此功能视具体工程需要设定）。

3）主备泵不全满足轮换条件时，具备轮换条件的泵设为主泵，不具备轮换条件的泵切除控制但不影响该泵停止流程的执行。

4）此处所指的轮换条件包含：泵在自动位置（如 P1 _ AUTO＝＝1）且泵无综合故障（如 P1 _ FLT＝＝0）。

（4）调用起泵流程（见图5-19）。

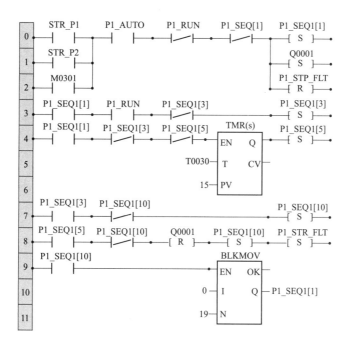

图5-19　启泵流程

（5）停泵流程（见图5-20）。

4．机组 LCU 通信设置

由于采用 MB40 系列 PLC，CPU 中内置以太网和 232 接口，既可以用 PLC 之间通过网络互取获得数据交换，也可用 232 接口与机组 LCU 上的通信管理设备进行标准 modbus 通信，上送的数据不但包括常规开入、开出、模入量，而且还有泵的启停次数、启动时间，及各类报警状态。

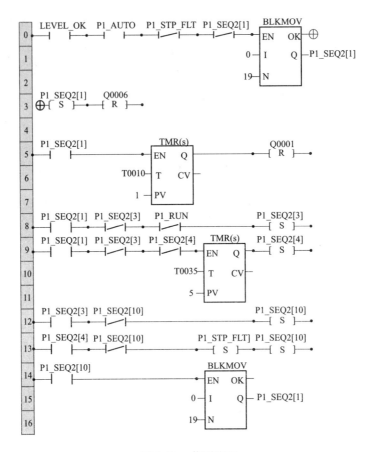

图 5-20 停泵流程

二、水系统

（一）水系统控制对象

水系统根据功能分为供水和排水系统。供水主要包括技术供水、消防供水和生活供水，分别用于机组冷却用水、自动灭火装置和消防栓用水以及办公区、员工宿舍用水；排水主要包括渗漏排水和检修排水，渗漏排水是将水电站厂房渗漏集水井内积水排出厂房，检修排水是检查、维修机组或厂房内水下部分的设备时，将水轮机蜗壳、尾水管和压力钢管内的积水排出。不同作用的供水和排水系统结构及运行方式相似，以下仅用技术供水和排水系统距离介绍。

1. 技术供水系统

技术供水系统为水轮发电机组冷却、轴承润滑、大轴密封和变压器冷却以及水冷设备提供水源。自动控制的任务是维持供水系统的水压和水量。控制方式一般有：

（1）当采用水泵供水时，水泵的启停是由机组等主设备的开停机进行联动，水泵运行台数由总耗水量决定，水泵将随机组等设备运行而连续工作。当供水总管的水压或流量不足的时候，自动投入备用泵。

（2）当采用水池供水时，靠水泵维持水位，当水位下降到下限值的时候，主用泵启动，水位如果持续下降，并下降到低限值的时候，自动投入备用水泵，直到水池水位恢复正常，供水泵才退出运行。

（3）当采用水库或压力钢管等自流供水方式时，则无须装设维持水压或流量的自动控制设备。

2. 渗漏排水系统

水电站厂房的渗漏水一般经排水管或排水沟集中排放到集水井内，利用排水泵自动将其排出厂房外。一般控制流程为：当集水井水位上升到上限值时，主用排水泵启动；当水位继续上升到高限值时，自动投入备用排水泵；待水位恢复正常，排水泵停止。一般为均衡水泵运行，延长水泵的使用寿命，要求对主用泵和备用泵进行自动轮流倒换运行。

（二）技术供水系统控制流程

以某电站安装两台水轮发电机组，技术供水泵为 2 台，采用水泵供水方式为例，介绍其控制流程，如图 5-21 所示。

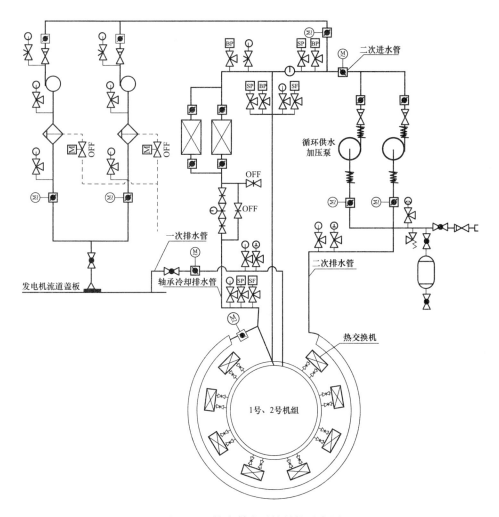

图 5-21　技术供水系统结构示意图

1. 控制流程目的

（1）防止机组运行过程中技术供水泵停止导致的技术供水中断。

（2）单台技术供水泵不宜连续长时间运行，主、备用技术供水泵应合理轮换。

（3）技术供水泵停止过程中应有防止技术供水管路水锤现象发生的措施。

2. 安全闭锁要求

（1）将技术供水泵出口流量或技术供水泵前后差压作为技术供水泵启动成功的判断条件。

（2）电动阀门、技术供水泵电机的动力回路配置合理的过流保护装置，避免因过流造成电机损坏，同时进行主备技术供水泵切换。

（3）技术供水滤水器有定期自动排污、差压过高排污控制逻辑逻辑，避免滤水器发生堵塞。

（4）机组处于运行状态时，正在运行的技术供水泵异常关闭或流量异常，应停止该技术供水泵，自动切换备用技术供水泵运行。

（5）当机组处于并网运行状态所有技术供水泵停止运行，应依次自动启动技术供水泵，如果所有技术供水泵启动失败，应启动机组机械事故停机。

3. 控制要求

（1）技术供水泵控制系统由控制元件、执行元件、检测元件和控制电源等组成，其中以公用 LCU 可编程控制器为核心控制元件，检测元件包括供水池水位、供水总管压力信号的信号的采集和处理，分别有液位开关、压力开关、切换开关、示流器等，执行元件一般采用接触器或软启动器等。PLC 根据机组启动和设定的流程发出指令，驱动软启动器等执行元件动作。

（2）各技术供水泵设置为自动、切除和手动三种运行方式。一般在设备调试、检修阶段，以及在 PLC 故障，自动操作失灵的紧急情况下，采用手动操作方式，可通过供水泵和供水阀的手动启停按钮实现控制；当控制设备切换开关置于"自动"位置时，PLC 才能根据技术供水总管的压力信号或机组开停机信号和控制流程输出控制命令，否则闭锁控制命令的输出。

（3）供水总管压力检测采用模拟量信号与压力开关量信号相互校验。

（4）在"自动"工作方式时，PLC 实时检测技术供水总管压力和机组开机信号，机组开机时，启动对应的技术供水泵，当工作泵故障或总管压力低于设定值时，自动启动备用技术供水泵，并报警。

（5）当机组发出停机令，机组完成停机后，技术供水泵自动停泵。

（6）各水泵可自动地进行轮流倒换，自动轮换的条件应根据现场情况设定为按运行时间或启动次数可选，以实现水泵运行时间或启动次数均衡的要求。PLC 自动记录每台水泵的启动运行次数和累计运行时间，并根据水泵的启动运行次数或累计运行时间，自动轮换为主用/备用泵。

4. 典型流程框图

机组技术供水主流程如图 5-22 所示。

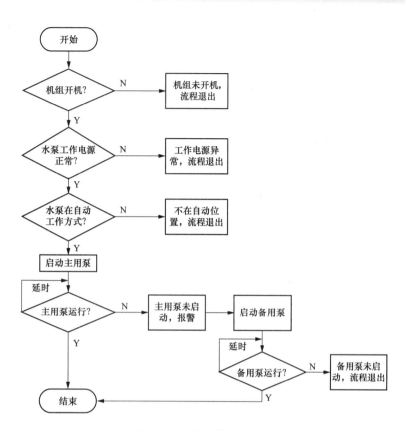

图 5-22　技术供水主流程

（三）技术供水控制系统

根据上述技术供水控制要求列出相应 I/O 点表（见表 5-4）。

表 5-4　　　　　　　　　　　　技术供水系统 I/O 点表

DI	测点描述	DI	测点描述	DO	测点描述	AI	测点描述
1	交流电源消失	15	供水阀全开	1	1号泵启停	1	水池水位
2	直流电源消失	16	供水阀全关	2	2号泵启停	2	技术供水总管压力
3	事故总清按钮动作	17	1号供水泵出口压力	3	1号滤水器启停	3	机组冷却水总管压力
4	1号泵控制电源消失	18	2号供水泵出口压力	4	2号滤水器启停	4	主轴密封总管压力
5	1号泵手动位置	19	1号机组开机令	5	打开供水阀		
6	1号泵自动位置	20	1号机组停机完成令	6	关闭供水阀		
7	1号泵运行信号	21	2号机组开机令	7	综合故障（点灯）		
8	1号泵故障信号	22	2号机组停机完成令				
9	2号泵控制电源消失	23	机组冷却水总管压力低				
10	2号泵手动位置	24	株洲密封总管压力低				
11	2号泵自动位置	25	1号泵滤水器差压启动				
12	2号泵运行信号	26	1号泵滤水器故障				
13	2号泵故障信号	27	2号泵滤水器差压启动				
14	供水阀自动位置	28	2号泵滤水器故障				

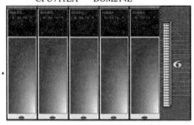

PSM129E　　DIM214E
　　CPU711EA　　DOM214E

IP:192.9.200.107

I0001　　Q0001　　AI0001
～　　～　　～
I0032　　Q0032　　AI0016

图 5-23　技术供水 PLC 硬件配置

1. 硬件配置

此控制系统采用南瑞自产 MB40 系列可编程控制器，根据点表数量与油压装置配置一致，具体配置如图 5-23 所示。

2. PLC 程序设计

采用南瑞 MBPro 专用编程软件，根据设计流程使用梯形图来对油泵及供水阀的控制进行编程。相关泵的启停和轮换流程及 PLC 梯形图的编写，与调速器油压装置基本一致，具体不再赘述，相关设计变量与供水阀设计流程图如表 5-5 所示。

表 5-5　　　　　　　技术供水系统设计变量

编号	变量定义	变量名称	计算方式
1	启动主泵信号	LEVEL_H1	(DI [19]==1 AND DI [21]==0) OR (DI [21]==1 AND DI [19]==0) 延时 2s
2	启动备用泵信号	LEVEL_H2	(DI [21]==1 AND DI [19]==1) 延时 2s
3	停泵信号	LEVEL_OK	(DI [22]==1 AND DI [20]==1) 延时 2s
4	开启供水阀	PRESS_L1	AI_REAL [1] <=1 延时 2s
5	关闭供水阀	PRESS_L2	AI_REAL [1] >=1.8 延时 2s
6	1 号泵自动位置	P1_AUTO	DI [6]==1
7	1 号泵运行状态	P1_RUN	DI [7]==1
8	1 号泵故障	P1_FLT	DI [8]==1 OR DI [4]==1 OR P1_STR_FLT==1
9	1 号泵启动失败	P1_STR_FLT	
10	1 号泵停止失败	P1_STP_FLT	
11	1 号泵满足启动条件	P1_CAN_STR	P1_AUTO==1 AND P1_FLT==0
12	2 号泵自动位置	P2_AUTO	DI [11]==1
13	2 号泵运行状态	P2_RUN	DI [12]==1
14	2 号泵故障	P2_FLT	DI [13]==1 OR DI [9]==1 OR P2_STR_FLT==1
15	2 号泵启动失败	P2_STR_FLT	
16	2 号泵停止失败	P2_STP_FLT	
17	2 号泵满足启动条件	P2_CAN_STR	P2_AUTO==1 AND P2_FLT==0
18	供水阀自动位置		DI [14]==1
19	供水阀全开位置		DI [15]==1
20	供水阀全关位置		DI [16]==1
21	供水阀启动失败		
22	供水阀停止失败		

3. 机组 LCU 通信设置

由于系统与上述调速器油压装置采用同系列 PLC，通信模式和上送数据与油压装置一致，这里不再赘述。

（四）渗漏排水系统

厂内渗漏排水的来源主要是尾水管排水、水轮机蜗壳排水、水车室走道排水、水轮机顶盖自流水、阀门室走道排水、管沟廊道排水等水电站主厂房、水轮发电机组和主轴密封设备的渗漏水（见图 5-24、图 5-25）。渗漏排水系统由集水井、排水泵、排污泵、自动化元件组成，如图 5-26 所示。

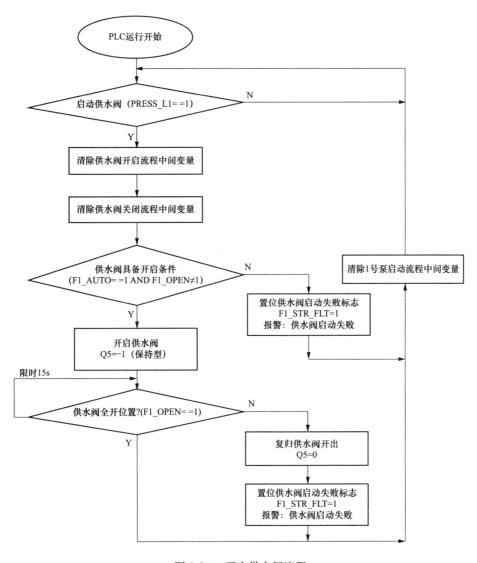

图 5-24　开启供水阀流程

1. 集水井

厂内设有渗漏集水井汇集各部位渗漏水，集水井一般设计在厂房最低处，集水井容积一般根据厂内渗漏水量进行设计，厂内渗漏水量为 100m³/h，为适当延长水泵的抽水时间、减少泵的频繁启动，集水井有效容积约为 160m³。

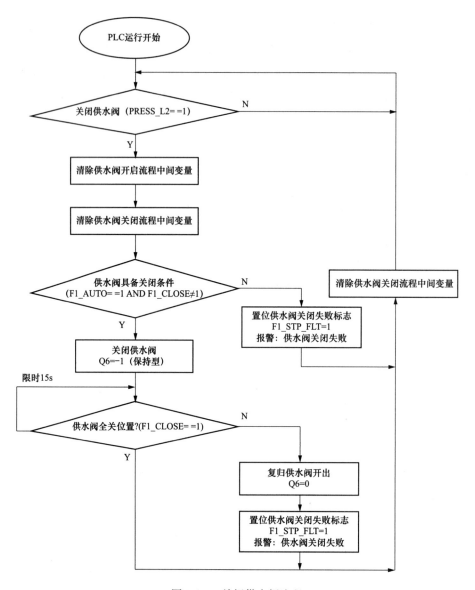

图 5-25　关闭供水阀流程

2. 排水泵

渗漏排水系统选用 3 台流量为 $580m^3/h$、扬程为 $40m$ 的潜水深井泵，并以主用、备用辅助方式自动控制运行，主用泵的排水时间约为 $20min$，间隔时间约为 $1.6h$，电机功率 $110kW$，工作电源 AC $380V$，电机防护等级 IP68。

3. 排污泵

集水井中沉积泥沙、淤泥较多，长期积累影响有效容积，导致排水泵频繁运行，沉积过高时还会影响排水泵正常运行，在集水井中设有 1 台流量为 $100m^3/h$、扬程为 $40m$ 的潜水排污泵，电机功率 $60kW$，工作电源 AC $380V$，电机防护等级 IP68。

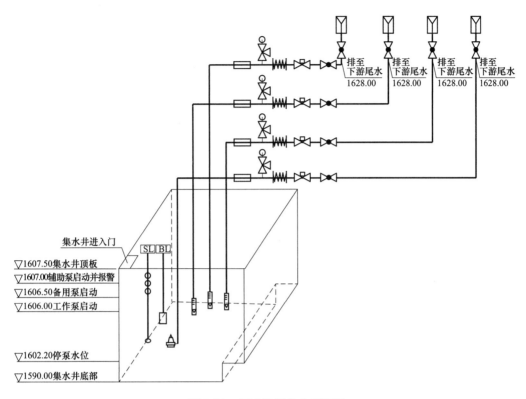

图 5-26 厂内渗漏排水系统图

4. 自动化元件

水泵根据集水井内设置的水位信号器及水位变送器自动启停运行，水位信号器各接点信号用于水泵主控，水位变送器用于辅助控制，液位信号送监控系统。变送器应为可调校型，可以方便地对零点和满量程输出进行精确调校。变送器将投入在已经埋设套管内，传感器电缆应有足够的负载能力。

浮子式水位信号器设装在集水井内，井内的浮子开关固定到一根钢丝绳上，钢丝绳下端悬挂重锤，每个浮子开关应配有足够长度的电缆，浮子开关顶部接线盒至控制箱的距离约 10m。在集水井顶板上的支座上配有接线盒（见表 5-6）。

表 5-6 厂内渗漏排水自动化元件表

项目	名称	单位	数量	功能
1	超声波液位变送器	套	1	变送器，DC 4～20mA 模拟量信号
2	浮子式液位信号器	套	1	水位过高、较高、高、正常时，浮球开关动作发出触点信号
3	潜水泵出口流量开关	只	3	排水泵运行时检测管道是否有水流，如果水流正常，开关输出动作信号
4	潜污泵出口流量开关	只	1	排污泵运行时检测管道是否有水流，如果水流正常，开关输出动作信号

（五）渗漏排水控制配置

全站共配置 1 套厂内渗漏排水控制系统。厂内渗漏排水控制系统使用单独的可编程控制器（PLC）作为核心控制元件。

1. 控制对象

3 台 AC 380V/145kW 的厂内渗漏排水潜水深井泵电动机。1 台 AC 380V/60kW 潜水排污泵，各水泵电机采用软启动器进行启/停控制。

2. 厂内渗漏排水控制屏

厂内渗漏排水控制系统共设 4 面控制屏：控制屏屏内及面板上主要布置 3 台潜水深井泵电动机及 1 台潜水排污泵控制主回路中的软启动器、接触器、可编程序控制器、触摸屏、控制开关、操作按钮、信号指示灯和中间继电器等设备，控制屏的外形尺寸为 2260mm×800mm×600mm（高×宽×深）。

3. 设备安装方式及布置位置

厂内渗漏排水控制屏布置在上游副厂房。

4. 潜水深井泵操作运行及控制要求

（1）每台水泵的运行方式均可通过一个控制开关进行设置，运行方式包括：手动/切除/工作/备用/工备自转。在后 3 种运行方式下均能实现各水泵的"自动"启/停以及"远方"启/停控制。在手动控制方式下，能通过控制屏上的自复式控制开关（或触摸屏）实现各水泵的"手动"启/停操作；"工备自转"状态下各排水深井泵的"工作/备用"状态可进行自动轮换设置，自动轮换的条件应根据现场情况设定为运行时间或启动次数可选，以实现 3 台水泵运行时间或启动次数均衡的要求。

（2）每台水泵的运行工况要求如下：

在自动运行方式下（1 台工作，2 台备用），根据厂内渗漏集水井水位自动启停工作水泵及备用水泵：当厂内渗漏集水井水位升至一限整定值时，启动工作水泵；当厂内渗漏集水井水位继续升至二限整定值时，启动备用水泵，并发备用水泵启动信号；当厂内渗漏集水井水位降至正常水位时，停运各深井泵。

在运行过程中，当厂内渗漏集水井水位继续上升至过高水位，发厂内渗漏集水井水位过高信号，并依次启动所有水泵。

在运行过程中，当厂内渗漏集水井水位继续下降至过低水位时，发厂内渗漏集水井水位过低信号，并停止所有水泵。

（3）厂内渗漏排水控制系统控制用的反馈量可以选择模拟量或开关量信号。

（4）本系统比较重要的运行状态、故障、事故信号（主要指各水泵的运行状态、各深井泵电机过负荷、集水井水位异常等故障或事故信号）及运行中的操作错误应经综合后在控制屏面板上进行光字指示，并以 I/O 硬接点的信号方式送入电站计算机监控系统的公用 LCU。

5. 潜水排污泵操作运行及控制要求

（1）潜水排污泵仅设启停控制按钮实现人工手动控制水泵的启停。

（2）水泵的运行状态、故障、事故信号（主要指各水泵的运行状态、水泵电机过负荷等故障或事故信号）及运行中的操作错误应经综合后在控制屏面板上进行光字指示，并以

I/O 硬接点的信号方式送入电站计算机监控系统的公用 LCU。

6. 系统 PLC

系统的 PLC 的 I/O 点数 100 点，其中模拟输入量 2 点，需要配置液位变送器用隔离配电器 1 只。

7. 供电要求

本控制盘控制电源采用交流 220V、直流 220V 双电源供电方式。

8. 通信要求

厂内渗漏排水控制系统应与电站计算机监控系统的公用 LCU 进行数据通信，提供 MB+（或其他类型）和 MB 两种通信规约的现场总线。通信内容主要包括：厂内渗漏排水集水井的实时液位、各水泵电动机运行状态（包括电机状态和启动次数累计）的运行状态、软启动器运行状态及系统的故障等信号。厂内渗漏排水控制系统与电站计算机监控系统公用 LCU 的数据通信介质采用双绞线传输方式。

9. 信号显示

系统配置触摸屏，系统各设备的运行状态、运行参数、故障及事故信号均在触摸屏上进行显示，电站值班人员可在触摸屏上进行查询以及一些基本控制和操作。

（六）渗漏排水系统控制系统

根据上述渗漏排水系统控制要求列出相应 I/O 点表，如表 5-7 所示。

表 5-7　　　　　　　　　　　　渗漏排水系统 I/O 点表

DI	测点描述	DI	测点描述	DO	测点描述	AI	测点描述
1	交流电源消失	14	3号泵控制电源消失	1	1号泵启停	1	集水井水位
2	直流电源消失	15	3号泵手动位置	2	2号泵启停		
3	事故总清按钮动作	16	3号泵自动位置	3	3号泵启停		
4	1号泵控制电源消失	17	3号泵运行信号	4	综合故障（点灯）		
5	1号泵手动位置	18	3号泵故障信号				
6	1号泵自动位置	19	1号润滑水自动				
7	1号泵运行信号	20	2号润滑水自动				
8	1号泵故障信号	21	3号润滑水自动				
9	2号泵控制电源消失	22	集水井停泵水位				
10	2号泵手动位置	23	集水井启泵水位				
11	2号泵自动位置	24	集水井启备泵水位				
12	2号泵运行信号	25	集水井启备泵水位				
13	2号泵故障信号						

1. 硬件配置

此控制系统采用南瑞自产 MB20 微型一体化智能可编程控制器，此 PLC 可编程控制器也可配置扩展模块，具体配置如图 5-27 所示。

图 5-27　油压装置 PLC 配置图

根据图 5-27 列出所得 PLC 模块数量如下：

（1）单机 CPU 主控模件：MB20 CPU440 1 块；

（2）16 点开关量输入模块：MB20 DIM012 1 块；

（3）4 通道模拟量输入模块（4～20mA）：MB20 AIM114 1 块。

2. PLC 程序设计

采用南瑞 MB20Pro 专用编程软件，根据设计流程使用梯形图来对 3 台排水泵控制进行编程。设计变量与设计流程图如表 5-8、图 5-28～图 5-32 所示。

表 5-8 渗漏排水系统设计变量

编号	变量定义	变量名称	计算方式
1	启动主泵信号	LEVEL_H1	(DI [23]==1 OR AI_REAL [1] >=7.0) 延时 2s
2	启动备用 1 泵信号	LEVEL_H2	(DI [24]==1 OR AI_REAL [1] >=8.0) 延时 2s
3	启动备用 2 泵信号	LEVEL_H3	(DI [25]==1 OR AI_REAL [1] >=9.0) 延时 2s
4	停泵信号	LEVEL_OK	(DI [26]==1 OR AI_REAL [1] <=5.0) 延时 2s
5	1 号泵自动位置	P1_AUTO	DI [6]==1
6	1 号泵运行状态	P1_RUN	DI [7]==1
7	1 号泵故障	P1_FLT	DI [8]==1 OR DI [4]==1 OR P1_STR_FLT==1
8	1 号泵启动失败	P1_STR_FLT	
9	1 号泵停止失败	P1_STP_FLT	
10	1 号泵满足启动条件	P1_CAN_STR	P1_AUTO==1 AND P1_FLT==0
11	2 号泵自动位置	P2_AUTO	DI [11]==1
12	2 号泵运行状态	P2_RUN	DI [12]==1
13	2 号泵故障	P2_FLT	DI [13]==1 OR DI [9]==1 OR P2_STR_FLT==1
14	2 号泵启动失败	P2_STR_FLT	
15	2 号泵停止失败	P2_STP_FLT	
16	2 号泵满足启动条件	P2_CAN_STR	P2_AUTO==1 AND P2_FLT==0
17	3 号泵自动位置	P3_AUTO	DI [16]==1
18	3 号泵运行状态	P3_RUN	DI [17]==1
19	3 号泵故障	P3_FLT	DI [18]==1 OR DI [14]==1 OR P3_STR_FLT==1
20	3 号泵启动失败	P3_STR_FLT	
21	3 号泵停止失败	P3_STP_FLT	
22	3 号泵满足启动条件	P3_CAN_STR	P3_AUTO==1 AND P3_FLT==0

3. PLC 梯形图说明

（1）PLC 采集泵状态信号（见图 5-33）。

（2）PLC 采集启停泵信号（见图 5-34、图 5-35），这里排水泵的启停由启泵开关量和水位模拟量同时参与判断。

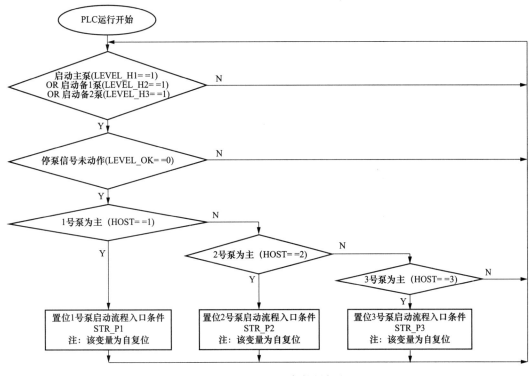

图 5-28　启主泵入口条件判断流程

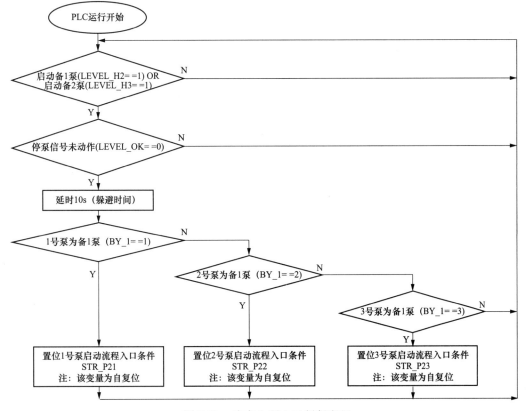

图 5-29　启备 1 泵入口判断流程

图 5-30　启备 2 泵入口条件判断流程

（3）启泵入口条件判断，寄存器 HOST、BY_1、BY_2 内的数据是由轮换程序功能块经过计算得出的数据，存放的分别是主泵泵号、备 1 泵泵号和备 2 泵泵号，例如：如果 HOST=1 则表明 1 号泵为主泵，若 BY_1=1 则表明 1 号泵为备 1 泵，若 BY_2=1 则表明 1 号泵为备 2 泵（见图 5-36）。

（4）调用起泵流程（见图 5-37）。

（5）停泵流程（见图 5-38）。

4. 机组 LCU 通信设置

由于采用 MB20 系列微型可编程控制器，CPU 中只配置 232 接口，可用 232 接口与机组 LCU 上的通信管理设备进行标准 modbus 通信，上送的数据不但包括常规开入、开出、模入量，而且还有泵的启停次数、启动时间，以及各类报警状态。

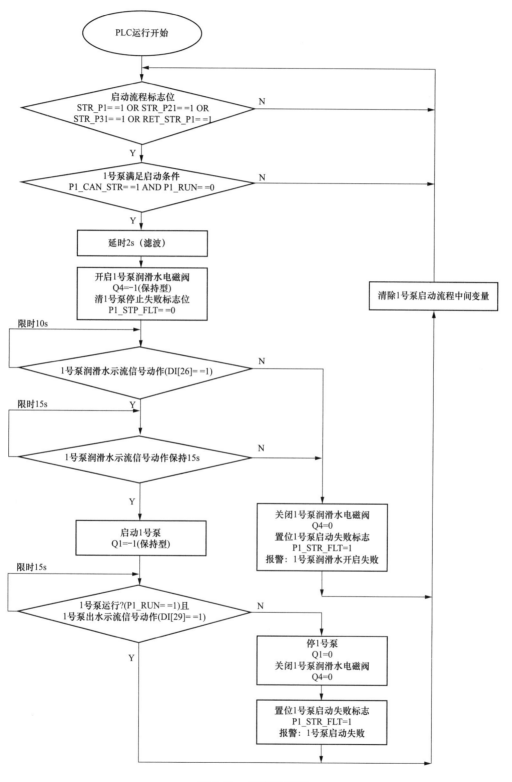

图 5-31 泵启动流程

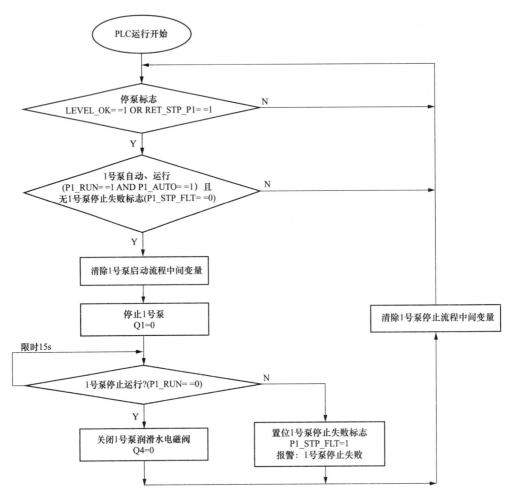

图 5-32　泵停止流程

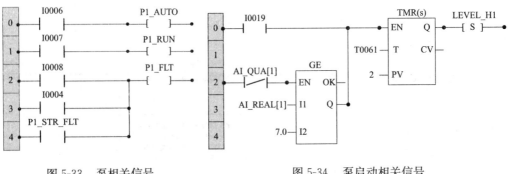

图 5-33　泵相关信号　　　　　　　　　图 5-34　泵启动相关信号

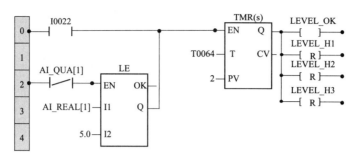

图 5-35 泵停止相关信号

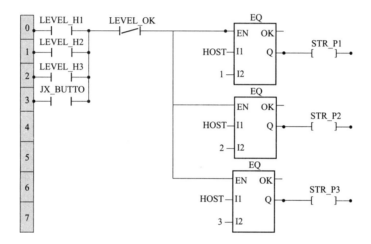

图 5-36 启泵入口条件判断流程

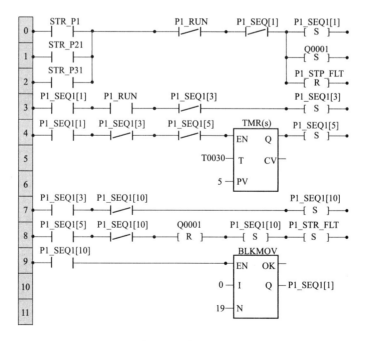

图 5-37 启泵流程

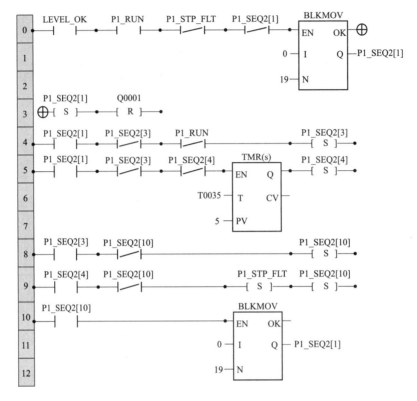

图 5-38　停泵流程

三、气系统

（一）气系统控制对象

压缩空气系统分低压和中压两种系统，LCU 控制任务主要是维持低压和中压储气罐的气压正常，以保证用气设备能够安全、可靠运行。

低压压缩空气压力为 0.7～0.8MPa，主要用于机组停机的机械制动、机组调相压水、水轮机大轴密封围带和进水阀密封围带充气等。

中压压缩空气压力为 2～4MPa 和 2.5～6.4MPa，主要用于油压装置补气、高压配电装置的空气断路器和气动操作机构。

压缩空气系统的控制应满足：当储气罐压力低于下限值时，主用空压机启动；当气压继续下降达到过低值时，自动投入备用空压机；当气压恢复正常时，空压机停止运行。

（1）油压装置压力油罐用气。油压装置中的压缩空气额定压力较高，一般大于 2.5MPa。

（2）机组停机时制动装置用气。立式机组中，制动器通常固定在电机的下支架或水轮机顶盖的轴承支架上，均匀分布 4～36 个，机组容量越大，制动器数目越多。在工作时，压缩空气作用于制动器上的耐磨制动块，使其与发电机转子下的摩擦环间产生摩擦力矩来实现制动。制动装置用气额定压力为 0.7MPa。

（3）安装、检修时设备吹扫清污用气，额定压力为 0.7MPa。

（4）水轮机导轴承检修密封围带用气，额定压力为 0.7MPa。

低压空气系统一般都实行自动操作。监控系统通过电接点压力表和压力变送器监视储气罐压力，自动控制工作与备用空压机的启动和停止，控制减压阀的自动开关。水冷式空压机一般在冷却水管上装设电磁阀，空压机启动前自动开启供水、停机后自动关闭停水。空冷机润滑油温度过高时或排气温度过高时均应自动停机并发出信号。低压气系统主要用于机组制动用气和空气围带止水用气。

高压空气系统组成和控制方式与低压空气系统相同，一般用于调速器油压装置油罐补气，在油罐油位到一定高度，罐内压力下降时，自动打开补气阀，将高压空气补入油罐内。监控系统的作用是监视高压储气罐的压力，低于规定压力时启动空压机进行补气，在压力过低或过高时向运行人员报警。

（二）气系统控制

本节用某电站中压空气系统为例，对空气压缩机和监控设备做详细介绍。

中压压缩空气系统用户为机组调速器油压装置用气，其额定工作压力为 6.3MPa，系统采用一级压力的供气方式，同时在贮气罐出口后设置中压冷冻干燥机以减少压缩空气中的水分。中压空气系统由空压机、冷干机、储气罐、自动化元器件组成，如图 5-39 所示。

1. 空压机

中压空气系统选用 2 台单机头排气量为 $2.4m^3/min$、额定工作压力为 7.0MPa 的活塞式中压空压机，1 台工作，1 台备用，额定排气压力 7.0MPa，电机功率 45kW，工作电源 AC 380V，电机防护等级 IP55。

空压机为风冷型活塞式空压机，由电动机驱动，联轴器连接，能根据外部指令自动开停机，并能在海拔高程 EL.1640.50m 处提供压力为 7.0MPa，额定排气量不小于 $2.4m^3/min$ 的压缩空气。每台空压机具有自动卸荷装置以便空压机能进行空载启动，有弹性减震垫，进气口配有进风消音器和空气过滤器。

2. 冷干机

为了更多的去除压缩空气中的水分，中压气系统在贮气罐后装设风冷型冷冻式干燥机。选用 2 台风冷冷冻式干燥机，额定流量为 $3.0m^3/min$、额定工作压力为 7.0MPa，电机功率 0.75kW，工作电源 AC 380V。

冷干机内设有制冷装置、气水分离装置、自动排水装置、过滤装置、自动保护装置等。冷干机干燥压缩空气的能力不应大于一台空压机工作时的输气量。冷干机标准电气设计能输出冷干机工作状态、冷干机故障信号等引至现地联合控制柜。

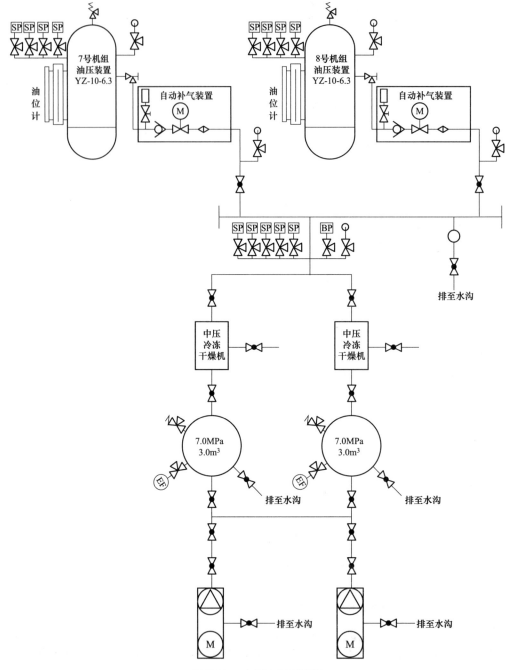

图 5-39　中压空气系统图

3. 储气罐

中压气系统设有 2 个容积为 3.0m³，额定工作压力为 7.0MPa 的贮气罐，向调速器油压装置供气。贮气罐的设计、制造遵循 GB 150 或美国机械工程师学会（ASME）锅炉规范的规定。贮气罐应架起足够高度以便安装排水管和排水阀。贮气罐配有安全阀、压力表和有盖的检查人孔。

4. 自动化元件

压力变送器、压力开关前设有检修阀，压力变送器为铝合金外壳，膜片材料为 316 不锈钢，灌充液为硅油，可通过就地按钮、手操器或通信软件由 PC 电脑进行调校或功能组态。带背光的液晶表头，可指示带无物理单位的压力值、电流值、百分比值等，还带有棒图显示（见表 5-9）。

表 5-9　　　　　　　　　　　中压空气系统自动化元件表

项目	名称	单位	数量	功能
1	压力变送器	套	1	变送器可以根据气罐压力的不同发出 DC 4~20mA 模拟量信号
2	压力开关	套	1	开关信号器在气压过高、较高、高、正常，过低时，发出触点信号

全站共配置 1 套空压机成组控制系统。空压机成组控制系统使用单独的可编程控制器作为核心控制元件。

1. 空压机成组控制柜

空压机成组控制系统设 1 面控制柜，控制屏外形尺寸为 2260mm×800 mm×600mm（高×宽×深）。所有空压机成组控制系统的控制元件均布置在该控制屏内及其操作面板上。

2. 控制对象

2 台机组制动用空压机，工作方式为 1 台工作 1 台备用；

2 台机组检修用空压机，工作方式为 1 台工作 1 台备用；

2 台中压空压机，工作方式为 1 台工作 1 台备用。

3. 设备安装方式及布置位置

空压机成组控制柜布置副厂房空压机室内。

4. 操作运行及控制要求

（1）各空压机的单机操作、控制和保护功能均由各空压机自带的单机控制箱实现。

（2）制动空压机成组控制的操作运行及控制要求：

每台制动空压机的运行方式均可通过一个控制开关进行设置，运行方式包括：手动/切除/工作/备用/工备自转。在后 3 种运行方式下均能实现各制动空压机的"自动"启/停控制；在手动控制方式下，能通过成组控制柜上的触摸屏或单机控制柜上的自复式控制开关实现各制动空压机的"手动"启/停操作；"工备自转"状态下 2 台空压机工作/备用状态可进行自动轮换设置，自动轮换的条件应根据现场情况设定为按运行时间或启动次数可选，以实现各空压机运行时间或启动次数均衡的要求。

在自动运行方式下，根据制动供气干管的压力"自动"启/停制动工作空压机及制动备用空压机：当压力下降时，根据不同的压力值依次启动制动工作空压机、制动备用空压机并发备用空压机启动信号；当制动供气干管的压力升至正常时，停运各制动空压机；当制动供气干管的压力降至报警整定值时，发低压制动空气系统制动管路压力偏低故障信号。

当制动供气干管的压力升至过高压力时，发制动空气系统压力过高故障信号。

空压机成组控制系统对制动供气总管气压进行实时监视和控制：当制动供气总管气压为低限值时直接依次启动所有制动用空压机并发出制动供气总管压力过低信号；当制动供气总管气压为高限值时直接停运各制动空压机并发出制动供气总管压力过高信号。

（3）检修空压机成组控制的操作运行及控制要求：

每台检修空压机的运行方式均可通过一个控制开关进行设置，运行方式包括：手动/切除/工作/备用/工备自转。在后3种运行方式下均能实现各检修空压机的"自动"启/停控制；在手动控制方式下，能通过成组控制柜上的触摸屏或单机控制柜上的自复式控制开关实现各检修空压机的"手动"启/停操作；"工备自转"状态下2台空压机工作/备用状态可进行自动轮换设置，自动轮换的条件应根据现场情况设定为按运行时间或启动次数可选，以实现各空压机运行时间或启动次数均衡的要求。

在自动运行方式下，根据检修供气干管的压力"自动"启/停检修工作空压机及检修备用空压机：当压力下降时，根据不同的压力值依次启动检修工作空压机、检修备用空压机并发备用空压机启动信号；当检修供气干管的压力升至正常时，停运各制动空压机；当检修供气干管的压力降至报警整定值时，发低压检修空气系统制动管路压力偏低故障信号。

当检修供气干管的压力升至过高压力时，发检修空气系统压力过高故障信号。

空压机成组控制系统对检修供气总管气压进行实时监视和控制：当检修供气总管气压为低限值时直接依次启动所有检修用空压机并发出制动供气总管压力过低信号；当检修供气总管气压为高限值时直接停运各制动空压机并发出检修供气总管压力过高信号。

（4）中压空压机成组控制的操作运行及控制要求：

每台中压空压机的运行方式均可通过一个控制开关进行设置，运行方式包括：手动/切除/工作/备用/工备自转。在后3种运行方式下均能实现各中压空压机的"自动"启/停控制。在手动控制方式下，能通过成组控制屏上的触摸屏或单机控制箱上的自复式控制开关实现各中压空压机的"手动"启/停操作。"工备自转"状态下，2台空压机"工作/备用"状态可进行自动轮换设置，自动轮换的条件应根据现场情况设定为运行时间或启动次数可选，以实现各空压机运行时间或启动次数均衡的要求。

在自动运行方式下，根据中压供气总管的压力"自动"启/停工作中压空压机及备用中压空压机：当压力下降时，根据不同的压力值依次启动工作中压空压机、备用中压空压机并发备用中压空压机启动信号；当中压供气总管的压力升至正常时，停运各中压空压机；当中压供气总管的压力降至报警整定值时，发中压空气系统压力偏低故障信号。

当中压供气总管的压力升至过高压力时，发中压空气系统压力过高故障信号。

中压空压机成组控制系统对中压供气总管气压进行实时监视和控制：当中压供气总管气压为低限值时直接启动中压空压机并发出中压供气总管压力过低信号；当中压供气总管气压为高限值时直接停运各中压空压机并发出中压供气总管压力过高信号。

（5）空压机成组控制系统控制用的反馈量可以选择模拟量或开关量信号，本系统应为各压力变送器配置隔离配电器。

（6）本系统重要的运行状态、故障、事故信号及运行中的操作错误应经综合后在控制屏面板上进行指示，并以 I/O 硬接点的信号方式送入电站计算机监控系统的公用 LCU。

5. 供电要求

本控制盘控制电源采用交流 220V、直流 220V 双电源供电方式。

6. 通信要求

空压机成组控制系统应与电站计算机监控系统公用 LCU 的进行数据通信，需提供 MB+（或其他类型）和 MB 两种通信规约的现场总线。通信内容主要包括：各供气干管和总管的实时压力及每台空压机的运行状态（包括所有事故、故障、状态及启动次数累计等信号）及系统故障等信号。空压机成组控制系统与电站计算机监控系统公用 LCU 的数据通信介质采用双绞线传输方式。

7. 信号显示

本系统配置触摸屏，系统各设备的运行状态、运行参数、故障及事故信号均在触摸屏上进行显示，电站值班人员可在触摸屏上进行查询以及一些基本控制和操作。

（三）气系统控制结构

根据上述中压空压机系统控制要求列出相应 I/O 点表（见表 5-10）。

表 5-10 中压空压机 I/O 点表

DI	测点描述	DI	测点描述	DO	测点描述	AI	测点描述
1	交流电源消失	10	2 号空压机手动位置	1	1 号气机启停	1	储气罐压力
2	直流电源消失	11	2 号空压机自动位置	2	1 号气机启停		
3	事故总清按钮动作	12	2 号空压机运行信号	3	综合故障（点灯）		
4	1 号空压机控制电源消失	13	2 号空压机故障信号				
5	1 号空压机手动位置	14	储气罐压力过低				
6	1 号空压机自动位置	15	储气罐启动工作气机				
7	1 号空压机运行信号	16	储气罐启动备用气机				
8	1 号空压机故障信号	17	储气罐停止气机				
9	2 号空压机控制电源消失	18	储气罐压力过高				

1. 硬件配置

此控制系统采用南瑞自产 MB20 微型一体化智能可编程控制器，此 PLC 可编程控制器也可配置扩展模块，具体配置如图 5-40 所示。

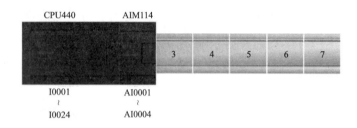

图 5-40　中亚空压机 PLC 配置图

根据上图列出所得 PLC 模块数量如下：

（1）单机 CPU 主控模件：MB20 CPU440 1 块。

（2）4 通道模拟量输入模块（4～20mA）：MB20 AIM114 1 块。

2. PLC 程序设计

采用南瑞 MB20 专用编程软件，根据设计流程使用梯形图来对空压机的控制进行编程。相关空压机的启停和轮换流程及 PLC 梯形图的编写，与调速器油压装置设计基本一致，基本变量表见表 5-11。

表 5-11　　　　　　　　　　　　中亚空压机 PLC 基本变量

编号	变量定义	变量名称	计算方式
1	启动主气机信号	PRESS _ L1	（DI [15] ＝＝1 OR AI _ REAL [1] ＜＝5.8）延时 2s
2	启动备用 1 气机信号	PRESS _ L2	（DI [16] ＝＝1 OR AI _ REAL [1] ＜＝5.6）延时 2s
3	停气机信号	PRESS _ OK	（DI [17] ＝＝1 OR AI _ REAL [1] ＞＝6.3）延时 2s
4	1 号气机自动位置	P1 _ AUTO	DI [6] ＝＝1
5	1 号气机运行状态	P1 _ RUN	DI [7] ＝＝1
6	1 号气机故障	P1 _ FLT	DI [8] ＝＝1 OR DI [4] ＝＝1 OR P1 _ STR _ FLT＝＝1
7	1 号气机启动失败	P1 _ STR _ FLT	
8	1 号气机停止失败	P1 _ STP _ FLT	
9	1 号气机满足启动条件	P1 _ CAN _ STR	P1 _ AUTO＝＝1 AND P1 _ FLT＝＝0
10	2 号气机自动位置	P2 _ AUTO	DI [11] ＝＝1
11	2 号气机运行状态	P2 _ RUN	DI [12] ＝＝1
12	2 号气机故障	P2 _ FLT	DI [13] ＝＝1 OR DI [9] ＝＝1 OR P2 _ STR _ FLT＝＝1
13	2 号气机启动失败	P2 _ STR _ FLT	
14	2 号气机停止失败	P2 _ STP _ FLT	
15	2 号气机满足启动条件	P2 _ CAN _ STR	P2 _ AUTO＝＝1 AND P2 _ FLT＝＝0

3. 机组 LCU 通信设置

由于系统与上述渗漏排水系统采用同系列 PLC，通信模式和上送数据与油压装置一致。

第三节　电动机启动控制

水电站辅助设备的油、水、气系统控制中，都有电动机启动控制问题，本节对电动机控制问题进行专门的讨论。

三相异步电动机是由静止的定子和旋转的转子两个主要部分组成，定子和转子之间有一定的气隙，电动机的主要参数有额定功率、电压、电流、频率、转速、功率因素、效率等，电动机通常根据不同的应用环境设计不同的启动方式和控制回路。

一、电机常用启动回路

电机动力回路是辅助设备控制系统的核心组成部分，它根据电动机不同的起动方式进行设计，对于额定功率 18.5kW 以下的小型电机常采用直接起动的方式，额定功率 18.5kW 以上的中大型电机，根据不同的应用场合，通常采用软起动、变频起动或星三角起动的方式。

（一）电机直接起动控制回路

电机直接启动回路一般由断路器＋接触器＋热继电器组成，控制简单可靠，适用于控制 18.5kW 及以下电动机，若对电机保护要求较高，可将主电路中的热继电器更换为电动机保护器。如图 5-41 所示，电动机额定功率 7.5kW，380V 交流电源通过 QF1 断路器、KM1 接触器、YD1 电动机保护器后接入电机，KW1 是控制电源回路监视继电器，KW1 的常闭节点向监控系统上送控制电源消失信号，SA1、SB11、SB12 分别是手自动切换把手、启动按钮和停止按钮。

手动控制模式下，SA1 的 13、14 节点导通，按下启动按钮 SB11，接触器 KM1 线圈导通，KM1 的辅助接点导通自保持回路，电机正常运行，按下停止按钮，自保持回路断开，电机停止。自动控制模式下，PLC 开出 XDO 动作，电动运行，XDO1 断开，电机停止。电动机保护器 YD1 的常闭接点接入控制回路，当有故障时自动切断接触器 KM1 线圈电源，停止电机。

（二）电机软启动控制回路

软启动器在水电站中广泛应用。软启动器是一种集电机软启动、软停车、轻载节能和多种保护功能于一体的新颖电机控制装置，它不仅实现在整个启动过程中无冲击而平滑的启动电机，而且可根据电动机负载的特性来调节起动过程中的参数，如限流值、启动时间等，此外，它还具有多种电机保护功能，从根本上解决了传统的降压启动设备的诸多弊端。

1号泵控制回路					
主电路	熔断器	控制电源监视	手动控制	自动控制	电机动保护器接线

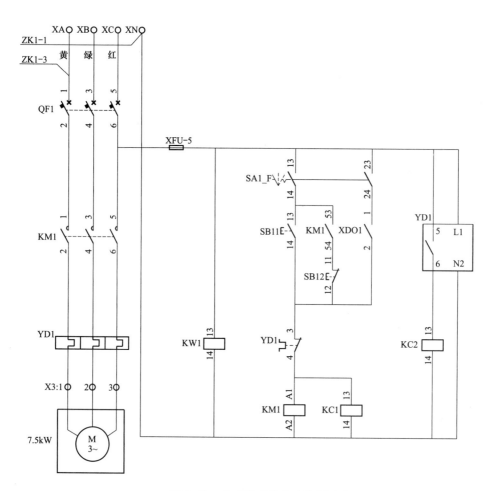

图 5-41　电动机直接启动控制回路

在应用软启动器时，电动机启动电流小、启动电压调节范围大，可以降低配电容量；启动时无冲击力矩，降低了机械应力，能够延长电动机及相关设备的使用寿命；启动电压可根据负载大小，进行合理调整，达到最佳启动效果；多种启动模式和微处理器控制系统，性能比其他降压启动方式更加可靠；由于控制元件及启动方式的不同，软启动器可以频繁启动电机。软启动器可设定启动模式，收到外部启动和停止命令后，按照预先设定的参数对电机进行控制，软启动器的控制模式有以下几种：

1. 限流软启动控制模式

电动机启动时，其输出电压从零迅速增加，直至输出电流达到设定的电流限幅值 Im，然后保证输出电流在不大于该值的情况下，电压逐渐升高，电动机逐渐加速，当电动机达到额定转速时，旁路接触器吸合，输出电流迅速下降至电机额定电流 Ie 以下，完成启动过程。

2. 电压斜坡启动控制模式

当电动机启动时，在电动机电流不超出额定值 400％的范围内，软启动器的输出电压迅速上升到整定值 U1，然后按设定的速率逐渐增加，电动机随电压的上升不断平稳加速，直至达到额定电压后，电机达到额定转速，旁路接触器吸合，启动过程完成。启动时间 T 是根据标准负载在标准实验条件下所得的控制参数，SJR2 系列软启动器以此参数为基准，通过控制输出电压使电机平稳加速以完成启动过程，并非机械的控制时间 T 而不论电机加速是否平稳，鉴于此在负载较轻时，启动时间往往小于设定的启动时间，只要能顺利启动则属正常，一般而言电压斜坡启动模式适用于对启动电流要求不严对启动平稳性要求较高的场所。

3. 突跳＋限流或突跳＋电压启动模式

在某些重载场合下，由于机械静摩擦力的影响而不能启动电机时，可选用此种启动模式。在启动时，先对电动机施加一个较高的固定的电压并持续有限的一段时间，以克服电动机负载的静摩擦力使电机转动，然后按限制电流或电压斜坡的方式启动。在选用此模式前，应先用非突跳模式启动电机，若电机因静摩擦力太大不能转动，再选用此模式，否则应避免用此模式启动，以减少不必要的大电流冲击。

4. 电流斜坡启动模式

电流斜坡启动模式具有较强的加速能力，适用与两极电动机，也可在一定范围内缩短启动时间。

软启动器利用晶闸管移相控制原理，通过微处理器的控制来改变晶闸管的开通程度，使电机输入电压按预设的函数关系逐渐上升。启动时，电机端电压随晶闸管的导通角从零逐渐增大，直至达到满足启动转矩的要求而结束启动过程。当启动完成后，软启动器输出额定电压，旁路接触器接通，电机进入稳态运行状态。停机时，先切断旁路接触器，然后软启动器内晶闸管导通角由大逐渐减小，使三相供电电压逐渐减小，电机转速逐渐减小到零，完成停机过程。软启动器在晶闸管两侧装设的旁路接触器，保证了晶闸管仅在启动、停车时工作，避免长期运行使晶闸管发热。同时可以避免在电机运行时软启动器产生的谐波，另一旦软启动器发生故障，可由旁路接触器作为应急备用。常用 ATS22 系列软启动器控制回路如图 5-42 所示。

（三）电机星三角启动控制回路

星三角启动是三相交流异步电动机常用的一种控制方式。它通过把电机启动过程划分为星形启动和三角形启动两部分，从而减小电机启动过程中电机绕组通过的电流，减少电机启动过程中承受的冲击，保护电机。

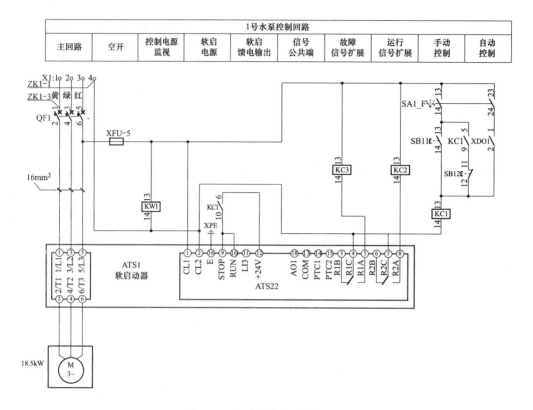

图 5-42　电动机软启动控制回路

如图 5-43 所示，当把手 SA1 打到手动位置时，KM1 接触器线圈先动作，KM1 主触点及对应辅助触点吸合，KM1 的辅助触点吸合后 KM2 接触器的线圈及时间继电器 KT1 线圈因而同时得电动作，时间继电器 KT1 开始计时，此时 KM1 与 KM2 接触器主触点均吸合，由主回路图可看出电机处于星形运行方式。

当时间继电器 KT1 计时到设定时间后，KT1 的常闭接点断开，常开接点吸合，此时 KM1 线圈失电导致 KM1 主触点及辅助触点反向动作，随后 KM3 线圈才得电动作（通过 KM1 的常闭触点实现两者的互锁），KM2 线圈通过自身的辅助触点自保持不变，即主回路转换为 KM2 线圈与 KM3 线圈同时保持动作，电机运行方式切换为三角形运行。

（四）变频启动控制回路

变频器是一种典型的采用了变频技术的电气设备，将工频（50Hz）交流电源转换成频率可变的交流电源提供给电动机，通过改变输出电源的频率对电动机进行调速控制。变频器主要分为交—直—交型变频器和交—交型变频器两类，交—直—交型较为常用。变频器生产厂家很多，主要有施耐德、西门子、三菱和 AB 等。变频器控制系统的调速控制方式主要有以下四种：

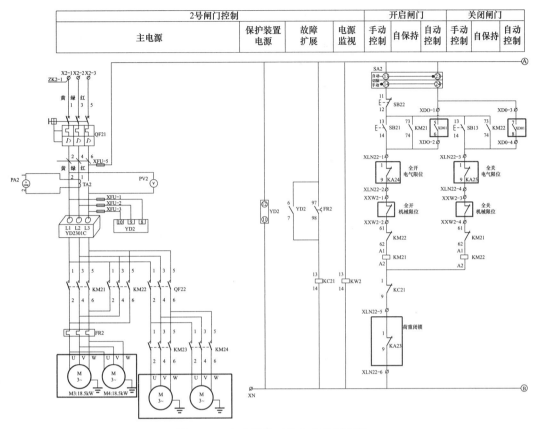

图 5-43　电动机星三角启动控制回路

1. 压/频控制方式

压/频同调方式主要有两种：整流变压、逆变变频方式和逆变变压变频方式。整流变压、逆变变频方式是指在整流电路进行变压，在逆变电路进行变频。逆变变压变频方式是指在逆变电路中同时进行变压和变频。

采用压/频控制方式的优点是控制电路简单、通用性强、性价比高、可配接通用标准的异步电动机，故变频器广泛采用这种控制方式。由于压/频控制方式未采用速度传感器检测电动机的实际转速，故转速控制精度较差，另外在转速低时产生的转矩不足。

2. 频率控制方式

转差频率控制采用控制电动机旋转磁场频率与转子转速频率之差来控制转矩，用测速装置实时检测电动机的转速频率，然后与设定转速频率比较得到转差频率，再根据转差频率形成相应的电压和频率控制信号，去控制主体电路。这种闭环控制方式的加减速性能有较大的改善，调速精度也大大提高了。但是由于不同的电动机特性有差异，所以采用转差频率控制方式的变频器通用性较差。

3. 变频控制方式

变频控制方式通过控制变频器输出电流的大小、频率和相位来控制电动机的转矩，从而控制电动机的转速。

4. 转矩控制方式

直接转矩控制是目前最先进的交流异步电动机控制方式，在中小型变频器中还很少采用。它通过检测定子电流和电压，计算出磁通和转矩，再经速度调节器、转矩调节器、磁链调节器、开关模式器来控制 PWM 逆变器。

常用的变频器控制回路如图 5-44 所示。

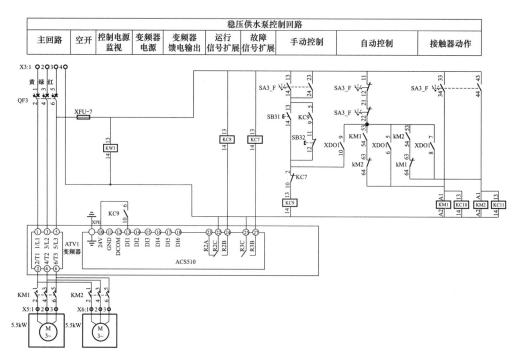

图 5-44　电动机变频启动控制回路

第四节　闸门 LCU 监控系统

闸门是水电站中必不可少的设备，承担着防洪、冲沙和进水等任务，是水电站安全运行的重要保证。由于闸门系统承担的任务不同，故闸门的类型也多样的。本节仅介绍常见的一些闸门及其控制特点。

闸门的主要作用是调节上下游水位和流量，为相关建筑物和设备的检修提供必要条件。一般在取水供水工程的输水管道上设置节制闸门，用于根据需要调节控制流量；在泵站进水口和一些隧洞、涵管、倒虹管等的进、出水口一般设置有检修闸门，为检修水工建筑物和泵组提供条件；在水库溢流坝和溢洪道上一般设置有泄洪工作闸门，用于控制水库的水位和泄往下游的洪水流量，最大限度地发挥水库的功能效益。

一、控制对象及主要功能

（一）闸门的种类及组成

闸门的种类繁多，分类方法也很多，一般可按闸门的工作性质、使用材料和制造方法、构造特征、孔口性质及规模来分类。

1. 工作性质分类

（1）工作闸门：指水工建筑物正常运行时需要关闭孔口的闸门，一般使用频繁，要求在动水条件下启闭，甚至部分开启以控制流量。

（2）事故闸门：指水工建筑物或有关设备发生事故时使用的闸门，为防止事故扩大，事故闸门一般要求在动水条件下关闭孔口。如有快速关闭的要求则称快速事故闸门。

（3）检修闸门：指水工建筑物或有关设备检修时使用的闸门，一般静水条件下操作。

2. 安装位置分类

（1）表孔闸门：位于拦水坝的顶部，用于溢洪、排漂等，一般使用平面闸门或弧形闸门。

（2）底孔闸门：位于拦水坝的底部，用于泄洪、排沙等，一般使用弧形门。

闸门一般主要由活动部分、埋设部分、启闭设备三大部分组成。

（1）活动部分：封闭孔口而又能根据需要开启孔口的闸门主体，一般称为门叶；

（2）埋设部分：埋设在土建结构中的构件，主要是孔口的门楣、底槛和支承轨道等，通过这些构件将门叶承受的荷载（包括自重等）传递给土建结构；

（3）启闭设备：控制门叶开启、关闭的操作机械。

启闭设备的形式多种多样，在水利水电工程中常用的有卷扬式、液压式和螺杆式启闭机等。启闭设备一般包括动力装置、传动装置、制动装置、连接装置和支承行走装置。

（二）卷扬启闭机

固定卷扬式启闭机一般由起升机构、机架及电气控制系统组成。起升机构主要由滑轮组、卷筒组、驱动装置（包括开式齿轮副、减速器、制动器和电动机等）及安全装置等部件组成。固定卷扬式启闭机具有结构紧凑、承载能力大、运行平稳可靠、安装维护方便，在启闭力和扬程方面有宽广的适应范围的优点，具有不能产生下压力，自重相对较大的缺点。

移动式启闭机的参数应根据水工建筑物的布置、闸门的运行要求，以及启闭机的技术经济指标等因素确定。移动式启闭机由起升机构、运行机构、安全保护装置、机架和轨道组成，其安全保护装置除固定式启闭机所有的电器保护装置、制动装置、荷载限制器、行程限制器外，还包括缓冲器、夹轨器、锚定装置和风速仪等。

（三）液压启闭机

液压传动是利用液体的压力能来传递能量的一种传动方式。液压式启闭机一般由液压系统和液压缸组成，多套启闭机可共用一个液压系统，它包括以下机构：

（1）动力装置：多采用柱塞泵，因其重要性液压启闭机的液压系统一般设置两套液压泵，互为备用。

（2）控制调节装置：即液压控制阀组，包括节流阀、换向阀、溢流阀等，其作用是对液压油的流量、方向、压力等进行控制调节。双吊点的液压启闭机因不能像卷扬式启闭机一样采用机械同步，故控制阀组需考虑同步措施。

（3）辅助装置：辅助装置包括油箱、油管、管接头、压力表和滤油器等。油箱的用途是储油和散热，并能沉淀油中杂质，分离油中的空气和水分等。油管、管接头把动力装置、调节控制装置、液压缸连接起来，组成一个完成的液压回路。

（4）液压缸：液压缸是液压传动中的执行元件，把液压油的液压能转化为机械能，根据液压缸内压力油的作用方向可分为单作用液压缸和双作用液压缸。

液压式启闭机的主要优点：

（1）结构简单，传动平稳，液压传动与电气控制结合，便于实现自动化；

（2）液压系统中的液压元件有标准化、系列化产品；

（3）承载能力大；

（4）易于防止过载，可实现无极调试；

（5）启闭机具有缓冲性能，可减小闸门的振动；

（6）在失去电源的事故情况下，可使闸门快速下降。

液压式启闭机的主要缺点：

（1）在液压元件与油缸的相对运动表面，不可避免地会有泄露，因此对加工精度要求较高；

（2）双吊点启闭机的吊点同步性相对较差；

（3）对于启门高度大的启闭机，油缸行程较大，缸体及活塞杆都比较长，加工比较困难。

液压启闭机的优势越来越明显，在水利水电工程中应用日渐普遍，近期国内大型水利水电工程普遍采用液压启闭机。

（四）螺杆启闭机

螺杆式启闭机由起重螺杆、承重螺母、传动机构、机架及安全保护装置等部分组成。传动机构通过齿轮或蜗轮驱动承重螺母转动，使起重螺杆作升或降的直线运动，从而达到闸门开启或关闭的目的。

螺杆式启闭机的传动机构可分为手动式、电动式和手电两用式三种，其布置形式有固定式和摆动式两种。

螺杆式启闭机的起重螺杆在下降过程中，能对闸门施加一定的下压力，帮助闸门下落，因此这种启闭机比较适合用在靠自重不能下降而需要加下压力的闸门上。

二、系统设计及设备配置

闸门监控系统必须稳定可靠，泄洪闸门控制系统如果发生比较严重的故障，造成汛期内泄洪闸门不能提起，无法正常泄洪对大坝的安全使用极具威胁；进水口闸门控制系统如果发生比较严重的故障，造成在事故停机时，进水口闸门无法关闭导致导叶损坏、水淹厂房等严重后果。

一般在电站大坝中，泄洪闸控制系统和进水口闸门控制系统，由于分别对大坝安全和厂房安全有重要的保护作用，因此对系统的稳定性和可靠性有着很高的要求。

（一）控制系统结构

例如控制对象为 3 孔卷扬启闭机式泄洪闸，不但要对 3 孔闸门实时数据进行监视，而且还要实现对闸门升、降，停等操作。

1. PLC 可编程控制器选型配置

根据需求整理 I/O 点表如表 5-12 所示。

表 5-12　　　　　　　　　　　　　　闸门 I/O 点表

DI	测点描述	DI	测点描述	DO	测点描述	AI	测点描述
1	1 号泄洪闸闸门现地控制	25	2 号泄洪闸闸门电机过流	1	1 号泄洪闸闸门紧急停止	1	1 号泄洪闸开度
2	1 号泄洪闸闸门远方控制	26	2 号泄洪闸闸门电源指示	2	1 号泄洪闸闸门起升	2	1 号泄洪闸闸门 1 号载荷
3	1 号泄洪闸闸门上升	27	2 号泄洪闸闸门全开	3	1 号泄洪闸闸门下降	3	1 号泄洪闸闸门 2 号载荷
4	1 号泄洪闸闸门下降	28	2 号泄洪闸闸门全关	4	1 号泄洪闸闸门停止	4	2 号泄洪闸开度
5	1 号泄洪闸闸门加速 1	29	2 号荷载仪 110% 报警	5	2 号泄洪闸闸门紧急停止	5	2 号泄洪闸闸门 1 号载荷
6	1 号泄洪闸闸门加速 2	30	2 号电源错断相指示	6	2 号泄洪闸闸门起升	6	2 号泄洪闸闸门 2 号载荷
7	1 号泄洪闸闸门加速 3	31	2 号总电源合闸指示	7	2 号泄洪闸闸门下降	7	3 号泄洪闸开度
8	1 号泄洪闸闸门加速 4	32	2 号控制电源合闸指示	8	2 号泄洪闸闸门停止	8	3 号泄洪闸闸门 1 号载荷
9	1 号泄洪闸闸门电机过流	33	2 号泄洪闸闸门现地控制	9	3 号泄洪闸闸门紧急停止	9	3 号泄洪闸闸门 2 号载荷
10	1 号泄洪闸闸门电源指示	34	2 号泄洪闸闸门远方控制	10	3 号泄洪闸闸门起升		
11	1 号泄洪闸闸门全开	35	2 号泄洪闸闸门上升	11	3 号泄洪闸闸门下降		
12	1 号泄洪闸闸门全关	36	2 号泄洪闸闸门下降	12	3 号泄洪闸闸门停止		
13	1 号荷载仪 110% 报警	37	2 号泄洪闸闸门加速 1				
14	1 号电源错断相指示	38	2 号泄洪闸闸门加速 2				
15	1 号总电源合闸指示	39	2 号泄洪闸闸门加速 3				
16	1 号控制电源合闸指示	40	2 号泄洪闸闸门加速 4				
17	2 号泄洪闸闸门现地控制	41	2 号泄洪闸闸门电机过流				
18	2 号泄洪闸闸门远方控制	42	2 号泄洪闸闸门电源指示				
19	2 号泄洪闸闸门上升	43	2 号泄洪闸闸门全开				
20	2 号泄洪闸闸门下降	44	2 号泄洪闸闸门全关				
21	2 号泄洪闸闸门加速 1	45	2 号荷载仪 110% 报警				
22	2 号泄洪闸闸门加速 2	46	2 号电源错断相指示				
23	2 号泄洪闸闸门加速 3	47	2 号总电源合闸指示				
24	2 号泄洪闸闸门加速 4	48	2 号控制电源合闸指示				

此控制系统采用南瑞自产 MB40 系列可编程控制器，此 PLC 可编程控制器为模块式，可以根据 DI、DO，AI 点数来配置模块使用数量，具体配置如图 5-45 所示。

根据上图列出所得 PLC 模块数量如下：

（1）6 槽基板插箱（带背板）：MB40CHS806E 1 块；

（2）电源模件：MB40 PSM129E 1 块；

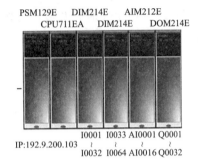

PSM129E   DIM214E   AIM212E
CPU711EA   DIM214E   DOM214E

IP:192.9.200.103

I0001 I0033 AI0001 Q0001

I0032 I0064 AI0016 Q0032

图 5-45   闸门系统 PLC 硬件配置

（3）单机 CPU 主控模件，单以太网口：MB40CPU711EA 1 块；

（4）32 点开关量输入模块：MB40 DIM214E 2 块；

（5）16 通道模拟量输入模块（4～20mA）：MB40 AIM212E 1 块；

（6）32 点开关量输出模块：MB40 DOM214E 1 块。

2. PLC 程序设计

采用南瑞 MBPro 专用编程软件，用梯形图调用流程图的方式来对闸门控制进行编程（见图 5-46）。

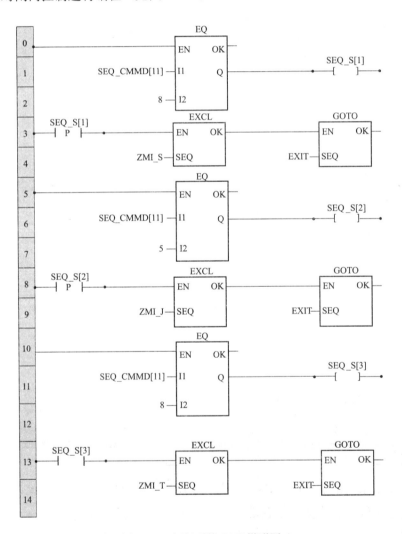

图 5-46   闸门系统 PLC 梯形图

闸门控制系统控制原理是监控系统下发对应的控制对象和控制性质，PLC 收到相应的控制对象和控制性质的码值后，执行相应操作，如图中当 SEQ _ CMMD [11]＝8 时，调用流程图 ZM1_S 来进行闸门提升操作，这里控制对象码是 11（1 号闸门），控制性质码是 8（提升闸门），流程图 ZM1_S 是闸门提升的流程图，以此规律，当 SEQ_CMMD [11]＝5 时，调用流程图 ZM1_J 来进行闸门下降操作，当 SEQ_CMMD [11]＝2 时，调用流程图 ZM1_T 来进行闸门停止操作，当 SEQ_CMMD [11]＝1 时，调用流程图 ZM1_JT 来进行闸门紧急停止操作，这里注意控制性质码值越小，控制优先级越高。

（二）主要设备

1. 开度仪

开度仪一般含开度显示表头、编码器及机械限位仪。开度显示表头一般选用 GP1312RL 系列 SSI 位移变送器，可联接 SSI 信号的单圈绝对型编码器 10～24 位、多圈绝对值编码器 24 或 25 位、或直线传感器 10～24 位，仪表有多种安装形式可选，自带 6 位高亮度数码显示，多种输出：一路 4～20mA 模拟量、一路 RS485 数字信号、2～8 个预设位置开关。

2. 编码器

编码器一般选用绝对值旋转编码器，无机械限位仪时直接与滚筒同轴连接或通过传动机构连接，有机械限位仪时直接与限位仪同轴连接（配套供货），机械限位仪再与滚筒同轴连接或通过传动机构连接，编码器输出 SSI 信号给开度显示表头，与表头之间通过 6 根信号线连接（电源的＋/－，信号的＋/－，时钟的＋/－），而机械限位仪提供 2 对可调整的机械限位接点（开闭可选）给控制柜作为极限位置保护以切断动力电源。

3. 拉绳装置

对部分闸门编码器无法与滚筒同轴或通过传动装置连接时，以及液压闸门泵站自身不带编码器时，均需另外选择一套拉绳装置，以配合旋转编码器进行开度的测量，拉绳装置其实就是将钢丝绳收拉移动转换成旋转运动，并与旋转编码器联动的装置，以达到用旋转编码器来测量线性位移的目的。

4. 荷重仪

含荷重显示仪和配套传感器，能够测量两路起吊荷重，数字显示直观、清晰。所有设置或标定的参数都具有断电永久记忆功能，荷重仪传感器安装在启闭设备的定滑轮出线钢丝绳上或卷筒一端轴承座下，荷重显示仪则安装在控制屏柜上，负责采集荷重仪传感器信号为控制系统提供闸门的荷重变化信号，同时具有荷重超限报警，当测得当前荷重超过 110％额定荷重时，过载继电器触点输出接点导通的功能，能保证一旦出现荷重超限，立即切断动力设备的供电回路，实现安全保护作用。

三、闸门 LCU 流程控制

根据闸门控制系统中不同的控制对象，控制流程主要包括：表孔闸门控制流程；底孔闸门控制流程；进水口闸门控制流程。表孔闸门和底孔闸门的控制流程及常规液压闸门控制流程类似，进水口闸门的控制流程有些特殊（见图 5-47～图 5-49）。

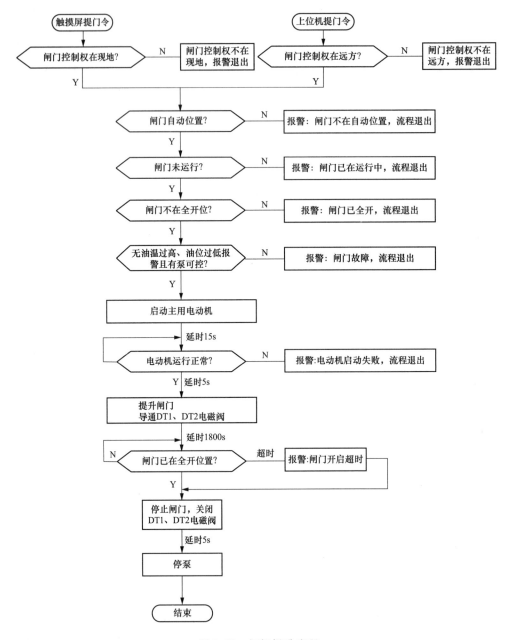

图 5-47　闸门提升流程

以闸门开启流程为例：流程开始→闸门满足启动条件→启动液压泵→液压泵启动成功→开启建压阀→压力正常→开启开门阀→闸门上升→闸门达到指定位置→关闭开门阀→关闭建压阀→停止液压泵→流程结束。

1. 表孔闸门控制

表孔闸门多用双吊点的液压系统，而底孔闸门多用单吊点的液压闸门系统，由于采用不同类型的液压系统，所以在控制流程上也有些差别。表孔闸门控制流程中，多了自动纠偏流程：闸门启闭中→左臂开度-右臂开度大于 A 值→左臂纠偏电磁阀动作→左臂开度-右臂开度小于 A 值→左臂纠偏电磁阀复归（或者右臂开度-左臂开打大于 A 值→右臂纠偏电磁阀动作→右臂开度-左臂开度小于 A 值→右臂纠偏电磁阀复归）→闸门停止→流程结束（A 值是根据闸门要求设置）。

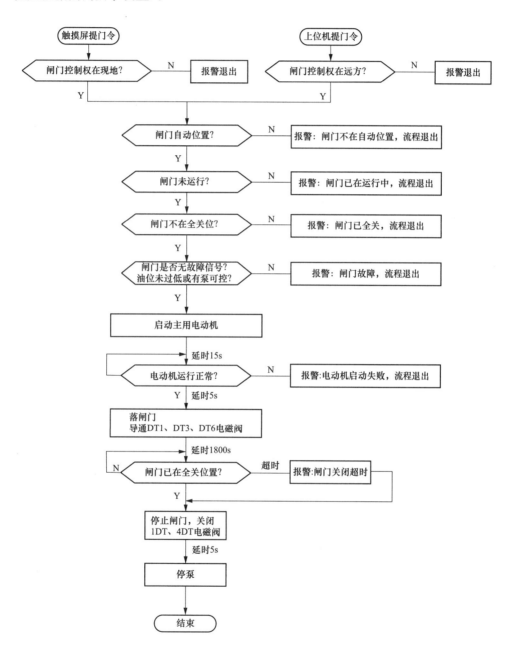

图 5-48　闸门下降流程

　　当闸门在自动启闭过程中，闸门的左右臂在同一时间段内，移动的行程不相等，产生一个偏差值，当偏差值大于某值时，投入自动纠偏功能，使这个偏差值不断缩小，从而达到闸门平稳启闭。若这个偏差值没有缩小，反而增大到某个值，那么要立即停止闸门当前动作并报警，待检修人员处理完故障后，方可继续操作。纠偏功能只有在双吊点液压设备中才存在。

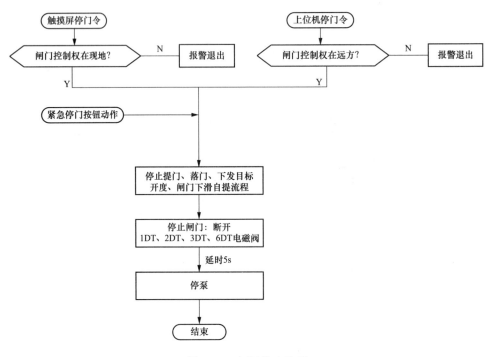

图 5-49　闸门停止流程

表孔闸门的体积一般较大较重，使用单吊点液压设备，容易发生闸门倾斜现象，导致闸门受力分布不均，产生闸门变形。而双吊点液压设备，通过纠偏功能，有效避免闸门倾斜现象的发生，所以表孔闸门多用双吊点液压设备，底孔多用单吊点液压设备。由于闸门加工、安装和工作环境等的各种原因，闸门启闭时不可避免会发生闸门倾斜现象，所以纠偏功能是必须的。

2. 进水口闸门控制

进水口闸门主要用来控制机组进水口。为了保证机组和厂房的安全，必须满足快速关闭这一功能，所以采用快速闸门。

进水口闸门提起，水流通过进水口管道涌入水轮机中。由于落差大，若闸门直接提起，冲击水轮机的水压过大，对水轮机造成伤害。为了避免这个问题，在提门时先提一小段，打开冲水阀向管路中冲水，当监测到闸门前后压差到达平压要求后，再将闸门提至全开高度；

进水口闸门提至全开后，除非遇到紧急事故或者相应机组长时间没有发电任务才关闭，所以进水口闸门要求可以长时间保持全开状态。

为了保证进水口闸门可以长时间保持全开状态，通常设置闸门下滑 200mm 点和闸门下滑 300m 点这两个位置点。通过这两个点启动闸门，启动闸门下滑程序，重新提起闸门到全开位置。

通常闸门下滑 200mm 点，启动主用油泵；闸门下滑 300mm 点，启动备用油泵。

进水口闸门关闭时，通常是打开闭门阀，闸门依靠自身重力下落。进水口闸门从全开到全关时间是要求的，可以通过控制泄油量，调整闸门下落的速度，改变闸门的关闭时间。

进水口闸门提门流程：流程开始→闸门满足提门条件→启动液压泵→开启建压阀→压力正常→开启开门阀→闸门上升→冲水阀打开→关闭开门阀→关闭建压阀→停止液压泵→平压信号正常→启动液压泵→开启建压阀→压力正常→开启开门阀→闸门上升→闸门达到全开位置→关闭开门阀→关闭建压阀→停止液压泵→流程结束。

进水口闸门下滑提升流程：流程开始→闸门满足启动条件→启动液压泵→开启建压阀→开启开门阀→闸门上升→闸门达到全开位置→关闭开门阀→关闭建压阀→停止液压泵→流程结束。

闸门关闭流程：流程开始→闸门满足闭门条件→打开落门阀→闸门下降→闸门达到全关位置→关闭落门阀→流程结束。

3. 闸门控制流程注意点

进水口闸门的流程相对表孔和底孔闸门的流程较复杂，主要有：

（1）提门时先提至冲水平压阀打开位置，等冲水平压信号正常后，方可继续提门到全开位置。

（2）落门时通过闸门自身重力下落，下落速度较快，不需启动液压泵。

（3）进水口闸门下滑后，可以自动重新提至全开位置。

闸门一旦在运行中发生误操作，会造成重大的人员伤亡事故和财产损失。因此在闸门控制回路和控制流程中，需要设置以下控制闭锁：

（1）当闸门左右两边的开度差值超出极限差值后，要立即停止当前闸门操作并禁止任何自动操作。

（2）不同的进水口闸门不可同时进行提门操作。

（3）闸门运行过程中，设置全开、全关限位开关的控制闭锁。

第五节　其他公用子系统

一、中控室紧急按钮回路设计

中控室紧急按钮控制箱设置机组紧急停机按钮、上库进出水口闸门紧急关闭按钮、机组尾水闸门紧急关闭按钮，按钮动作信号分别输出至中控楼独立光纤硬布线紧急操作点对点光端机和中控楼现地控制单元数字量输入回路。

当中控室紧急按钮控制箱的机组紧急停机按钮动作时，机组紧急停机信号通过点对点光端机送至地下厂房独立光纤硬布线紧急操作 PLC，该 PLC 输出相应机组的紧急停机命令至机组现地控制单元内的事故停机硬布线回路，实现联动。

当中控室紧急按钮控制箱的机组尾水闸门紧急关闭按钮动作时，机组尾水闸门紧急关闭信号通过点对点光端机送至地下厂房独立光纤硬布线紧急操作 PLC，该 PLC 输出相应机组的紧急停机命令至机组现地控制单元内的事故停机硬布线回路，实现联动；同时采集机组进水阀、导叶、机组出口断路器、励磁系统磁场断路器、尾水闸门状态进行逻辑判断，当机组尾水闸门关闭条件满足时，PLC 输出相应机组的尾水闸门关闭命令至尾水闸门控制柜。

当中控室紧急按钮控制箱的上库进出水口闸门紧急关闭按钮动作时，上库进出水口闸门紧急关闭信号通过点对点光端机分别送至上库进出水口闸门控制柜和地下厂房独立光纤硬布线紧急操作 PLC，地下厂房独立光纤硬布线紧急操作 PLC 再输出相应机组的紧急停机命令至机组现地控制单元内的事故停机硬布线回路，实现联动；同时输出相应的上库进出水口闸门紧急关闭命令，通过点对点光端机送至上库进出水口闸门控制柜。

中控室紧急按钮控制箱功能如图 5-50 所示。

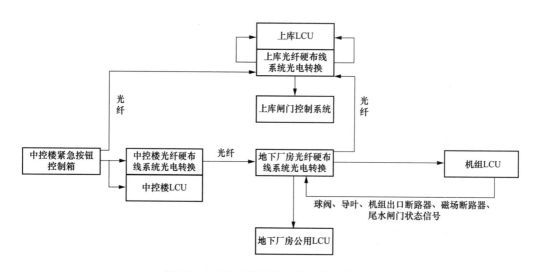

图 5-50　中控室紧急按钮控制箱功能框图

中控室紧急按钮控制箱紧急按钮动作信号同时输出至中控楼现地控制单元，通过电站计算机监控系统双环形网络实现冗余的紧急按钮控制功能。

二、水淹厂房紧急停机回路设计

水淹厂房控制箱布置于地下厂房发电机层主要疏散通道上，每个水淹厂房紧急按钮控制箱设置一个水淹厂房紧急按钮，紧急按钮动作信号分别输出至地下厂房现地控制单元独立光纤硬布线紧急操作系统及地下厂房公用设备现地控制单元。

水淹厂房既可由运行人员通过按钮启动，也可通过地下厂房不同部位安装的 3 套水位测量装置发出的信号，在独立光纤硬布线紧急操作系统内进行"三取二"逻辑判断，获取水淹厂房停机信号。

当地下厂房现地控制单元独立光纤硬布线紧急操作系统收到水淹厂房停机信号后，输出上库各进出水口闸门紧急关闭命令至上水库各进出水口事故闸门控制柜，输出各机组的紧急停机命令至各机组现地控制单元内的机组紧急停机回路，当地下厂房现地控制单元独立光纤硬布线紧急操作系统收到各机组的导叶、进水阀在全关位置的信号后，根据闭锁条件对应输出机组尾水闸门紧急关闭命令至各机组尾水闸门现地控制柜。

水淹厂房功能功能如图 5-51 所示。

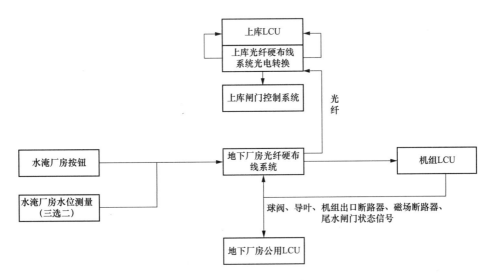

图 5-51 水淹厂房功能框图

水淹厂房动作信号同时输出至厂房公用现地控制单元，通过电站计算机监控系统双星形网或双环形网络实现冗余的机组紧急停机、机组尾水闸门紧急关闭和上库进出水口闸门紧急关闭功能。

探索与思考

1. 水电站油气水辅助系统管路繁杂，在监控系统搭建的时候，基本的主要是主体设备，而管路中的各种阀门等等并未进入监控系统，为什么？

2. 油气水系统中控制的主体设备相似，油系统—油泵，水系统—水泵，气系统—空压机，而且控制流程设计也非常相似。选择其中两个系统，对比分析异同点，有何更好的措施，提高系统控制可靠性。

3. 思考厂用电、辅助设备系统与监控系统的协同和配合问题？有何新的思路？

4. 设置中控室紧急按钮回路、水淹厂房紧急停机回路有何意义？有何更好的解决方案？还可设置怎么的控制回路，保障机组和电站的安全。

第六章　开关站控制单元

水电站开关站主要由变压器、断路器、隔离开关、接地刀闸、避雷器、电压互感器及电流互感器等设备构成。而开关站通过变压器提升电压等级，最终将电能输送至电网，同时也能降低输送电能的损耗。

开关站控制单元主要控制对象有断路器、隔离开关和接地刀闸，不同的控制对象操作闭锁条件也不一样。根据开关站设计要求，开关站操作闭锁一般分机械闭锁、电气闭锁和开关站控制单元软件逻辑闭锁三部分。这里主要介绍通过 PLC 实现开关站控制单元软件逻辑闭锁控制。

开关站控制单元用于数据采集设备有开关量模件、模拟量模件、交流量采集表，采集信息来源于电气一、二次设备的控制选择、位置状态、报警、故障及相关的电气量。PLC通过采集获得的信息，通过流程设计相应的逻辑闭锁。

第一节　开关站 LCU 硬件设计

一、设计思路

水电站的开关站主要包括变压器、高压断路器、隔离开关、接地刀闸、母线和避雷器等。电气二次设备是指对一次设备和系统的运行工况进行测量、监视、控制和保护的设备，主要包括继电保护装置、自动装置、测控装置（电流互感器、电压互感器）、计量装置、自动化系统以及为二次设备提供电源的直流设备。

（一）控制对象

开关站 LCU 控制对象主要有变压器、母线及线路、断路器、隔离开关、接地刀闸。

1. 变压器

变压器是开关站较为核心设备，通常配置电气量保护和非电气量保护。电气量保护装置有主变压器差动保护装置、高压侧后备保护装置、低压侧后备保护装置。非电气量保护有压力释放、油温高、本体重瓦和有载重瓦等。当变压器发生内部短路，从而引起电气量的变化，通过继电保护跳开变压器高低压侧的断路器，切断故障点，防止事故的蔓延。当变压器发生油温高等非电量故障，通过非电量保护装置直接跳开变压器高低压测的断路器。

对于变压器而言，开关站 LCU 需要监视变压器的各个继电保护装置闭锁、故障、告警、保护跳闸、保护装置失电、控制回路断线，这些信号通过硬接线送给开关站 LCU 的开关量。因各个继保保护装置的保护事件信息较多，通过开关站 LCU 的通信管理装置与各个继电保护装置通信，这样能方便获取全部保护事件的信息。

2. 母线及线路

开关站的母线及线路继电保护主要有线路保护和母线保护。线路保护装置一般通过硬接线上送至开关站 LCU 的信号有保护跳闸、重合闸动作、装置告警、装置闭锁、装置故障，而母线保护装置通过硬接线上送开关站 LCU 的信号有母差动作、母线失灵保护动作、保护 TA 断线、保护 TV 断线和装置告警等。开关站 LCU 为了采集出线线路的电压、电流、功率等电气量数据，则需要配置交流采集装置。

3. 断路器

开关站断路器一般安装于户外，可手动操作、电动操作和遥控分合闸操作。断路器除了本体机构外，还有需配置一个操作箱，用于现地分合闸断路器以及分合指示灯等。开关站 LCU 需要采集断路器的远控方式、位置状态、弹簧未储能、操作机构电源故障、SF_6 气压报警与闭锁等，同时通过开关站 LCU 的开出量遥控断路器分合闸。

4. 隔离开关

隔离开关是一种无灭弧功能的开关器件，只能在没有负荷电流的情况下分合电路，工作原理和结构比较简单。一般送电操作时，先合隔离开关，后合断路器或负荷类开关；断电操作时，先断开断路器或负荷类开关，后断开隔离开关。开关站 LCU 一般采集隔离开关的位置状态、远控方式、控制电源等，同时通过开挂站 LCU 单元的开出量遥控隔离开关的分合闸。

5. 接地刀闸

接地刀闸的作用是对线路进行放电和防止误送电给检修人员带来的危险。当设备需要停电检修时，在开关断开且经验电，确认无电后，合上接地刀闸。开关站 LCU 一般采集接地刀闸的位置状态并对其遥控分合闸。

（二）基本架构

1. 开关站 LCU 设备构成

交直流双供电装置、开关电源、柜内日光灯、触摸屏、交换机、光纤保护盒、交流采集装置、电压变送器、通信管理装置、自动准同期装置、PLC 模件。PLC 模件通常有开关量模件、模拟量模件、开出量模件、模出模件、CPU 模件、电源模件和以太网模件等。

2. 电源回路的设计

根据供电电压等级一般可以分为 AC 220V（国外采用 AC 110V）、DC 220V（国外采用 DC 110V）、DC 24V。通常由外部提供一路交流 220V（来自厂用电）和一路直流 220V（来自直流系统），经过交直流双供电装置输出 DC 220V；输出的 DC 220V 通过开关电源转为 DC 24V，而 DC 24V 通常为 PLC 电源模件、开关量模件、模拟量模件、开出量模件、触摸屏、交换机。

机柜柜内照明电源，采用输入厂用电 AC 220V 供电。

交直流双供电装置输出 DC 220V 可以供工作电源为直流 220V 的设备（交流采集装置、电压变送器）、自动准同期装置以及开关电源。

考虑有些 24V 电源设备需要接入外部设备以及功率大小因素，通常采用数块开关电源分别独立供电。触摸屏、交换机和 PLC 电源模件采用一块开关电源，开关量类型模件 DC 24V 采用一块开关电源，开出量类型模件 DC 24V 采用一块开关电源，模拟量类型模件 DC 24V 采用一块开关电源。

3. 开关站 LCU 远控方式

计算机监控系统是采用分布分层结构，因此开关站 LCU 需要设置现地远方把手。当开关站 LCU 把手切换至远方，只能执行计算机监控系统上位机控制下发的命令；当开关站 LCU 把手切换至现地，只能执行开关站 LCU 的触摸屏控制下发的命令。将现地把手作为开关量引入开关量模件，通过 PLC 程序实现现地与远方的闭锁。

（三）典型配置

典型的开关站 LCU 的配置包括：供电设备（交直流双供电装置、DC 24V 开关电源）、触摸屏（人机界面输入与输出接口）、自动准同期装置（用于开关站同期点的同期）、现地把手、交流采集装置（测量出线线路、主变高低侧的电气量）、交换机（开关站 LCU 与上位机通信）、通信管理机（用于与交流采集装置、继电保护等外部通讯）、机柜柜体、PLC 系统。

PLC 系统的配置包括：

（1）CPU 模件：单机系统，只需一个 CPU 模件；双机系统，需配置两个冗余 CPU 模件及热备冗余电缆。

（2）安装底板：PLC 的模件都必须安装在底板内，I/O 模件及其他模件的数量决定安装底板的数量。

（3）电源模件：用于所有 PLC 模件供电，根据现场实际需求不一样，一块安装地板可以配置一块或者两块电源模件。

（4）开关量模件：包括普通型开入模件和事件顺序记录（SOE）型开入模件，根据工程实际需求数量选择配置。

（5）开出量模件：用于把内部测点的 0/1 状态转换为对外部设备如继电器、指示灯等的 ON/OFF 控制信号，开出量模件与继电器配套使用，根据工程实际需求数量选择配置。

（6）模拟量模件：通常包括电流型模拟量模件和电压型模拟量模件，自动元件基本采用 4~20mA 电流输出，因此通常只需配置电流型模拟量模件，根据工程实际需求数量选择配置。

二、同期装置设计

在开关站运行的过程中，经常需要把开关站系统与电网系统进行并列运行，这样断路器就需要进行同期合闸。开关站的同期点一般选择出线线路断路器、主变高压侧断路器（也可选择主变压器低压侧断路器），因此开关站自动同期需要选择多对象自动准同期装置。开关站自动准同期装置一般不进行频率和电压调节，采用双通道配置相互检查的控制原理，并与检同期装置串联输出，避免由于同期装置故障引起非同期合闸。因水电站开关站同期使用频率较小，常规只选配自动准同期装置。

自动准同期装置只有在启动同期时，才需要引入断路器两侧电压，作为判断同期的条件。利用这一特点，通过两个同期继电器分别选择系统侧和对象侧电压。多对象同期相同的回路共用，多对象不同的同期回路并联，同期结束切断所有同期回路。

根据本章第三节某电站开关站电气主接线图 6-9，设计开关站 LCU 自动准同期电气回路如图 6-1 所示。该开关站同期点设置有 121 断路器、122 断路器、123 断路器、6 断路器、7 断路器、5 断路器，即一套同期装置用于管理这六个断路器的同期操作。采用 1KS1～1KS10 继电器来选择相应断路器两侧电压、启动同期以及选择自动准同期的对象，最终通过 2KS1～2KS6 继电器输出合闸。

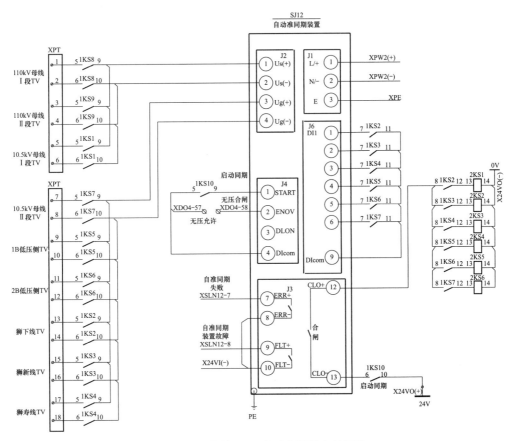

图 6-1　开关站 LCU 自动准同期电气回路

开关站自动准同期装置对于每个同期对象均可以设置独立同期参数，断路器同期参数包括合闸脉冲导前时间、允许压差的范围、允许频差的范围、相角差补偿的角度、系统电压补偿因子、待并电压补偿因子。只有在各个同期参数满足合闸条件，自动准同期装置才会输出合闸命令。

第二节　开关站主要设备操作流程

开关站的主要操作设备有断路器、隔离开关和接地刀闸三种。为保障操作安全，通常均设置操作闭锁条件，操作闭锁条件是根据具体接线和设备配置情况设置的。本节给出的闭锁条件是通用的，第三节结合具体实例给出具体的闭锁设置。

一、断路器操作闭锁

1. 断路器合闸操作闭锁条件

（1）断路器远方控制；

（2）断路器在分闸位置；

（3）断路器两侧隔离开关在合闸位置；

（4）断路器联锁解除；

（5）断路器弹簧已储能；

（6）断路器信号电源正常；

（7）断路器储能电动机控制回路电源正常；

（8）断路器单元 SF_6 气压正常，且无 SF_6 低气压闭锁信号；

（9）断路器电动机正常；

（10）断路器电动机电源正常；

（11）断路器单元无保护动作信号；

（12）断路器操作箱无事故总报警信号；

（13）断路器两侧 TV 已投入且无断线报警信号；

（14）开关站 LCU 远方控制；

（15）断路器自动准同期装置正常且在自动准同期方式。

2. 断路器分闸操作闭锁条件

（1）断路器远方控制；

（2）断路器不在分闸位置；

（3）断路器单元无 SF_6 低气压闭锁信号；

（4）开关站 LCU 远方控制。

3. 断路器流程框图设计

（1）断路器通过自准同期装置合闸流程框图设计如图 6-2 所示；

（2）非同期点断路器合闸流程框图设计如图 6-3 所示；

（3）断路器分闸流程框图设计如图 6-4 所示。

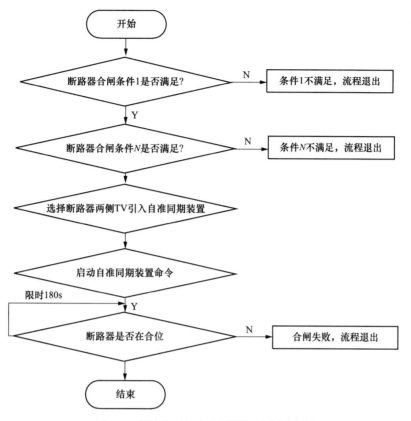

图 6-2 断路器通过自准同期装置合闸流程

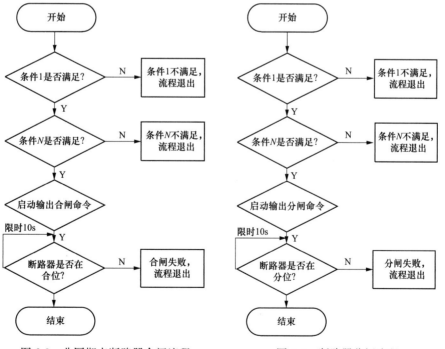

图 6-3 非同期点断路器合闸流程   图 6-4 断路器分闸流程

二、隔离开关操作闭锁

1. 隔离开关合闸操作安全闭锁条件

（1）隔离开关远方控制；

（2）隔离开关在分闸位置；

（3）隔离开关信号电源正常；

（4）隔离开关控制电源正常；

（5）隔离开关联锁解除；

（6）隔离开关两侧接地开关在分闸位置；

（7）隔离开关单元断路器在分闸位置；

（8）开关站 LCU 远方控制。

2. 隔离开关分闸操作安全闭锁条件

（1）隔离开关远方控制；

（2）隔离开关不在分闸位置；

（3）隔离开关信号电源正常；

（4）隔离开关控制电源正常；

（5）隔离开关联锁解除；

（6）隔离开关两侧接地开关在分闸位置；

（7）隔离开关单元断路器在分闸位置；

（8）开关站现地控制单元正常。

3. 隔离开关流程框图设计

（1）隔离开关合闸流程框图设计如图 6-5 所示。

（2）隔离开关分闸流程框图设计如图 6-6 所示。

三、接地刀闸操作闭锁

1. 接地刀闸合闸操作安全闭锁条件

（1）接地刀闸远方控制；

（2）接地刀闸不在合闸位置；

（3）接地刀闸联锁解除；

（4）接地刀闸单元隔离开关在分闸位置；

（5）开关站 LCU 远方控制。

2. 接地刀闸分闸操作安全闭锁条件

（1）接地刀闸远方控制；

（2）接地刀闸不在分闸位置；

（3）接地刀闸单元隔离开关在分闸位置；

（4）开关站 LCU 远方控制。

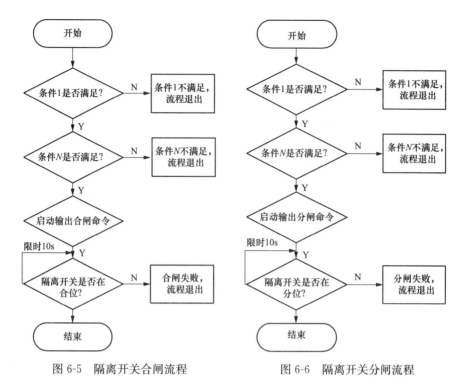

图 6-5　隔离开关合闸流程　　　　　　图 6-6　隔离开关分闸流程

3. 接地刀闸流程框图设计

（1）接地刀闸合闸流程框图设计如图 6-7 所示。

（2）接地刀闸分闸流程框图设计如图 6-8 所示。

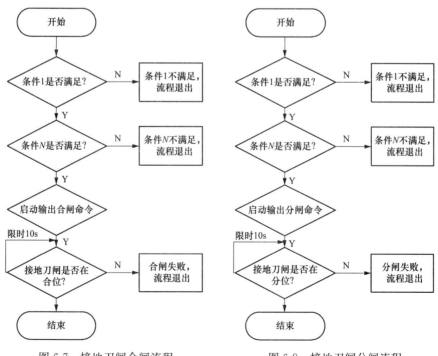

图 6-7　接地刀闸合闸流程　　　　　　图 6-8　接地刀闸分闸流程

本节给出的流程属于通用流程，在后续第三节结合具体设备给出的流程可与上述流程进行对比分析。

第三节　开关站 LCU 实例分析

一、开关站电气主接线图

某水电站开关站电气主接线如图 6-9 所示，下面以此为案例进行分析设计。

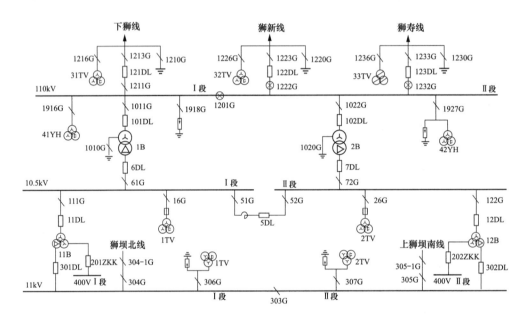

图 6-9　开关站电气主接线

二、PLC 程序防误设计

开关站中断路器、隔离开关及接地刀闸设备都是按照先后顺序执行操作，利用这个特点，开关站 PLC 程序设置成不能同时执行多流程操作。

下面以 110kV 出口侧下狮线断路器 121 及其关联的隔离开关 1211G、1213G 和接地刀闸 1210G 举例。

1. 121DL 同期合闸流程闭锁条件

（1）狮下线 121DL SF$_6$ 气压无报警；

（2）狮下线 121DL SF$_6$ 气压无闭锁；

（3）狮下线 121DL SF$_6$ 弹簧已储能；

（4）狮下线 121DL 电机电源无短路故障；

（5）狮下线控制回路无断线；

（6）狮下线线路保护装置未闭锁；

（7）狮下线 121DL 在远控方式；

（8）狮下线 121DL 在分位；

（9）1210G 在分位；

（10）1201G 在合位；

（11）1211G 在合位；

（12）1213G 在合位。

2. 121DL 无压合闸流程闭锁条件

（1）狮下线 121DL SF$_6$ 气压无报警；

（2）狮下线 121DL SF$_6$ 气压无闭锁；

（3）狮下线 121DL SF$_6$ 弹簧已储能；

（4）狮下线 121DL 电机电源无短路故障；

（5）狮下线控制回路无断线；

（6）狮下线线路保护装置未闭锁；

（7）狮下线 121DL 在远控方式；

（8）狮下线 121DL 在分位；

（9）1210G 在分位；

（10）1201G 在合位；

（11）1211G 在合位；

（12）1213G 在合位。

3. 121DL 分闸流程闭锁条件

（1）狮下线 121DL SF$_6$ 气压无报警；

（2）狮下线 121DL SF$_6$ 气压无闭锁；

（3）狮下线 121DL 电机电源无短路故障；

（4）狮下线控制回路无断线；

（5）狮下线 121DL 在远控方式；

（6）狮下线 121DL 在合位。

4. 狮下线 1211G 隔离开关合闸流程闭锁条件

（1）狮下线 1211G 在远控方式；

（2）狮下线 121DL 在分位；

（3）狮下线 1211G 在分位。

5. 狮下线 1211G 隔离开关分闸流程闭锁条件

（1）狮下线 1211G 在远控方式；

（2）狮下线 121DL 在分位；

（3）狮下线 1211G 在合位。

6. 狮下线 1210G 接地刀闸合闸流程闭锁条件

（1）狮下线 1210G 在远控方式；

（2）狮下线 1210G 在分位；

（3）狮下线 1213G 在分位；

（4）狮下线出线电压为零且对侧线路隔离开关在分位。

7. 狮下线 1210G 接地刀闸分闸流程闭锁条件

（1）狮下线 1210G 在远控方式；

（2）狮下线 1210G 在合位；

（3）狮下线 1213G 在分位。

8. PLC 硬件配置

根据 1～7 闭锁条件，PLC 中硬件配置为 1 块电源模件 PSM129E、1 块 CPU 模件 CPU711EA、1 块开入模件 IIM214E 及 1 块开出模件 DOM214E，如图 6-10 所示。

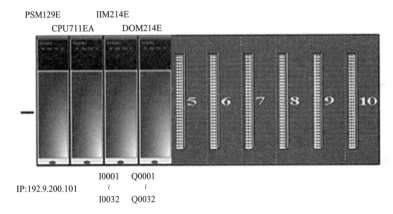

图 6-10 PLC 硬件配置示意图

表 6-1   I/O 点表

序号	开入变量名	测点描述	序号	开出变量名	测点描述
1	I001	狮下线 121DL SF$_6$ 气压无报警	1	Q001	投 110kV 母线 TV
2	I002	狮下线 121DL SF$_6$ 气压无闭锁	2	Q002	投狮下线 TV
3	I003	狮下线 121DL SF$_6$ 弹簧已储能	3	Q003	启动 121DL 同期合闸
4	I004	狮下线 121DL 电机电源无短路故障	4	Q004	启动 121DL 无压合闸
5	I005	狮下线控制回路无断线	5	Q005	分 121DL
6	I006	狮下线线路保护装置未闭锁	6	Q006	合 1211G
7	I007	狮下线 121DL 在远控方式	7	Q007	分 1211G
8	I008	狮下线 121DL 在分位	8	Q008	合 1210G
9	I009	狮下线 121DL 在合位	9	Q009	分 1210G
10	I010	备用 I10	10	Q010	备用 Q10
11	I011	1201G 在合位	11	Q011	备用 Q11
12	I012	1211G 在合位	12	Q012	备用 Q12
13	I013	1213G 在合位	13	Q013	备用 Q13
14	I014	1216G 在合位（出线侧 TV 隔离刀闸）	14	Q014	备用 Q14
15	I015	1916G 在合位（母线侧 TV 隔离刀闸）	15	Q015	备用 Q15
16	I016	狮下线 1211G 在远控方式	16	Q016	备用 Q16
17	I017	狮下线 1211G 在分位	17	Q017	备用 Q17

序号	开入变量名	测点描述	序号	开出变量名	测点描述
18	I018	狮下线 1211G 在合位	18	Q018	备用 Q18
19	I019	狮下线 1210G 在远控方式	19	Q019	备用 Q19
20	I020	狮下线 1210G 在分位	20	Q020	备用 Q20
21	I021	狮下线 1213G 在分位	21	Q021	备用 Q21
22	I022	狮下线出线无压	22	Q022	备用 Q22
23	I023	狮下线对侧线路隔离开关在分位	23	Q023	备用 Q23
24	I024	狮下线 1210G 在合位	24	Q024	备用 Q24
25	I025	备用 I25	25	Q025	备用 Q25
26	I026	备用 I26	26	Q026	备用 Q26
27	I027	备用 I27	27	Q027	备用 Q27
28	I028	备用 I28	28	Q028	备用 Q28
29	I029	备用 I29	29	Q029	备用 Q29
30	I030	备用 I30	30	Q030	备用 Q30
31	I031	备用 I31	31	Q031	备用 Q31
32	I032	备用 I32	32	Q032	备用 Q32

表 6-1 给出的 121DL 及其关联设备的硬件构成、测点表、以及软件框图仅仅是说明典型开关站控制设计过程的示例，不能误解为每个断路器相关操作单元都采用独立的子 PLC 系统构成。实际构建开关站 LCU，将汇总整个开关站所需的各类测点数量，再选取相应的 PLC 模块单元构成。

三、软件设计

PLC 软件整体框架如图 6-11 所示。

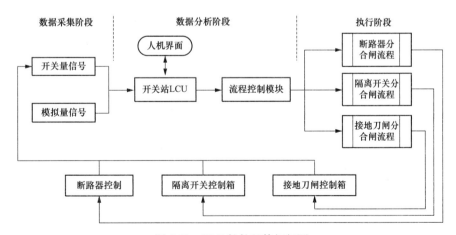

图 6-11　PLC 软件整体框架图

PLC 一般以 Modbus TCP/IP 协议与上位机（电脑）通信，通常以 R 字寄存器存储数据进行收发。常规开关量、开出量等需上送至上位机监视，本章中以 M0001 至 M0010 代表 PLC 收到上位机的指令，M0011 至 M0050 为中间变量。

（一）121DL 操作

1. 121DL 同期合闸

121DL 同期合闸流程如图 6-12 所示。

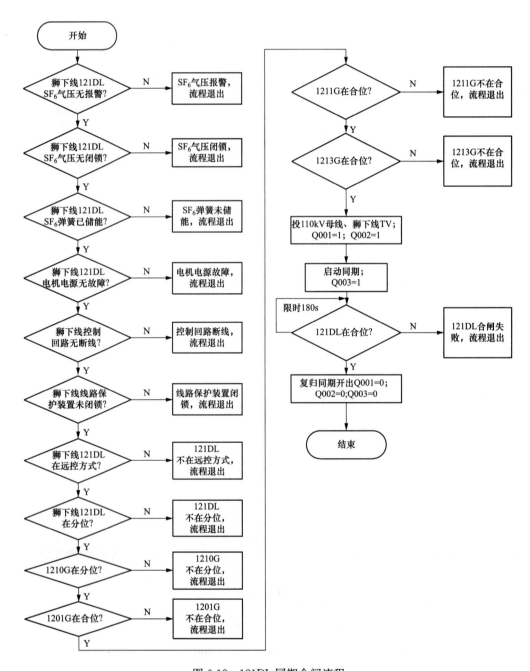

图 6-12　121DL 同期合闸流程

上述流程，在 PLC 梯形图中表达如图 6-13 所示。

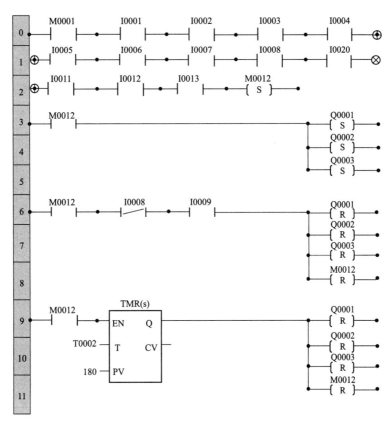

图 6-13　121DL 同期合闸逻辑图

对照表 6-1 的测点定义，以及 121DL 断路器同期合闸流程的逻辑框图和控制逻辑程序解读如下：

（1）收到上位机或触摸屏下发指令（M0001），121DL 断路器在远控方式、在分位、121DL SF$_6$ 气压无报警、无闭锁、弹簧已储能、电机电源无短路故障、控制回路无断线、线路保护装置未闭锁、1210G 在分位、1201G 在合位、1211G 在合位且 1213G 在合位（I0007、I0008、I0001、I0002、I0003、I0004、I0005、I0006、I0020、I0011、I0012、I0013），投 110kV 母线 TV、投狮下线 TV 且启动 121DL 同期合闸（Q0001、Q0002、Q0003）、置位中间变量（M0012）。

（2）确定 121DL 断路器在合位（I0009、I0008）后，复归开出（Q0001、Q0002、Q0003）和中间变量 M0012。

（3）否则在延时 180s 后，复归开出（Q0001、Q0002、Q0003）和中间变量 M0012。

2. 121DL 无压合闸

121DL 无压合闸流程如图 6-14 所示。

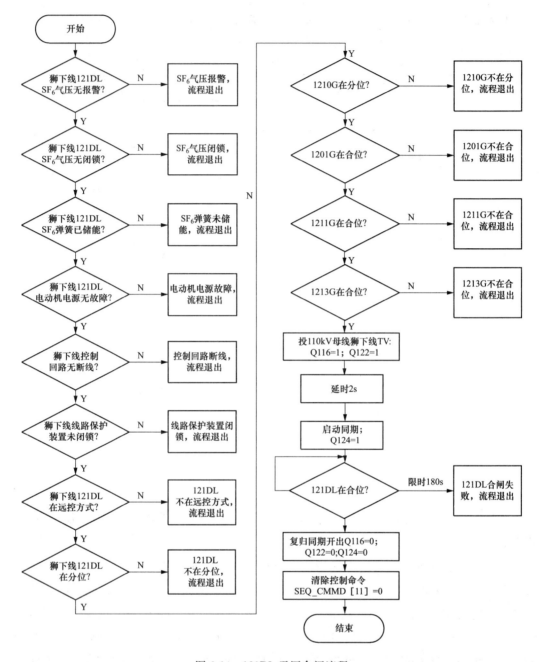

图 6-14   121DL 无压合闸流程

上述流程，在 PLC 梯形图中表达如图 6-15 所示。

对照表 6-1 的测点定义，以及 121DL 断路器无压合闸流程的逻辑框图和控制逻辑程序解读如下：

（1）收到上位机或触摸屏下发指令（M0002），121DL 断路器在远控方式、在分位、121DL SF$_6$ 气压无报警、无闭锁、弹簧已储能、电机电源无短路故障、控制回路无断线、线路保护装置未闭锁、1210G 在分位、1201G 在合位、1211G 在合位且 1213G 在合位

（I0007、I0008、I0001、I0002、I0003、I0004、I0005、I0006、I0020、I0011、I0012、I0013），投 110KV 母线 TV、投狮下线 TV 且启动 121DL 无压合闸（Q0001、Q0002、Q0004）、置位中间变量（M0017）。

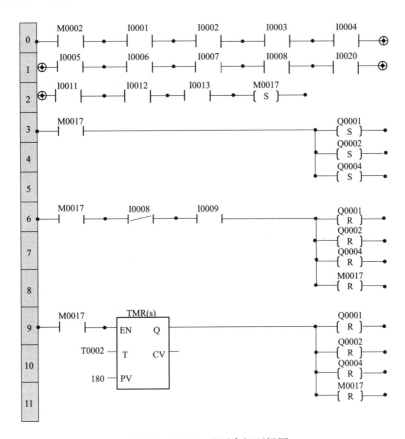

图 6-15 121DL 无压合闸逻辑图

（2）确定 121DL 断路器在合位（I0009、I0008）后，复归开出（Q0001、Q0002、Q0004）和中间变量 M0017。

（3）否则在延时 180s 后，复归开出（Q0001、Q0002、Q0004）和中间变量 M0017。

3. 121DL 分闸

121DL 分闸流程如图 6-16 所示。

上述流程，在 PLC 梯形图中表达如图 6-17 所示。

对照表 6-1 的测点定义，以及 121DL 断路器分闸流程的逻辑框图和控制逻辑程序解读如下：

（1）收到上位机或触摸屏下发指令（M0003），121DL 断路器在远控方式、在分位、121DL SF$_6$ 气压无报警、无闭锁、电机电源无短路故障且控制回路无断线（I0007、I0009、I0001、I0002、I0004、I0005），跳开 121DL 断路器（Q0005）、置位中间变量（M0021）。

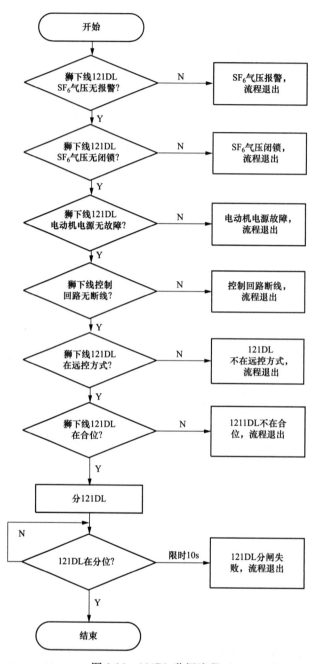

图 6-16　121DL 分闸流程

（2）确定 121DL 断路器在分位（I0009、I0008）后，复归开出（Q0005）和中间变量 M0021。

（3）否则在延时 10s 后，复归开出（Q0005）和中间变量 M0021。

（二）1211G 隔离开关操作

1. 211G 隔离开关合闸

1211G 隔离开关合闸流程如图 6-18 所示。

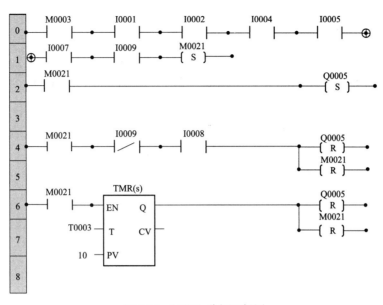

图 6-17　121DL 分闸逻辑图

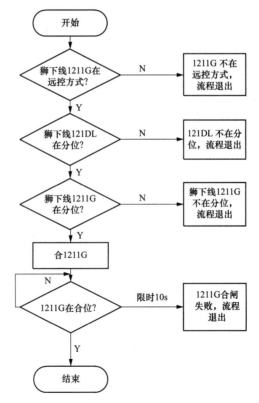

图 6-18　1211G 隔离开关合闸流程

上述流程，在 PLC 梯形图中表达如图 6-19 所示。

对照表 6-1 的测点定义，以及 1211G 隔离开关合闸流程的逻辑框图和控制逻辑程序解读如下：

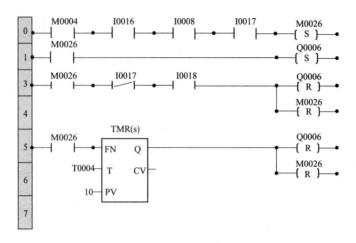

图 6-19　1211G 隔离开关合闸逻辑图

（1）收到上位机或触摸屏下发指令（M0004），1211G 隔离开关在远控方式、在分位且 121DL 在分位（I0016、I0017、I0008），合上 1211G 隔离开关（Q0006）、置位中间变量（M0026）。

（2）确定 1211G 隔离开关在合位（I0017、I0018）后，复归开出（Q0006）和中间变量 M0026。

（3）否则在延时 10s 后，复归开出（Q0006）和中间变量 M0026。

2. 1211G 隔离开关分闸

1211G 隔离开关分闸流程如图 6-20 所示。

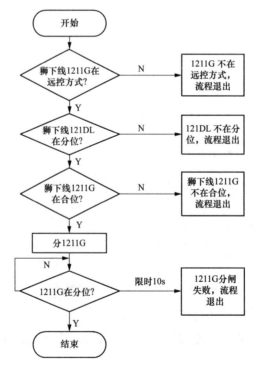

图 6-20　1211G 隔离开关分闸流程

上述流程，在 PLC 梯形图中表达如图 6-21 所示。

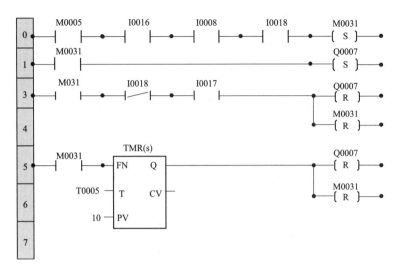

图 6-21　1211G 隔离开关分闸逻辑图

对照表 6-1 的测点定义，以及 1211G 隔离开关分闸流程的逻辑框图和控制逻辑程序解读如下：

（1）收到上位机或触摸屏下发指令（M0005），1211G 隔离开关在远控方式、在合位且 121DL 在分位（I0016、I0018、I0008），跳开 1211G 隔离开关（Q0007）、置位中间变量（M0031）。

（2）确定 1211G 隔离开关在分位（I0017、I0018）后，复归开出（Q0007）和中间变量 M0031。

（3）否则在延时 10s 后，复归开出（Q0007）和中间变量 M0031。

（三）1210G 接地刀闸操作

1. 1210G 接地刀闸合闸

1210G 接地刀闸合闸流程如图 6-22 所示。

上述流程，在 PLC 梯形图中表达如图 6-23 所示。

对照表 6-1 的测点定义，以及 1210G 接地刀闸合闸流程的逻辑框图和控制逻辑程序解读如下：

（1）收到上位机或触摸屏下发指令（M0006），1210G 接地刀闸在远控方式、在分位且 1213G 在分位、出线线路无压且对侧线路隔离开关在分位（I0019、I0020、I0021、I0022、I0023），合上 1210G 接地刀闸（Q0008）、置位中间变量（M0036）。

（2）确定 1210G 接地刀闸在合位（I0020、I0024）后，复归开出（Q0008）和中间变量 M0036。

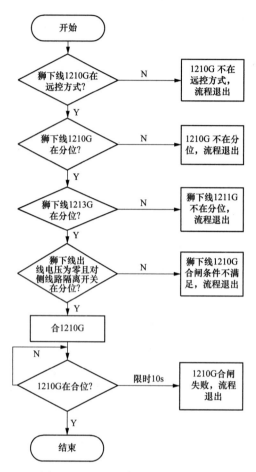

图 6-22　1210G 接地刀闸合闸流程

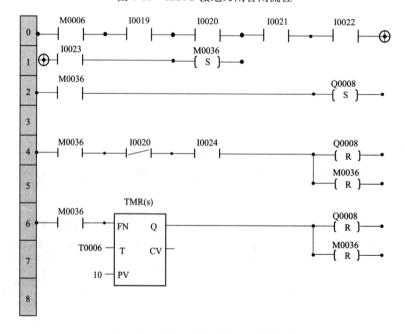

图 6-23　1210G 接地刀闸合闸逻辑图

（3）否则在延时 10s 后，复归开出（Q0008）和中间变量 M0036。

2. 1210G 接地刀闸分闸

1210G 接地刀闸分闸流程如图 6-24 所示。

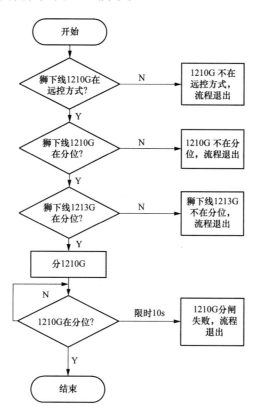

图 6-24　1210G 接地刀闸分闸流程

上述流程，在 PLC 梯形图中表达如图 6-25 所示。

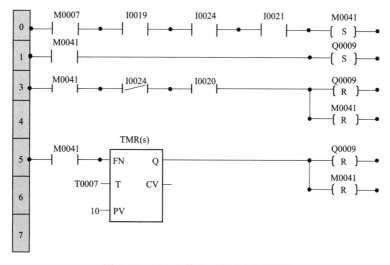

图 6-25　1210G 接地刀闸分闸逻辑图

对照表 6-1 的测点定义，以及 1210G 接地刀闸分闸流程的逻辑框图和控制逻辑程序解读如下：

（1）收到上位机或触摸屏下发指令（M0007），1210G 接地刀闸在远控方式、在合位且 1213G 在分位（I0019、I0024、I0021），跳开 1210G 接地刀闸（Q0009）、置位中间变量（M0041）。

（2）确定 1210G 接地刀闸在分位（I0020、I0024）后，复归开出（Q0009）和中间变量 M0041。

（3）否则在延时 10s 后，复归中开出（Q0009）和中间变量 M0041。

断路器、隔离开关及接地刀闸操作闭锁条件因电气主接线图不同而不同，需要从安全角度分析操作闭锁条件。各控制对象闭锁条件一般先由设计院提供，根据操作闭锁条件，设计程序中逻辑流程图。从控制角度看，测点状态是否可靠也是影响系统安全的重要因素。因此，对重要状态采用确认性检测，例如：在测点表 6-1 中，断路器 121DL，采用分闸位置（I008）和合闸位置（I009）两个状态检测，I008＝1 且 I009＝0，表明 121DL 处于分闸位置；隔离开关 1211G，采用分闸位置（I017）和合闸位置（I018）两个状态检测，I017＝0 且 I018＝1，表明 1211G 处于合闸位置。这种方法是提高开关量检测可靠性的措施，其他措施还有多路检测 3 取 2、排他性辅助检测等，可参考有关书籍。此外，在上述控制逻辑和闭锁设置中，还有其他提高安全性和可靠性的措施，可自行分析。

探索与思考

1. 开关站操作设备类型少（断路器、隔离开关、接地刀闸），数量多，在开关站 LCU 中按 PLC 程序顺序检测执行。程序循环执行的时间远大于电磁暂态过程。这种操作与继电保护系统的操作有何不同？

2. 在长期的工程实践和各类惨烈教训的基础上，开关站设备的闭锁操作已形成相应的规范。结合本节给出的示例，分析若不设置闭锁，可能出现的问题。在控制设计和设备状态检测中，如何进一步提高可靠性。

3. 本节介绍的是经典的测控问题，在开关站巡检中采用机器人、无人机线路巡检等技术，如何引入经典监控系统，两者之间有何关联？

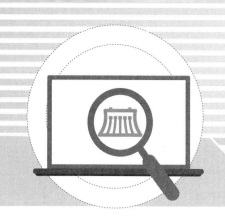

第七章 监控系统信息安全与防护

第一节 监控系统信息安全总体要求

一、安全防护规范及发展

监控系统安全防护体系的建立始于 21 世纪，我国电网发展进入"电力流、信息流、业务流"高度融合的智能电网阶段，监控系统是水电站的"大脑"及"神经中枢"，管理控制着电站的可靠运行。通过对监控系统的破坏，将对水电站实体形成致命威胁。当前，网络空间已成为陆地、海洋、天空和太空之后的第五作战空间，国际上已经围绕"制网权"展开了国家级别的博弈甚至局部网络战争，作为国家关键基础设施的电网无疑是网络攻击的重要目标。

我国是世界上最早重视电力监控系统信息安全问题，并且大规模开展系统性安全防护的国家之一。全国电力监控系统安全防护体系的建立里程碑是 2001 年国家电力调度数据（骨干）网的组网技术体制的确立，发展至今经历了四大阶段。

1. 电力调度数据专网专用的防护策略

20 世纪 90 年代初，我国电力系统建设了 X.25 分组交换网，主要用于远程传输调度数据业务，及少量办公及管理信息业务。进入 21 世纪，该网络面临向基于 IP 的数据网升级换代，当时有多个组网技术体制可供选择，主要包括：基于 ATM 虚电路的 IP 专网、基于 SDH 电路的 IP 专网、以及综合 IP 数据网的虚拟专网 VPN。通过重点分析比较了不同技术体制下调度数据网及其承载的调度控制业务的信息安全风险，确定了基于 SDH 电路构建电力调度数据 IP 专网的技术路线。

在此基础上，进一步形成了我国电力系统第一个强制执行的信息安全法规：中华人民共和国国家经济贸易委员会第 30 号令《电网和电厂计算机监控系统及调度数据网安全防护规定》（2002 年 5 月 8 日发布）。该规定以"防范对电网和电厂计算机监控系统及调度数据网络的攻击侵害及由此引起的电力系统事故，保障电力系统的安全稳定运行"为目标，规定了电力调度数据网络只允许传输与电力调度生产直接相关的数据业务，并与公用信息网络实现物理层面上的安全隔离，奠定了我国电力监控系统"结构性安全"的重要技术基础，成为我国电力监控系统信息安全防护体系建设启动的标志。

2. 基于边界安全的纵深防护体系

随着电力监控系统自动化水平的提高、功能的丰富及调度数据网覆盖范围的延伸、用户的增加，电力监控系统信息安全威胁来源愈发多元化。为了应对新的信息安全风险，2002 年启动了国家"863"项目"国家电网调度中心安全防护体系研究及示范"，经过 3 年的研究论证，首次提出了我国电力系统信息安全防护总体策略："安全分区、网络专用、横向隔离、纵向认证"。

"安全分区"：将各项电力各类信息系统按照其业务功能与调度控制的相关性，分为生产控制类业务及管理信息类业务，分别置于生产控制大区与管理信息大区中；"网络专用"：利用网络产品组建电力调度数据网，为调度控制业务提供专用网络支持；"横向隔离"：通过自主研发的电力专用单向隔离装置实现生产控制大区与管理信息大区的安全隔离；"纵向认证"：通过自主研发的电力专用纵向加密认证装置为上下级之间的调度业务数据提供加密和认证保护，保证数据传输和远方控制的安全。由此形成了以边界防护为要点、多道防线构成的纵深防护体系。

2004 年 12 月，该体系以国家电力监管委员会 5 号令《电力二次系统安全防护规定》及《电力二次系统安全防护总体方案》等相关配套技术文件形式发布，成为我国电力监控系统第一阶段安全防护体系全面形成的标志。

该体系的实施范围包括省级及以上调度中心、地县级调度中心、变电站、发电站、配电及负荷管理环节相关电力监控系统。

3. 基于等级保护的业务安全防护体系

根据国家相关部门的工作要求，2007 年国家电力监管委员会印发了《关于开展电力行业信息系统安全等级保护定级工作的通知》等系列文件，启动电力行业信息安全等级保护定级工作。2012 年印发了《电力行业信息系统安全等级保护基本要求》，全面推进电力行业等级保护建设工作。

目前，电力生产控制系统中，省级及以上调度中心的调度控制系统安全保护等级为四级，220kV 及以上的变电站自动化系统、单机容量 300MW 及以上的火电机组控制系统 DCS、总装机容量 1000MW 及以上的水电站监控系统等系统安全保护等级为三级，其余为二级。

依据《电力行业信息系统安全等级保护基本要求》，在上阶段纵深防护基础上完善形成了电网监控系统的等级保护体系，由以下五个层面组成：物理安全、网络安全、主机安全、应用安全、数据安全防护，共包括 220 个安全要求项，其中 168 项强于或高于对应级别的国家等级保护基本要求。

对于保护等级为四级的电网调度监控系统，综合运用调度数字证书和安全标签技术实现了操作系统与业务应用的强制执行控制（MEC）、强制访问控制（MAC）等安全防护策略，保障了主体与客体间的全过程安全保护，全面实现了等级保护四级的技术要求。

4. 基于可信计算技术的新一代电力监控系统主动防御体系

2014 年 8 月国家发展改革委印发了〔2014〕第 14 号令《电力监控系统安全防护规定》，并且同步修订了《电力监控系统安全防护总体方案》等配套技术文件（国能安全〔2015〕36 号）。其中《电力监控系统安全防护总体方案》（国能安全〔2015〕36 号）作为行业最新的电力系统安全规范文件，以"安全分区、网络专用、横向隔离、纵向认证"为原则，提出了省级以上调度中心、地县级调度中心、电站、变电站、配电等的二次系统安全防护方案，综合采用防火墙、入侵检测、主机加固、病毒防护、日志审计、统一管理等多种手段，为二次系统的安全稳定运行提供可靠环境。

但是随着近年来国际网络空间安全形势的发展、网络战争形态及能力的演进，大量新型攻击方式快速涌现。"震网"等一批新型网络攻击武器成功突破了传统的物理隔离的"封堵"。安全威胁特征代码库规模的迅速增长，使得以"查杀"为核心的被动安全措施对于实时控制系统安全防护失去效率。为应对网络战环境下复杂的信息安全威胁，同时减小防护机制对电网调度控制系统实时性能的影响，亟须建立更为高效的主动防御体系。

可信计算改变了传统的"封堵查杀"等"被动应对"的防护模式。其核心思想是计算运算的同时进行安全防护，使计算结果总是与预期一样，计算全程可测可控，不被干扰，是一种运算和防护并存、主动免疫的新计算模式。其基本原理是：硬件上建立计算资源节点和可信保护节点并行结构。首先构建一个硬件信任根，在平台加电开始，从信任根到硬件平台、操作系统、应用程序，构建完整的信任链，一级认证一级，一级信任一级，把这种信任扩展到整个计算机系统，从而从源头上确保整个计算机系统可信，并且能够通过可信报告功能将这种信任关系通过网络连接延伸到整个信息系统。未获认证的程序不能执行，从而及时识别"自己"和"非己"成分，破坏与排斥进入机体的有害物质，从而实现系统自身免疫。

应用可信计算技术，建立监控系统主动免疫机制，提升未知恶意代码攻击的免疫能力，实现计算机环境和网络环境的全程可测可控和安全可信。电力可信计算密码平台是实现监控系统安全免疫的核心，由电力可信密码硬件模块与电力可信软件基组成，其核心功能包括：可信引导、完整性度量、强制访问及执行控制、可信网络连接。

2017 年 6 月 1 日起施行的《中华人民共和国网络安全法》以及即将颁布的《国家关键信息基础设施安全保护条例》和等级保护制度标准 2.0，都建议生产控制大区具备控制功能的系统应用可信计算技术实现计算环境和网络环境安全可信，建立对恶意代码的免疫能力，应对高级别的复杂网络攻击。

二、安全防护整体方案

（一）基本原则

1. 安全分区

按照《电力监控系统安全防护规定》，原则上将电站基于计算机及网络技术的业务系统划分为生产控制大区和管理信息大区，并根据业务系统的重要性和对一次系统的影响程度将生产控制大区划分为控制区（安全Ⅰ区）和非控制区（安全Ⅱ区），重点保护生产控制以及直接影响电力生产（机组运行）的系统。

2. 网络专用

电力调度数据网是与生产控制大区相连接的专用网络，承载电力实施控制、在线生产交易等业务。电站端的电力调度数据网应当在专用通道使用独立的网络设备组网，在物理层面上实现与电力企业其他数据网及外部公共信息网的安全隔离。电站端的电力调度数据网应该划分为逻辑隔离的实施子网和非实时子网，分别连接控制区和非控制区。

3. 横向隔离

横向隔离是电力监控系统安全防护体系的横向防线。应当采用不同强度的安全设备隔离各安全区，在生产控制大区与管理信息大区之间必须部署经国家指定部门检测认证的电力专用横向单向安全隔离装置，隔离强度应该接近或达到物理隔离，生产控制大区内部的安全区之间应该采用具有访问控制功能的网络设备、安全可靠的硬件防火墙或相当功能的设施，实现逻辑隔离。防火墙的功能、性能、电磁兼容性必须经过国家相关部门的认证和测试。

4. 纵向认证

纵向加密认证是电力监控系统安全防护体系的纵向防线。电站生产控制大区与调度数据网的纵向连接处应当设置经过国家指定部门的检测认证的电力专用纵向加密认证装置，实现双向身份认证、数据加密和访问控制。

5. 综合防护

综合防护是结合国家信息安全等级保护工作的相关要求对电力监控系统从主机、网络设备、恶意代码防范、应用安全控制、审计、备份及容灾等多个层面进行信息安全防护的过程（见图7-1）。

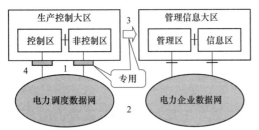

图7-1　电力监控系统安全防护总体策略

1—安全分区；2—网络专家；3—横向隔离；4—纵向认证

（二）安全区划分

1. 控制区（安全区Ⅰ）

水电站的控制区主要包括以下业务系统和功能模块：自动发电控制系统（AGC）、自动电压控制系统（AVC）、水电站集中监控系统、梯级调度监控系统、网控系统、相量测量装置（PMU）、继电保护、各种控制装置（调速系统、励磁系统、快关汽门装置等）、五防系统等。

对于没有分散控制系统（DCS）的小型电站的监控系统，其生产控制大区可以不再细分，可将各业务系统和装置均置于控制区，其中在控制区中的故障录波装置和电能量采集装置可以通过调度数据网或拨号方式与相应的调度中心通信。

2. 非控制区（安全区Ⅱ）

水电站的非控制区主要包括以下业务系统和功能模块：梯级水库调度自动化系统、水情自动测报系统、水电站水库调度自动化系统、电能量采集装置、电力市场报价终端、故障录波信息管理终端等。

对于将电能量采集装置置于电站控制区内的情况，可以只将计量通信网关置于非控制区。

3. 管理信息大区

水电站的管理信息大区主要包括以下业务系统和功能模块：雷电监测系统、气象信息系统、大坝自动监测系统、防汛信息系统、报价辅助决策系统、检修管理系统和管理信息系统（MIS）等。

电站管理信息大区的业务主要运行在发电企业数据网或公共数据网、各发电企业可以遵照安全防护规定的原则，根据各自实际情况，自行决定其安全防护策略和措施。

（三）边界安全防护

1. 横向边界防护

电站生产控制大区与管理信息大区之间通信应当部署电力专用横向单向安全隔离装置。

控制区（安全区Ⅰ）与非控制区（安全区Ⅱ）之间应当采用具有访问控制功能的网络设备、安全可靠的硬件防火墙或者功能相当的设备，实现逻辑隔离、报文过滤、访问控制等功能。所选设备的功能、性能、电磁兼容性必须经过国家相关部门的认证和测试。

电站内同属于安全区Ⅰ的各机组监控系统之间、机组监控系统与控制系统之间、同一机组的不同功能的监控系统之间，尤其是机组监控系统与输变电部分控制系统之间，根据需要可以采取一定强度的逻辑访问控制措施，如防火墙、VLAN等。

电站内同属于安全区Ⅱ的各系统之间、各不同位置的厂站网络之间，根据需要可以采取一定强度的逻辑访问控制措施，如防火墙、VLAN等。

电站内同属于管理信息大区的各系统之间、各不同位置的厂站网络之间，根据需要可以采取一定强度的逻辑访问控制措施，如防火墙、VLAN等。

电站电力市场报价终端部署在非控制区，与运行在管理信息大区的报价辅助决策系统信息交换应当采用电力专用横向单向安全隔离装置，发电企业的市场报价终端与同安全区内其他业务系统进行数据交换时，应当采取必要的安全措施，以保证敏感数据的安全。

2. 纵向边界防护

电站生产控制大区系统与调度端系统通过电力调度数据网进行远程通信时，应当采用认证、加密、访问控制等技术措施实现数据的远方安全传输以及纵向边界的安全防护。电站的纵向连接处应当设置经过国家指定部门检测认证的电力专用纵向加密认证装置或者加密认证网关及相应设施，与调度端实现双向身份认证、数据加密和访问控制。

239

参与系统 AGC、AVC 调节的电站应当在电力调度数据网边界配置纵向加密认证装置或纵向加密认证网关进行安全防护。对于没有 DCS 系统，或不参与 AGC、AVC 调节的发电站，其电力调度数据网边界配置的安全防护措施可以根据具体情况进行简化。

对于不具备建立调度数据网的小型电站可以通过拨号、无线等方式接入相应调度机构的安全接入区，其他电站禁止使用远程拨号方式与调度端进行数据通信。

3. 第三方边界安全防护

如果电站生产控制大区中的业务系统与环保、安全等政府部门进行数据传输，其边界防护应当采用生产控制大区与管理信息大区之间的安全防护措施。

管理信息大区与外部网络之间应采取防火墙、VPN 和租用专线等方式，保证边界与数据传输的安全。

禁止设备生产厂商或其他外部企业（单位）远程连接电站生产控制大区中的业务系统及设备。

（四）综合安全防护

1. 入侵检测

生产控制大区可以统一部署一套网络入侵检测系统，应当合理设置检测规则，检测发现隐藏于流经网络边界正常信息流中的入侵行为，分析潜在威胁并进行安全审计。

2. 主机与网络设备加固

电站厂级信息监控系统等关键应用系统的主服务器，以及网络边界处的通信网关机、Web 服务器等，应当使用安全加固的操作系统。加固方式包括：安全配置、安全补丁、采用专用软件强化操作系统访问控制能力以及配置安全的应用程序，其中配置的更改和补丁的安装应当经过测试。

非控制区的网络设备与安全设备应当进行身份鉴别、访问权限控制、会话控制等安全配置加固。可以应用电力调度数字证书，在网络设备和安全设备实现支持 HTTPS 的纵向安全 Web 服务，能够对浏览器客户端访问进行身份认证及加密传输。应当对外部存储器、打印机等外设的使用进行严格管理。

生产控制大区中除安全接入区外，应当禁止选用具有无线通信功能的设备；管理信息大区业务系统使用无线网络传输业务信息时，应当具备接入认证、加密等安全机制。

3. 应用安全控制

电站站级信息监控系统等业务系统应当逐步采用用户数字证书技术，对用户登录应用系统、防护系统资源等操作进行身份认证，提供登录失败处理功能，根据身份与权限进行访问控制，并且对操作行为进行安全审计。

对于电站内部远程访问业务系统的情况，应当进行会话控制，并采用会话认证、加密与抗抵赖等安全机制。

4. 安全审计

生产控制大区的监控系统应当具备安全审计功能，能够对操作系统、数据库、业务应用的重要操作进行记录、分析，及时发现各种违规行为以及病毒和黑客的攻击行为。对于远程用户登录到本地系统中的操作行为，应该进行严格的安全审计。

可以采用安全审计功能，对网络运行日志、操作系统运行日志、数据库访问日志、业务应用系统运行日志、安全设施运行日志等进行集中收集、自动分析。

5. 专用安全产品的管理

安全防护工作中涉及使用横向单向安全隔离装置、纵向加密认证装置、防火墙、入侵检测系统等专用安全产品的，应当按照国家有关要求做好保密工作，禁止关键技术和设备的扩散。

6. 备用与容灾

应当定期对关键业务的数据进行备份，并实现历史归档数据的异地保存。关键主机设备、网络设备或关键部件应当进行相应的冗余配置。控制区的业务系统（应用）应当采用冗余方式。

7. 恶意代码防范

应当及时更新特征码，查看查杀记录。恶意代码更新文件的安装应当经过测试。禁止生产控制大区与管理信息大区共用一套防恶意代码管理服务器。

8. 设备选型及漏洞整改

电站电力监控系统在设备选型及配置时，应当禁止选用经国家相关管理部门检测认定并经国家能源局通报存在漏洞和风险的系统及设备；对于已经投入运行的系统及设备，应当按照国家能源局及其派出机构的要求及时进行整改，同时应当加强相关系统及设备的运行管理和安全防护。生产控制大区中除安全接入区外，应当禁止选用具有无线通信功能的设备。

第二节　监控系统信息安全硬件设备

一、硬件防火墙

硬件防火墙产品用于逻辑隔离防护，部署在安全区Ⅰ与安全区Ⅱ之间、安全区Ⅲ与安全区Ⅳ之间，也可以部署在同一区域的不同系统之间，实现两个区域或是系统的逻辑隔离、报文过滤、访问控制等功能。

防火墙安全策略主要是基于业务流量的 IP 地址、协议、应用端口号、以及方向的报文过滤。可根据安全策略（允许、拒绝、监测）控制出入网络的信息流，其本身具有较强的抗攻击能力。

防火墙系统应限制外部对系统资源的非授权访问，以及限制内部对外部的非授权访问，特别是限制安全级别低的系统对安全级别高的系统非授权访问。具体选用的防火墙必须经过有关部门认可的国产硬件防火墙。

二、电力专用网络安全隔离装置

1. 正向网络安全隔离装置

正向安全隔离装置用于生产控制大区与管理信息大区之间的安全隔离，正向安全隔离装置用于生产控制大区到管理信息大区的单向数据传输。

正向安全隔离装置采用软、硬结合的安全措施，在硬件上使用双嵌入式计算机结构，通过安全岛装置通信来实现物理上的隔离；在软件上采用综合过滤、访问控制、应用代理技术实现链路层、网络层与应用层的隔离。在保证网络透明性的同时，实现了对非法信息的隔离。将外网到内网传递的应用数据大小限定为 1bit，保证从低安全区到高安全区的 TCP 应答禁止携带应用数据。

2. 反向网络安全隔离装置

反向安全隔离装置用于生产控制大区与管理信息大区之间的安全隔离，反向安全隔离装置用于管理信息大区到生产控制大区的单向文件传输。

反向安全隔离装置文件发送软件，实现 E 语言文件计划自动或手动地从外网到内网的传输，传输过程中发送端程序对外网数据进行双字节转换及数字签名，设备比对签名进行验证，对验证通过的报文再进行双字节检查，这样检查通过的报文才可以进入内网，以保证内网系统的安全。

三、电力专用纵向加密认证装置

电力专用纵向加密认证装置用于水电站生产控制大区系统与调度端系统通过电力调度数据网进行远程通信。采用认证、加密、访问控制等技术措施实现数据的远方安全传输以及纵向边界的安全防护，实现双向身份认证、加密、访问控制。

1. 纵向加密装置算法

（1）对称加密算法——用于数据加密，采用国密办指定的专用分组加密算法，分组长度 128 位，密钥长度 128 位。

（2）非对称加密算法——用于数字签名和数字信封，采用 RSA1024。

（3）散列算法——用于数据完整性验证，采用国密办指定的算法或 MD5。

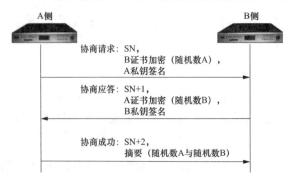

（4）随机数生成算法——采用 WNG-4 噪声发生器芯片。

2. 纵向加密装置的协商原理

纵向加密装置的协商原理如图 7-2 所示。

四、入侵检测装置

入侵检测系统是安全审计中的重要一环，同时入侵检测系统（intrusion

图 7-2　纵向加密装置的协商原理

detection system，简称 IDS）是对防火墙有益的补充，入侵检测系统被认为是防火墙之后的第二道安全闸门，对网络进行检测，提供对内部攻击、外部攻击和误操作的实时监控，提供动态保护大大提高了网络的安全性（见图 7-3）。

入侵检测系统主要有以下特点：

（1）事前警告：入侵检测系统能够在入侵攻击对网络系统造成危害前，及时检测到入侵攻击的发生，并进行报警；

（2）事中防御：入侵攻击发生时，入侵检测系统可以通过与防火墙联动、TCPKiller 等方式进行报警及动态防御；

（3）事后取证：被入侵攻击后，入侵检测系统可以提供详细的攻击信息，便于取证分析。

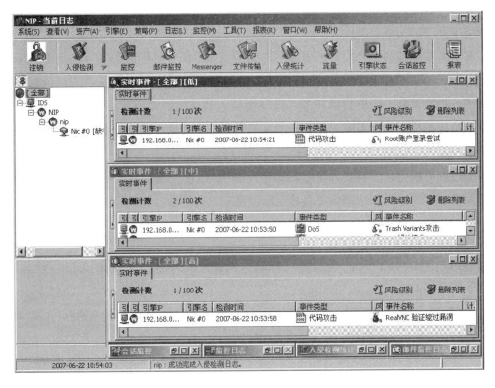

图 7-3　入侵检测设备监视界面

对于安全区Ⅰ与Ⅱ，建议统一部署一套 IDS 管理系统。考虑到业务的可靠性，采用基于网络的入侵检测系统（NIDS），其 IDS 探头主要部署在：安全区Ⅰ与Ⅱ的边界点、接入点、以及安全区Ⅰ与Ⅱ内的关键应用网段。其主要的功能用于捕获网络异常行为，分析潜在风险，以及安全审计。

对于安全区Ⅲ，禁止使用安全区Ⅰ与Ⅱ的 IDS，建议与安全区Ⅳ的 IDS 系统统一规划部署。

五、漏洞扫描设备

漏洞扫描设备可以固定部署在电站服务器或移动部属在专用的移动式笔记本上，

能覆盖二次系统的所有服务器。并定期对二次系统服务器进行扫描以检测系统的安全性。

对网络设备、主机系统、数据库和应用服务的漏洞进行扫描时，不更改任何配置和安装任何类似探针的软件，也不需要被扫描设备提供任何访问权限的情况下，系统能够正常工作。在扫描的过程中不对目标系统产生破坏性影响，即扫描结束后目标系统不会被改动或破坏，扫描结束后目标系统不会出现死机或者停机现象，扫描过程中应保持目标系统的可用性。

扫描信息包括主机信息、用户信息、服务信息、漏洞信息等内容。对扫描对象的安全脆弱性进行全面检查，检查内容包括缺少的安全补丁、词典中可猜测的口令、操作系统内部是否有黑客程序驻留、不安全的服务配置等。同时为确保网络的保密性，系统应能够检测到网络中存在的网络监听设备。

具有丰富的漏洞检查列表，内置漏洞库涵盖当前系统常见的漏洞和攻击特征，漏洞库兼容 CNCVE、CVE 和 BUGTRAQ 标准。支持分布式扫描，可定义扫描端口范围、扫描对象范围、扫描策略。历史扫描任务可以导出导入和修改。能定制临时或定期扫描任务，系统自动执行扫描，找出系统或配置上的漏洞和不安全因素。定期执行任务的起始和终止时间可以自定义。

扫描过程可视化，能够实时显示扫描进度和 IP 地址、漏洞信息。能够实时在线显示扫描漏洞报表，扫描任务结束后可直接对漏洞结果进行查看（见图 7-4）。

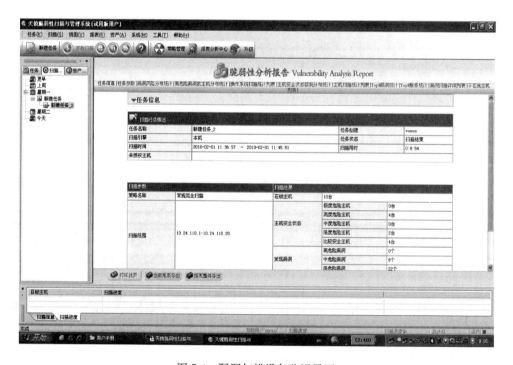

图 7-4　漏洞扫描设备监视界面

六、运维堡垒机

运维堡垒机主要针对运维过程中可能产生的安全隐患进行设计，旨在消除内部人员操作的安全隐患、第三方维护人员安全隐患、高权限或特权账号泄露风险、系统共享账号安全隐患、违规行为无法控制的风险以及提供双因子身份鉴别功能。

运维堡垒机通过逻辑上将人与目标设备分离，建立"人→主账号（运维堡垒机用户账号）→授权→从账号（目标设备账号）→目标设备"的管理模式；在此模式下，通过基于唯一身份标识的集中账号与访问控制策略，与各服务器、网络设备、安全设备、数据库服务器等无缝连接，实现集中精细化运维操作管控与审计。

七、网络安全监测装置

网络安全监测装置用于采集管理对象的安全信息，控制管理对象执行指定命令，并向网络安全管理平台提供安全事件数据、支持相关服务调用。并通过多种通信方式采集服务器、工作站、网络设备、安全防护设备等管理对象的信息。对采集到的事件数据进行分析处理，最终形成事件上报到网络安全监管平台。同时，以服务代理的形式提供服务，供网络安全监管平台调用。

网络安全监测装置具备本地管理功能，本地管理采用图形界面对网络安全监测装置进行本地化的安全管理。为弥补厂站主机 Agent 不易工程实施的问题，采用通过捕获交换机镜像口流量进行协议分析方式，对异常流量和行为进行实时监视与预警。另外可考虑与防病毒软件同时部署的方式，实现对安全事件的采集。防病毒管理平台（服务端）部署于网络安全监测装置，防病毒客户端部署于主机设备。同时通过网络安全管理平台进行防病毒统一管理。为实现对变电站和电站资产的远程管理和安全事件的快速定位，实现对变电站和电站拓扑的自动发现并支持网络安全管理平台的远程拓扑调阅（见图 7-5）。

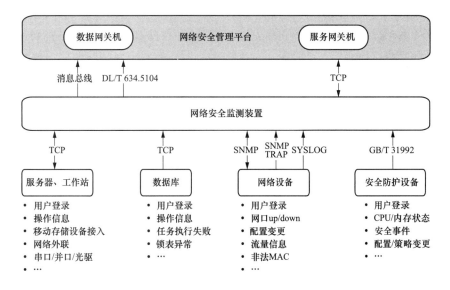

图 7-5　网络安全监管装置部署拓扑

第三节　监控系统信息安全软件设备

一、安全加固软件

硬件系统、操作系统、数据库管理系统、应用系统的安全保护构成了服务器安全。而进口的 WINDOWS、UNIX 商用安全级别太低，本身存在很多漏洞，高安全级别的操作系统国外不对我国出口。目前，一定要在系统内核加强加固，力争自主可控。

可以通过设计和实现具有所需要的安全保护等级的操作系统来进行安全加固。重构操作系统源代码，如凝思、麒麟等安全操作系统，或者在驱动层加上安全内核模块，即采用专用软件强化操作系统访问控制能力。

（1）主机加固：强制进行权限分配，合理设置系统配置和服务，保证对系统的资源（包括数据与进程）的访问符合定义的主机安全策略，防止主机权限被滥用。

（2）操作系统安全加固：升级到当前系统版本、安装后续的补丁合集、加固系统 TCP/IP 配置、根据系统应用要求关闭不必要的服务、关闭 SNMP 协议避免利用其远程溢出漏洞获取系统控制权或限定访问范围、为超级用户或特权用户设定复杂的口令、修改弱口令或空口令、禁止任何应用程序以超级用户身份运行、设定系统日志和审计行为等。

（3）数据库加固：数据库的应用程序进行必要的安全审核，及时删除不再需要的数据库，安装补丁，使用安全的密码策略和账号策略，限定管理员权限的用户范围，禁止多个管理员共享用户账户和口令，禁止一般用户使用数据库管理员的用户名和口令，加强数据库日志的管理，管理扩展存储过程，数据定期备份等。

通常计算机监控系统的调度远动通信工作站、集控通信网关机、历史数据服务器、主计算机需要进行安全加固。

安全加固产品的主要功能如下：

（1）支持基于数字签名的强身份认证，接管系统原有的访问控制权限机制，允许对用户操作权限进行分级划分，有效控制每个用户所使用的资源，消除超级用户权限过大带来的安全隐患。

（2）提供进程保护功能，防止重要进程被意外终止，以保障关键性服务程序的稳定运行。

（3）提供堆栈溢出保护功能，以抵御常见的缓冲区溢出攻击。

（4）支持对网络数据流量的双向过滤。

（5）具有主机 IPS 功能，能够识别入侵行为或违反安全策略的操作，并自动做出阻断、报警等响应。

（6）提供口令质量控制功能，可以限制口令的最大和最小长度、特殊字符的最少数量、口令使用期限等属性。

（7）支持远程集中管理，可以通过远程控制台对安装了内核防护系统的主机进行统一的管理和配置，并提供远程控制台的全套软件运行环境。

（8）界面友好，易于安装、配置和管理，并有详尽的技术文档，所有文档资料均为中文。

（9）具有独立的日志系统，并提供查询和审计工具。

二、安全审计系统

电站计算机监控系统核心业务数据敏感性比较高，对网络内容及各种接入信息系统或数据系统中的违规操作行为，如果不能被及时发现与控制，就可能会影响电站计算机监控系统功能的正常运行，进而影响电网的安全，因此在网络层面上进行相应的行为审计不仅能够满足在安全事故发生以后事后取证机制，对于违规操作行为责任人的查找和取证，定位安全事件的责任人，对实时预防、监控和反应也是有实际意义的。

防火墙、入侵检测等传统网络安全手段，可实现对网络异常行为的管理和监测，如网络连接和访问的合法性进行控制、监测网络攻击事件等，但是不能监控网络内容和已经授权的正常内部网络访问行为，因此对正常网络访问行为导致的信息泄密事件也无能为力，也难以实现针对内容、行为的监控管理及安全事件的追查取证。因此，需要采用技术手段对上述问题进行有效监控和管理。

网络行为安全审计是在一个特定的企事业单位的网络环境下，为了保障业务系统和网络信息数据不受来自用户的破坏、泄密、窃取，而运用各种技术手段实时监控网络环境中的网络行为、通信内容，以便集中收集、分析、报警、处理的一种技术手段。

安全审计系统（SAS）通过对网络数据的采集、分析、识别，实时动态监测通信内容、网络行为和网络流量，发现和捕获各种敏感信息、违规行为，实时报警响应，全面记录网络系统中的各种会话和事件，实现对网络信息的智能关联分析、评估及安全事件的准确定位，为整体网络安全策略的制定提供权威可靠的支持。

三、可信计算

可信计算平台是基于可信计算技术研发的一款安全产品，主要实现电力业务系统对恶意代码的免疫和业务应用的版本管理，保障系统稳定和可靠的运行，实现"进不来""拿不走""改不了""看不懂""瘫不成""赖不掉"的安全效果。

（1）进不来：有效防止外部攻击，防止某薄弱环节影响整体安全；

（2）拿不走：防护攻击源头，进行强制访问控制，将有效防止非法操作；

（3）改不了：进行可信验证，配置、代码信息防篡改，自动纠错，使木马种不上，病毒染不了；

（4）看不懂：对重要数据进行加密保护，非法用户只能看到重要数据的密文；

（5）瘫不成：通过对计算环境的安全保护确保免疫节点系统不因病毒、木马、漏洞攻击而瘫痪；

（6）赖不掉：对系统进行严格审计，及时记录违规操作信息，发现异常，跟踪追击。

可信计算平台由可信策略管理端和可信计算安全模块客户端组成。客户端在管理端注册后，管理端能够对已注册的客户端提供安全策略的定制、集中的运维管理、系统资源监控、审计信息统一收集等功能，其中集中的运维管理模式可大大提高运维人员的工作效率、提高客户端的集中监控能力，保障整体业务系统环境的安全可信。

可信计算安全模块客户端由可信密码模块和可信软件基组成，可信密码模块有硬件板卡和软件两种形态，根据服务器的安全需求级别采用不同形态的可信计算密码模块。

可信计算安全模块构建了并行于受保护宿主系统的监控机制，该机制基于受可信密码硬件保护白名单中的可信策略对宿主系统从硬件上电启动、BIOS 自检、系统引导（OS Loader）、系统内核模块（OS Kernel）加载至软件运行全过程进行主动的度量和监控，使宿主系统可以按照预期行为合法、合理的运行，达到主动免疫未知恶意代码的攻击、保障上层其他安全措施不被旁路的效果，同时可以为身份识别、数据保护等安全机制提供技术支撑，提高系统整体安全性。

第四节　典型工程应用案例分析

电力信息安全防护是电力系统安全生产的重要组成部分，其目标是抵御黑客、病毒、恶意代码等通过各种形式对电力二次系统发起的恶意破坏和攻击，尤其是集团式攻击；同时防止内部未授权用户访问系统或非法获取信息以及重大违规操作行为。

防护重点是通过各种技术和管理措施，对实时闭环监控系统及调度数据网络的安全实施保护，防止电力二次系统瘫痪和失控，并由此导致电力系统故障。下面以某常规水电站为例介绍信息安全与防护方案。

一、安全分区方案

某常规水电站二次系统包括：计算机监控系统、相量测量装置、安全自动装置、泄洪闸控制系统、船闸控制系统、调功终端系统、电能量计量系统、故障信息处理系统、机组状态监测系统、水情自动测报系统、市场报价终端、大坝安全监测系统、生产管理信息系统、DMIS 终端、办公 OA 系统。其安全分区划分如图 7-6 所示。

安全区Ⅰ				安全区Ⅱ					安全区Ⅲ				安全区Ⅳ
调功终端	泄洪闸控制系统	安全自动装置	计算机监控系统	相量测量装置	水情测报系统	电能量采集装置	故障信息处理系统	市场报价终端	DLP大屏	机组状态检测系统	机组状态检测系统Web服务器	计算机监控系统Web服务器	DMIS	生产管理信息系统	大坝监测系统	办公OA系统

图 7-6　某水电站安全分区

二、生产控制大区安全防护方案

某常规水电站生产控制大区安全防护方案包括：网络专用，横向隔离，纵向认证，入侵检测，主机加固，防病毒，漏洞扫描，安全审计。如图 7-7～图 7-10 所示。

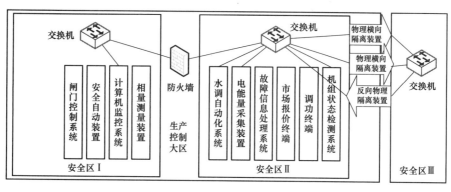

图 7-7 横向隔离

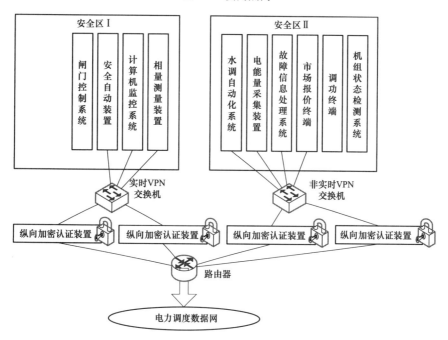

图 7-8 纵向认证

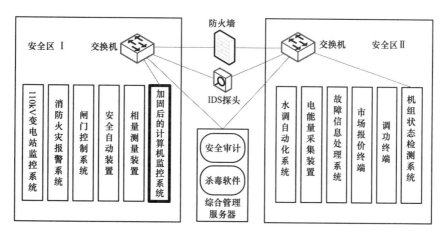

图 7-9 其他综合防护

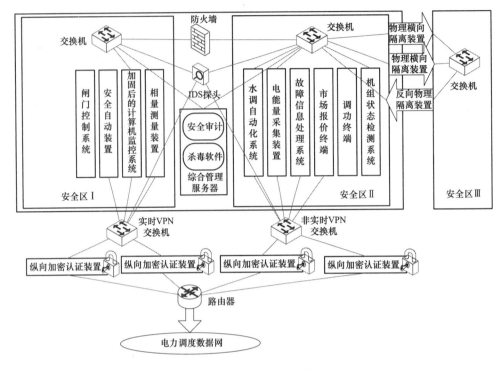

图 7-10 生产控制大区总体部署

三、管理信息大区安全防护方案

某常规水电站管理信息大区安全防护方案包括：横向隔离，远程通信防护，病毒防护。如图 7-11～图 7-14 所示。

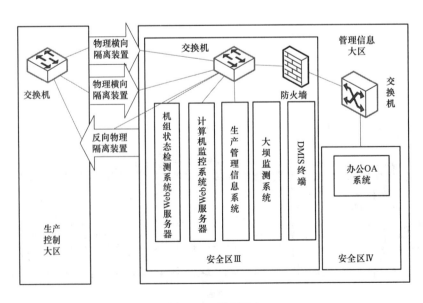

图 7-11 横向隔离

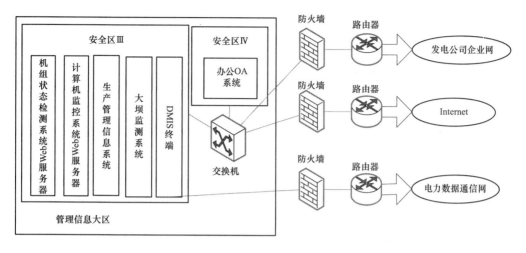

图 7-12 远程通信防护

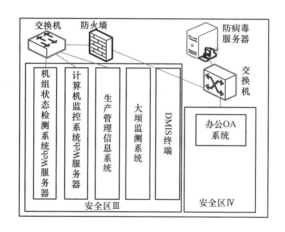

图 7-13 病毒防护

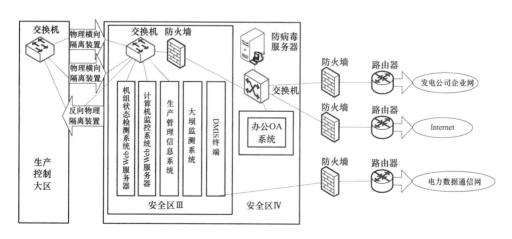

图 7-14 管理信息大区总体部署

四、安全防护方案总体部署

某常规水电站安全防护方案总体部署如图 7-15 所示。

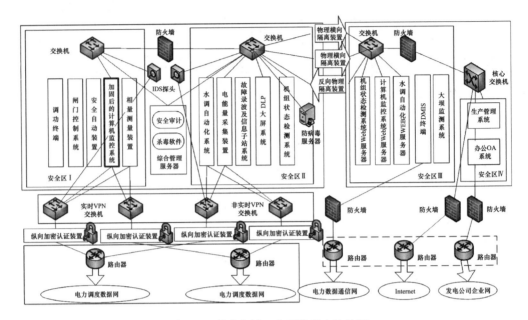

图 7-15 某水电站二次系统安全防护图

探索与思考

在水电站受到网络攻击的时候，对于无人值班和有人值班情况下，你认为有何不同？有什么可能的应对措施？

第八章 监控系统高级应用

第一节 自动发电控制

一、基本原理

1. 自动发电控制概念

水电站以往通常是采用功率成组调节装置，按流量（或按水位）调节装置等实现负荷控制功能。采用了计算机监控系统后，自动发电控制（Automatic Generation Control，AGC）功能在水电站控制领域得到了广泛的使用。AGC 是指按预定条件和要求，以快速、经济的方式自动调整水电站有功功率来满足系统需要的技术，它是在水轮发电机组自动控制的基础上，实现全电站自动化的一种方式。根据水库上游来水量和电力系统的要求，考虑电站及机组的运行限制条件，在保证电站安全运行的前提下，以经济运行为原则，确定电站机组运行台数、运行机组的组合和机组间的负荷分配。

2. 优化目标函数

水电站厂内 AGC 的数学模型随已知条件、控制对象和采用准则的不同有所不同。

假如考虑 T 时期内水头变化和发电机组启停机所耗时间等因素的影响，以 T 时期水电站的输入能量 $\mathrm{Ein}(t)$ 最小模型进行优化，其相应的目标函数为：

$$E_{\mathrm{in}}(T) = \int_{t_0}^{t_1} P_{\mathrm{in}}(t)\mathrm{d}t = \int_{t_0}^{t_1} \sum_{i=0}^{n} P_{\mathrm{in}(i)}(t)\mathrm{d}t \Rightarrow \min \tag{8-1}$$

假如在各机组水头不同的情况下，以 T 时刻水电站的输入功率 $\mathrm{Pin}(t)$ 最小模型进行优化，其相应的目标函数为：

$$P_{\mathrm{in}}(t) = \sum_{i=0}^{n} P_{\mathrm{in}(i)}(t) \Rightarrow \min \tag{8-2}$$

假如在水电站的耗水量或者来水量确定的情况下，以 T 时刻电站机组的出力 $P(t)$ 最大模型进行优化，其相应的目标函数为：

$$P(t) = \sum_{i=0}^{n} P_{\mathrm{in}(i)}(t) \Rightarrow \max \tag{8-3}$$

假如以 T 时期内水电站的引用水量最小模型进行优化，其相应的目标函数为：

$$W(T) = \int_{t_0}^{t_1} Q(t)\mathrm{d}t = \int_{t_0}^{t_1} \sum_{i=0}^{n} [Q(t) + \Delta Q_{\mathrm{s}(i)}(t) + Q_{\mathrm{nl}(i)}(t) + \Delta Q_{\mathrm{tx}(i)}(t)]\mathrm{d}t \Rightarrow \min \tag{8-4}$$

假如在各机组水头相同的情况下，以 t 时刻水电站的引用流量 $Q(t)$ 最小模型进行优化，其相应的目标函数为：

$$Q(t) = \sum_{i=0}^{n} \left[Q(t) + \Delta Q_{s(i)}(t) + Q_{nl(i)}(t) + \Delta Q_{tx(i)}(t) \right] \Rightarrow \min \qquad (8\text{-}5)$$

式中：$E_{in}(t)$——$T = t_1 - t_0$ 时段内水电站的输入能量；

　　　$P_{in}(t)$——水电站在 t 时刻的输入总功率；

　　　$P_{in(i)}(t)$——第 i 台机组 t 时刻的输入功率；

　　　$P(t)$——整个水电站在 t 时刻的输出功率；

　　　$Q(t)$——t 时刻通过整个水电站的引用流量；

　　　$Q_{(i)}(t)$——第 i 台机组在 t 时刻的工作流量；

　　　$Q_{s(k)}(t)$——第 i 台机组在 t 时刻的启动损失流量；

　　　$Q_{nl(i)}(t)$——第 i 台机组在 t 时刻的空载流量；

　　　$Q_{tx(i)}(t)$——第 i 台机组在 t 时刻的调相损失流量。

3. 约束条件

约束条件是指在进行机组间负荷分配时应满足的条件，常用的约束条件有以下几种：

(1) 电站有功功率平衡约束。

$$\sum_{i=1}^{n} P_i = P_{set} - P_{fix} \qquad (8\text{-}6)$$

式中：P_{set}——水电站全厂总有功设定值，由电网实时给定或以负荷曲线方式预先给定；

　　　P_{fix}——不参加 AGC 成组运行（以固定负荷运行）的机组有功实发值，依据各机组实测有功值统计获得。

(2) 机组容量约束。

$$\sum_{i=1}^{n} P_i \leqslant \sum_{i=1}^{n} P_{i,c} \qquad (8\text{-}7)$$

式中：$P_{i,c}$ 为参与 AGC 成组运行的第 i 台机组的单机容量，依据水电机组铭牌预先给定。

(3) 机组发电流量约束。

$$Q_{i,\min} \leqslant Q_i \leqslant Q_{i,\max} \quad i = 1, 2, \cdots, n \qquad (8\text{-}8)$$

式中：$Q_{i,\min}$——参与 AGC 成组运行的第 i 台机组的最小发电流量，依据机组铭牌预先给定；

　　　$Q_{i,\max}$——参与 AGC 成组运行的第 i 台机组的最大发电流量，依据机组铭牌预先给定。

(4) 机组有功出力约束及振动区处理。

$$P_{i,\min} \leqslant P_i \leqslant P_{i,\max} \quad i = 1, 2, \cdots, n \qquad (8\text{-}9)$$

式中：$P_{i,\min}$——参与 AGC 成组运行的第 i 台机组的最小有功出力，依据机组铭牌预先给定；

$P_{i,\max}$——参与 AGC 成组运行的第 i 台机组的最大有功出力，依据机组铭牌预先给定。

水电机组通常有一个振动区，且振动区下限向下覆盖至有功出力为零。因此，水电机组避开振动区约束可与有功出力约束合并考虑，只需将 $P_{i,\min}$ 设定为水电机组振动区上限，即可确保负荷分配值 P_i 不进入振动区。

（5）机组有功出力转移约束。

$$\sum_{i=1}^{n} \mu_{i,\mathrm{inc}} \cdot (P_i - P_i^0) \cdot \sum_{i=1}^{n} \mu_{i,\mathrm{dec}} \cdot (P_i - P_i^0) = 0 \tag{8-10}$$

其中，$\mu_{i,\mathrm{inc}} = \begin{cases} 1 & P_i > P_i^0 \\ 0 & P_i \leqslant P_i^0 \end{cases}$，$\mu_{i,\mathrm{dec}} = \begin{cases} 1 & P_i < P_i^0 \\ 0 & P_i \geqslant P_i^0 \end{cases}$

式中：P_i^0——参与 AGC 成组运行的第 i 台机组的实测有功值；

$\mu_{i,\mathrm{inc}}$——参与 AGC 成组运行的第 i 台机组有功出力需增加；

$\mu_{i,\mathrm{dec}}$——参与 AGC 成组运行的第 i 台机组有功出力需减少。

4. 优化算法

优化算法就是在给定目标函数和约束条件下，寻求最优解（最优负荷分配方案）的计算方法。这一领域一直是研究的热点，已有很多水电站 AGC 优化的研究成果，其中最经典的是动态规划算法。

动态规划主要用于求解多阶段决策优化问题，对目标函数和约束条件没有严格的要求，不受任何线性、凸性甚至连续性的限制，也可以方便地考虑随机性优化问题。决策过程是一种在多个相互联系的阶段分别作出时段决策以形成序列决策的过程，通过阶段划分将多变量复杂高维问题化为求解多个单变量的问题或较简单的低维问题。动态规划有逆序解法（后向动态规划方法）和顺序解法（前向动态规划方法）两种基本求解方法，二者本质上并无区别。针对问题的特点，选用合适的方法，可以简化求解过程。当初始状态给定时应选用顺序解法，当终止状态给定时应选用逆序解法。若问题同时给定初始状态和终止状态，则两种方法均可使用。为减小"维数灾"影响，动态规划衍生了多种改进算法，如增量动态规划、逐步优化算法、逐次逼近法等。

二、分配策略

1. 负荷控制模式

AGC 负荷控制模式有三种：电站定值方式，电站曲线方式，调度定值方式。

通过负荷控制方式切换实现调度和电站的控制，通过负荷给定方式切换选择定值或曲线方式进行设值。

（1）电站定值方式：运行人员可直接在 AGC 画面上设置全站总有功目标值，而后 AGC 模块依据预定分配原则将这个目标值分配到各台参加 AGC 的机组。

（2）调度定值方式：调度 EMS 系统通过电站远动通信定时下发全站总有功目标值，

而后 AGC 模块依据预定分配原则将这个目标值分配到各台参加 AGC 的机组。

（3）电站曲线方式：AGC 程序依据调度预先下发的全站日负荷曲线计算出各个时间点全站总有功目标值，而后再按预定分配原则将这个目标值分配到各台参加 AGC 的机组。

2. 频率控制模式

对于某些调频电站，设立调频功能，该功能随时监视母线频率，而不保证全站总有功。当频率超出正常调频区段时，AGC 按 $K_{fE} \times \Delta f$ 增减参加 AGC 机组的负荷，直至系统频率重新回到正常调频区段，或者参加 AGC 机组负荷到达当前水头下负荷上下限值为止。

在系统频率正常的情况下：

$$P_{AGCSET} = P_{CURVESET} - P_{\overline{AGC}} \tag{8-11}$$

式中：P_{AGCSET}——全站 AGC 分配值；

$P_{CURVESET}$——负荷曲线设定的全站总负荷；

$P_{\overline{AGC}}$——不参加 AGC 机组的实发有功总和。

在系统频率越过紧急调频区段时：

$$P_{AGCSET} = P_{ACT} + K_{fE} \times \Delta f - P_{\overline{AGC}} \tag{8-12}$$

式中：P_{ACT}——当前时刻全站有功实发值；

Δf——系统频率与标准频率的偏差；

K_{fE}——紧急调频系数。

3. 开停机控制模式

此外，AGC 程序还支持依据负荷水平自动选择全站运行机组数量，并进行自动开、停机的功能，具体开、停机策略如下。

水电站 AGC 有功分配值 P_{AGC} 可表示为：

$$P_{AGC} = P_S - P_{\overline{AGC}} \tag{8-13}$$

理论开机条件：

$$P_{AGC} + P_b > \sum P_T \tag{8-14}$$

理论开机台数：

$$N_k = (P_{AGC} - P_b - \sum P_T)/P_m + 1 \tag{8-15}$$

理论停机条件：

$$\sum P_T - (P_{AGC} + P_b) > P_m \tag{8-16}$$

理论停机台数：

$$N_t = [\sum P_T - (P_{AGC} + P_b)]/P_m \tag{8-17}$$

式中：P_S——全站有功设定值；

P_b——全站的旋转备用容量；

$\sum P_T$——全站参加 AGC 且处于发电态机组的可调节容量；

N_k——理论开机台数；

P_{m}——单机最大容量；

N_{t}——理论停机台数。

三、控制策略

（一）调度曲线方式

监控系统设置电站今日曲线、电站明日曲线、调度今日曲线、调度明日曲线等四种曲线，每条曲线的设值点数一致（每 15min 一个计划点）。上级电网调度机构通过数据通信向电站监控发送调度今日曲线和调度明日曲线文件，监控系统解析后把文件中的数据赋值给系统中的调度今日曲线和调度明日曲线。在经过操作员核实确认后，调度今日曲线可复制至电站今日曲线（今日曲线修改后到下一个设值点生效），调度明日曲线可复制至电站明日曲线。电站明日曲线的数据在每天 23：56：00 复制到电站今日曲线予以执行。

为防止总有功调节出现偏差，具备偏差补偿功能，即把操作员设置的偏差补偿值与曲线中的有功设定值之和作为电站 AGC 控制的总有功设定值进行分配调节。当曲线中的相邻两个有功设值点差值过大时，电站 AGC 控制采用分步调节（按电站爬坡率计算后实时下发有功设值，时间间隔以"1min"为单位）的方法实现平稳调节。

相关安全闭锁、报警和提示如下：

（1）显示电站与调度系统时差，时差偏差过大时（阈值可设为 1min）报警提醒值班员；

（2）显示下一时刻（时间间隔以"1min"为单位）有功设定值；

（3）截至某时刻，如果电站没有更新电站明日曲线，立即报警提示或退出电站 AGC 控制（触发报警和退出时间可设置）。

（二）自动开停机

AGC 控制可设定机组优先级，机组开停机命令遵照事先设定的优先级，在开停机条件满足时，自动（或经操作员确认）下发机组开停机命令。

1. 自动开停机提前时间

调度曲线模式下，下一个负荷点（每 15min 一个负荷点）有一台机组开机时，提前 $T_{1\min}$ AGC 控制发出开机令；如果两台机组同时开机，则按照第一台机组提前 $T_{1\min}$ AGC 控制发出开机令，提前 $T_{2\min}$ 再开第 2 台机组；开三机时第一台机组提前 $T_{1\min}$ 开机，第二台机组提前 $T_{2\min}$ 开机，第三台机组提前 $T_{3\min}$ 开机。

调度曲线模式下，下一个负荷点（每 15min 一个负荷点）有一台机组停机时，提前 $t_{1\min}$ AGC 控制发出停机令；如果两台机组同时停机，则按照第一台机组提前 $t_{1\min}$ AGC 控制发出停机令，提前 $t_{2\min}$ 再停第二台机组；停三机时第一台机组提前 $t_{1\min}$ 停机，第二台机组提前 $t_{2\min}$ 停机，第三台机组提前 $t_{3\min}$ 停机。

上述自动开停机提前时间可根据电站实际情况确定（其中，$T_3 < T_2 < T_1 < 15$，$t_3 < t_2 < t_1 < 15$，$T_i > t_i$）。

2. 自动开机策略

以下任一条件满足时，AGC 控制启动一台备用机组：

（1）总有功设定值大于当前运行机组所能发出的最大出力，且多启动一台机组并重新分配负荷后，各机组所带出力均不小于单机最小出力。

（2）旋转备用功能投入、实际旋转备用小于设定值，且多启动一台机组并重新分配负荷后，各机组所带出力均不小于最小出力。

机组 LCU 确保在正常开机过程中，成组投入的条件始终满足。开机机组并网后，AGC 控制把电站出力缺额直接分配给该机组，使电站总出力尽快达到设定值要求，然后再采用优化调节的方式调整各机组出力，使其达到最终优化分配值，避免电站总出力上下波动。以下条件满足时认为开机失败，AGC 控制报警并选择其他机组继续开机：

（1）AGC 控制发出开机令后 10s 内，机组 LCU 未返回开机流程执行过程中的信号；

（2）机组开机流程执行过程中的信号复位，且机组未到并网态；

（3）机组 LCU 返回机组停机流程执行过程中的信号。

3. 自动停机策略

总有功设定值小于当前运行机组所发出的最小出力，且停一台机组并重新分配负荷后，各机组所带出力均不大于最大出力时，AGC 控制停一台发电机组。

以下情况认为停机过程失败，第一种情况 AGC 控制报警并选择其他机组继续停机，后两种情况 AGC 控制停止停机过程，报警并由机组 LCU 完成紧急事故停机：

（1）AGC 控制发出停机令后 10s 内，机组 LCU 未返回停机流程执行过程中的信号；

（2）停机机组减负荷超时；

（3）机组停机流程执行 30s，出口开关仍未断开。

为避免 AGC 控制在临界值附近反复开停机，对各开停机判据增加死区判断。

（三）AGC 安全闭锁策略

（1）振动区自动躲避策略。

（2）水头滤波处理策略。AGC 界面中全厂控制参数中可以对水头进行监视和设定。默认水头给定方式为"自动"，当上游水位或下游水位数据质量发生故障时，进行告警处理并保持原值不变，同时可将水头给定方式修改为"手动"。此时，可人工设定水头，代表人工判断后设定值。在 AGC 程序组态中设定了水头变化梯度闭锁，而且 AGC 程序设定 4s（AGC 程序运转周期）读 1 次水头。当水头测值超过最高/最低限值时，机组 AGC 禁止投入。

（3）联合控制自动退出策略，当发生有可能影响系统安全的事件时，立刻退出全站联控方式。

（4）母线频率故障，包括频率测量通道故障、频率越限（上限 50.3Hz、下限 49.7Hz）。

（5）机组有功测值故障。此时无法确定机组有功测值是否准确，为了避免全站有功设定值受此影响，要退出 AGC 联控功能。

（6）发电态时机组 LCU（或智能监控装置）故障。由于发电态时机组 LCU（或智能监控装置）故障上送机组有功值可能为零，为避免此台机组有功功率为零，影响全站 AGC 分配，造成厂站层负荷与网调设定值偏离过大，退出全站 AGC。

（7）发电态机组有功品质变坏，此时无法确定机组有功测值是否准确，为了避免其他机组有功设定值受此影响，则不论该机组是否有参加 AGC，要退出 AGC 联控功能。

（8）如果机组由发电态突变（1 个 AGC 扫描周期）为其他状态，且机组有功功率大于机组最大有功值的 10%，则不论该机组是否有参加 AGC，退出全站 AGC。

（四）电站水位、频率限制

为了避免上水库水位发生溢流，可考虑上水库水位保护。当上库水位高于运行要求，水位保护启动，闭锁发电工况机组的停机，直至水位恢复正常；当上水库水位低，将按一定的时间间隔，逐台切除正在发电工况运行的机组，直至水位恢复正常。

频率保护：当电网频率高于系统要求，频率保护启动，将按一定的时间间隔切除正在发电工况运行的机组；电网频率低于系统运行要求，将闭锁发电工况机组的停机，直至频率恢复正常。

（五）AGC 控制性能指标

（1）响应速率：水电机组每分钟增减负荷的响应速率一般按照电网的要求进行设置。

（2）AGC 控制调节精度：AGC 控制指令执行完后，机组实际功率和目标值的误差与机组容量的百分比，不大于 3%。

（3）AGC 控制可用率：AGC 控制功能可用时间与并网运行时间的百分比，不小于 98%。

（4）AGC 控制合格率：AGC 控制合格时间或合格时段的时间总和与 AGC 功能投入时间的百分比，不小于 95%。

（六）AGC 控制软件

AGC 控制软件由数据采集模块、预处理模块、开停机模块、负荷分配模块和输出处理模块等组成。

AGC 控制软件程序框图如图 8-1 所示。

数据采集模块从多个数据源读取参数或实时数据，更新内存数据库，例如读取工程配置文件，完成静态参数初始化；通过实时数据库访问接口，刷新动态参数；通过仿真组播接口，刷新动态参数；接收并处理消息，获取所有参数的设值指令。

预处理模块对输入数据进行有效性判断，对异常信号进行安全闭锁处理，对运行方式切换进行安全闭锁处理，之后对重要参数进行计算（如根据运行方式进行全站控制令的选择和计算，根据有效水头进行机组及全站可运行区间的计算等），作为后续模块的输入。

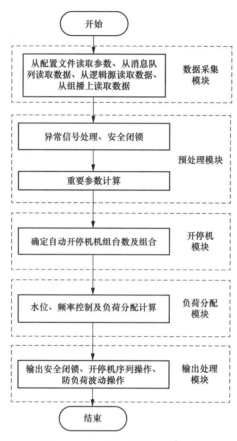

图 8-1　AGC 控制软件程序框图

开停机模块根据全站控制令、控制策略及相关约束条件，确定自动开停机机组台数及组合。负荷分配模块根据全站控制令、控制策略及相关约束条件，进行水位、频率控制，同时在现有参加 AGC 控制的发电机组间进行负荷分配。

输出处理模块对输出控制令进行有效性判断，对异常进行安全闭锁处理，同时根据开停机模块的计算结果进行开停机序列操作，以消息方式启动相应的顺控流程操作；根据负荷分配模块的计算结果进行防负荷波动操作等，以消息方式给机组 LCU 或智能监控装置下发负荷分配设值指令；以消息方式发送报警信息（运行方式切换、接收新的负荷指令等操作报警和发生异常时的提示报警）。

某电站 AGC 控制软件人机界面及调试工具如图 8-2、图 8-3 所示。

水电站 AGC 作为计算机监控系统的一个模块，是在预设多种约束条件下设计的机组间有功分配算法。因此，水电站 AGC 的研究热点涉及优化算法和预约束设条件两方面。其中预设约束条件问题相对比较复杂，除以上提到的对 AGC 的原则性要求外，还涉及根据电站地位和相关管理部门要求设计 AGC 与监控系统、一次调频的协同问题[115-121]。

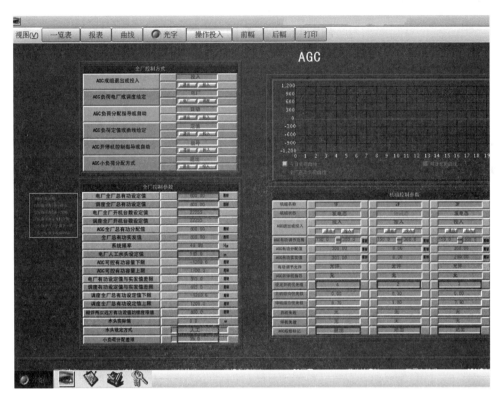

图 8-2　AGC 控制软件人机界面

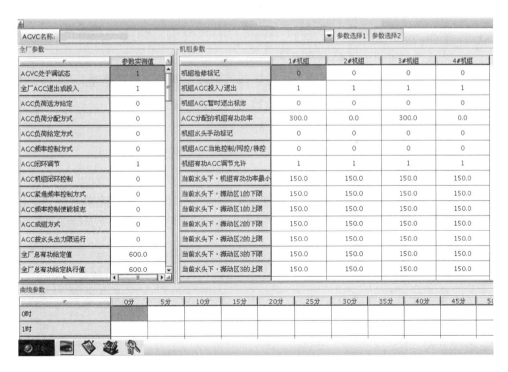

图 8-3　AGC 控制软件调试工具

第二节 自动电压控制

一、基本原理

自动电压控制（automatic voltage control，AVC）是指按预定条件和要求自动控制水电站母线电压或全电站无功功率的技术。在保证机组安全运行的条件下，为系统提供可充分利用的无功功率，减少电站的功率损耗。水电站 AVC 子站系统接收 AVC 主站系统下发的全站控制目标（电站高压母线电压、全站总无功等），按照控制策略（电压曲线、恒母线电压、恒无功）合理分配给每台机组，通过调节发电机无功出力，达到全站目标控制值，实现全站多机组的电压无功自动控制。

二、分配策略

（一）AVC 控制方式

AVC 提供两种控制模式：定值方式与曲线方式。

1. 定值方式

目前 AVC 负荷控制模式有三种：电站定值方式，电站曲线方式，调度定值方式。通过负荷控制方式切换实现调度和电站的控制，通过负荷给定方式切换选择定值或曲线方式进行设值。全站无功分配算法：

$$Q_{AVC} = Q_{ACT} + \Delta V \times K_{VNOR} - Q_{\overline{AVC}} \tag{8-18}$$

$$Q_{AVC} = Q_{ACT} + \Delta V \times K_{VEMG} - Q_{\overline{AVC}} \tag{8-19}$$

式中：Q_{AVC}——全站 AVC 无功功率分配值；

$\quad\quad Q_{ACT}$——全站实发总无功功率；

$\quad\quad \Delta V$——实际母线电压与给定电压值偏差或中调给定电压增量；

$\quad\quad K_{VNOR}$——母线电压在正常电压值范围内的调压系数；

$\quad\quad Q_{\overline{AVC}}$——不参加 AVC 机组所发无功之和；

$\quad\quad K_{VEMG}$——母线电压在正常电压值范围外的紧急调压系数。

（1）按照中调/当地给定全站总无功方式，按式（8-18）对全站无功进行分配；

（2）按照中调/当地给定的母线电压值方式，按式（8-18）对全站无功进行分配；

（3）当母线电压值在正常电压范围以外，采用式（8-19）按紧急调压系数进行调节；

（4）按照中调给定的母线电压增量，按式（8-18）对全站无功进行分配；

（5）当母线电压值在正常电压范围以外，采用式（8-19）按紧急调压系数进行调节。

2. 曲线方式

按照中调/当地设定的电压曲线的当前值，按式（8-18）对全站无功进行分配，使母线电压维持在曲线设定值水平。

当母线电压值在正常电压范围以外，按式（8-19）按紧急调压系数进行调节。

（二）AVC 分配原则

（1）等功率因数原则。

$$Q_{iAVC} = Q_{AVC} \times \frac{P_i}{\sum\limits_{i=1}^{n} P_i} \quad (i = 1, 2, \cdots, n) \tag{8-20}$$

式中：Q_{iAVC}——分配到第 i 台参加 AVC 机组的无功；

　　　n——参加 AVC 的机组数。

（2）无功容量成比例原则。

$$Q_{iAVC} = Q_{AVC} \times \frac{Q_{imax}}{\sum\limits_{i=1}^{n} Q_{imax}} \quad (i = 1, 2, \cdots, n) \tag{8-21}$$

（3）相似调整裕度原则。

$$Q_{iAVC} = Q_{AVC} \times \frac{Q_{imax} - Q_i}{\sum\limits_{i=1}^{n} (Q_{imax} - Q_i)} \quad (i = 1, 2, \cdots, n) \tag{8-22}$$

式中：$Q_{imax} - Q_i$——参加 AVC 的第 i 台机组的无功调整裕度；

$\sum_{i=1}^{n} (Q_{imax} - Q_i)$——参加 AVC 机组的当前无功调整裕度之和。

（4）动态优化原则。

$$Q_{iAVC} = Q_{AVC} \times \frac{F_i}{\sum\limits_{i=1}^{n} F_i} \quad (i = 1, 2, \cdots, n) \tag{8-23}$$

式中：F_i——参加 AVC 的第 i 台机组的当前优化系数。

注：不参加 AVC 的机组，AVC 分配值跟踪实发值，但此值仅供显示，并不实际作用于该机组。母线电压与给定电压值在电压死区内，AVC 分配值跟踪实发值。

三、控制策略

（一）调度曲线方式

AVC 调度曲线方式与 AGC 调度曲线方式相同。

（二）电压控制策略

1. 电压补偿模式

AVC 以总无功设定值为主要调节目标，当母线电压发生偏移时，自动调节无功使电压保持在电压设定值附近，但无功调节幅值不能超过限值。

2. 全电压控制模式

AVC 以稳定母线电压为主要调节目标，且无功调节范围仅受机组可调范围限制。在全电压控制模式下，母线电压设定值的来源可以是电站操作员和调度电压曲线。AVC 根据电压偏差换算出总无功给定值，换算公式有两种：

（1）公式1：

$$Q_{设定值} = Q_{上一次设定值} + \frac{V_{set} - V_{act}}{V_{set}} \times B_v \times B_a \times Q_{act} \tag{8-24}$$

式中：V_{set}——母线电压设定值；

$\quad\quad V_{act}$——母线电压实测值；

$\quad\quad B_v$——调压系数，决定了调节的幅值，根据电站实际情况确定；

$\quad\quad B_a$——系数调节因子，它的初始值为1.0，它在0.2至1.5之间变动，当电压在设定值上下反复波动时系数调节因子减小，当电压偏移量加大时系数调节因子增大；

$\quad\quad Q_{act}$——实发总无功。

（2）公式2：

$$Q_{设定值} = \frac{V_{set} - V_{act}}{X} \times V_{set} + \frac{Q_{act} \times V_{set}}{V_{act}} \tag{8-25}$$

式中：X——系统阻抗，定义为 $X = (V_{act} - V_{last})/(Q_{act}/V_{act} - Q_{last}/V_{last})$，$V_{last}$是上一次计算系统阻抗时的母线电压；

$\quad\quad Q_{last}$——上一次计算系统阻抗时母线送出的总无功功率。

初始计算时先使用系统阻抗上限计算。

（三）AVC安全闭锁策略

1. 防主站目标错误保护

当AVC检测到非法主站目标时，提供两种处理策略：闭锁AVC输出、维持原值。

2. AVC自动退出条件

（1）AVC全站自动退出条件：电站事故；母线电压测量值异常；系统电压振荡；合母运行时，Ⅰ母与Ⅱ母电压差值过大。

（2）AVC单机自动退出条件：机组无功不可调；机组LCU（或智能监控装置）故障；机组励磁装置故障；机组无功测量品质坏。

3. AVC自动闭锁条件

当出现以下情况之一时，AVC子站系统应自动闭锁相应机组AVC功能，并给出告警信号。在恢复正常后应自动解锁恢复调节。

（1）AVC增磁/减磁闭锁条件：高压母线电压越闭锁限值，闭锁控制；高压母线电压越控制限值上限，闭锁增磁控制；高压母线电压越控制限值下限，闭锁减磁控制。满足最大转子电流限值，闭锁增磁控制；最大定子电压限值，闭锁增磁控制；机组无功功率越闭锁限值，闭锁控制；无功功率越控制限值上限，闭锁增磁控制；无功功率越控制限值下限，闭锁减磁控制；厂用母线电压越闭锁限值，闭锁控制（可选）；厂用母线电压越控制限值上限，闭锁增磁控制；厂用母线电压越控制限值下限，闭锁减磁控制。

（2）其他安全闭锁条件：AVC调度调节模式下，远动通信故障，AVC自动切为电站调节模式。AVC调度调节模式下，电站电压（无功）设定值跟踪实发值；系统震荡时AVC系统退出，同时发出报警信号。

（四）AVC控制性能指标

1. 电压调节速度

调节母线电压变化1kV的时间小于60s。

2. 电压调节精度

220kV电压等级，母线电压偏离目标电压小于0.3kV。

500kV电压等级，母线电压偏离目标电压小于0.6kV。

3. AVC控制可用率

AVC控制可用时间与并网运行时间的百分比，不小于98％。

4. AVC控制合格率

AVC控制合格时间或合格时段的时间总和与AVC功能投入时间的百分比，不小于95％。

（五）AVC控制软件

AVC控制软件由数据采集模块、预处理模块、负荷分配模块、输出处理模块等组成。

（1）数据采集模块从多个数据源读取参数或实时数据，更新内存数据库，例如读取工程配置文件，完成静态参数初始化；通过实时数据库访问接口，刷新动态参数；通过仿真组播接口，刷新动态参数；接收并处理消息，获取所有参数的设值指令。

（2）预处理模块对输入数据进行有效性判断，对异常信号进行安全闭锁处理，对运行方式切换进行安全闭锁处理，之后对重要参数进行计算（如根据运行方式进行全厂控制令的选择和计算，根据机组有功功率及PQ限制曲线进行机组无功功率上下限值的计算等），作为后续模块的输入。

（3）负荷分配模块根据全厂控制令、控制策略及相关约束条件，进行电压控制，同时在参加AVC控制的发电/调相机组间进行无功功率分配。

（4）输出处理模块对输出控制令进行有效性判断，对异常进行安全闭锁处理；根据负荷分配模块的计算结果进行上下限闭锁操作等，以消息方式给机组LCU或智能监控装置下发无功功率分配设值指令；以消息方式发送报警信息（运行方式切换、接收新的电压指令等操作报警和发生异常时的提示报警）。

AVC控制软件程序框如图8-4所示。AVC控制软件人机界面及调试工具如图8-5和图8-6所示。

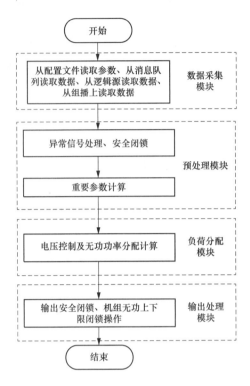

图 8-4　AVC 控制软件程序框图

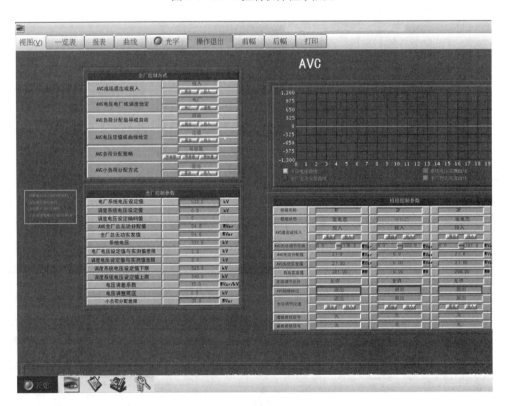

图 8-5　AVC 控制软件人机界面

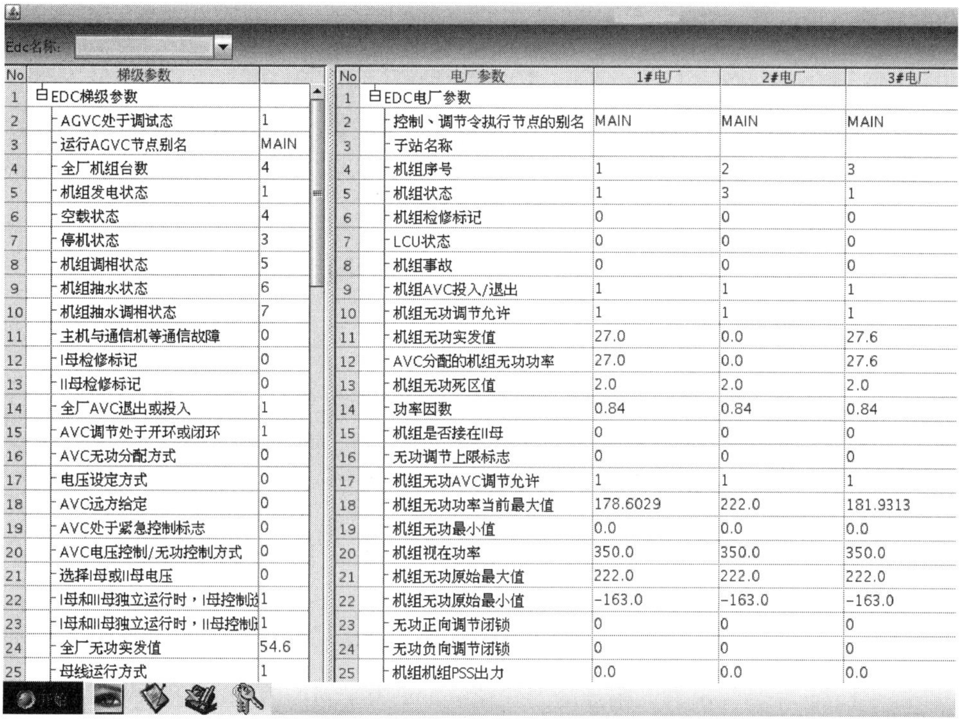

Edc名称:

No	梯级参数	
1	EDC梯级参数	
2	AGVC处于调试态	1
3	运行AGVC节点别名	MAIN
4	全厂机组台数	4
5	机组发电状态	1
6	空载状态	4
7	停机状态	3
8	机组调相状态	5
9	机组抽水状态	6
10	机组抽水调相状态	7
11	主机与通信机等通信故障	0
12	I母检修标记	0
13	II母检修标记	0
14	全厂AVC退出或投入	1
15	AVC调节处于开环或闭环	1
16	AVC无功分配方式	0
17	电压设定方式	0
18	AVC远方给定	0
19	AVC处于紧急控制标志	0
20	AVC电压控制/无功控制方式	0
21	选择I母或II母电压	0
22	I母和II母独立运行时，I母控制	1
23	I母和II母独立运行时，II母控制	1
24	全厂无功实发值	54.6
25	母线运行方式	1

No	电厂参数	1#电厂	2#电厂	3#电厂
1	EDC电厂参数			
2	控制、调节令执行节点的别名	MAIN	MAIN	MAIN
3	子站名称			
4	机组序号	1	2	3
5	机组状态	1	3	1
6	机组检修标记	0	0	0
7	LCU状态	0	0	0
8	机组事故	0	0	0
9	机组AVC投入/退出	1	1	1
10	机组无功调节允许	1	1	1
11	机组无功实发值	27.0	0.0	27.6
12	AVC分配的机组无功功率	27.0	0.0	27.6
13	机组无功死区值	2.0	2.0	2.0
14	功率因数	0.84	0.84	0.84
15	机组是否接在II母	0	0	0
16	无功调节上限标志	0	0	0
17	机组无功AVC调节允许	1	1	1
18	机组无功功率当前最大值	178.6029	222.0	181.9313
19	机组无功最小值	0.0	0.0	0.0
20	机组视在功率	350.0	350.0	350.0
21	机组无功原始最大值	222.0	222.0	222.0
22	机组无功原始最小值	-163.0	-163.0	-163.0
23	无功正向调节闭锁	0	0	0
24	无功负向调节闭锁	0	0	0
25	机组机组PSS出力	0.0	0.0	0.0

图 8-6　AVC 控制软件调试工具

第三节　经济调度与控制

一、基本原理

流域经济调度控制（economic dispatching control，EDC）主要完成流域水电站群实时发电优化调度与在线控制功能。在保证流域水电站群自身安全稳定运行的前提下，考虑电力系统负荷平衡、频率控制要求、各水电站机组特性等众多因素，进行梯级水电站联合短期优化调度和梯级实时负荷分配，制定梯级各电站所有机组的启停计划，协同各水电站AGC 软件对流域水电站间水位调整及负荷分配进行在线自动优化控制，其目标是在完成上级调度部门下达的负荷指令的同时，始终维持梯级水电站在最小耗能状态。

二、分配策略

1. 最大蓄能量模型

各水电站库水位均正常的情况下，理论上实时发电优化调度应该以单位时间内总储能增加最大作为优化调度目标。但是，实际上应该以从当前时刻开始的一段时间内总储能增加最大作为优化调度目标。主要有两个原因：①各电站间的水流流达时间带来了当前决策对后续的发电造成一定的影响的调度特性。②实时发电优化调度具有动态特性，必须考虑机组负荷、库水位的稳定性以及避免机组频繁启停的因素。例如，若只考虑当前时刻总储能增加最大，很有可能出现当前时刻要求某些机组停机，而在很短时内又再次要求其他机组开机的频繁启停问题。

$$J = Max \sum_{t=1}^{Tr1} \sum_{i=1}^{N} S_i^t - Penalty \tag{8-26}$$

$$S_i^t = \begin{cases} (q_i^t - Q_i^t - y_i^t) \sum_{j=i}^{N} \overline{H}_j^t & i = 1 \\ (q_i^t + Q_{i-1}^{t-\tau_{i-1}} + y_{i-1}^{t-\tau_{i-1}} - Q_i^t - y_i^t) \sum_{j=i}^{N} \overline{H}_i^t & i = 2, \cdots, N \end{cases} \tag{8-27}$$

式中：S_i^t——第 i 级电站第 t 个时段的蓄能量；

q_i^t——第 i 级电站第 t 个时段的平均区间入库流量；

Q_i^t——第 i 级电站第 t 个时段的平均发电流量；

y_i^t——第 i 级电站第 t 个时段的平均弃水流量；

τ_{i-1}——第 $i-1$ 级电站到第 i 级电站的水流流达时间与时段长的比值；

$\overline{H}_i^t$——第 i 级电站第 t 个时段的平均发电水头。

$Penalty$ 为考虑避免机组频繁启停、避免机组负荷频繁波动及避免水电站间负荷大规模转移三个因素而在目标函数上附加的惩罚值。Trl 为受当前时刻决策影响的后续时段的个数。该模型既考虑了水流流达时间，又考虑了当前发电对后续若干时段的影响。

Trl 值越大调度效果越好，但是计算时间也越长。由于实时发电优化调度对计算速度要求比较高，因此选取 Trl 值的原则应该是在满足调度效果的前提下越小越好。必须针对不同的水电站群的实际情况，权衡考虑实时发电优化调度的经济性和实时性，通过对历史调度资料的大量仿真计算才能确定合理的 Trl 参数值。

2. 最小库水位越限模型

各水电站库水位均正常时，最大蓄能量模型计算时已经考虑了未来 Trl 个时段内的发电情况，能够保证在预报来水及设备调节没有误差的情况下，水位在 Trl 时段内不会出现超出水位约束的情况。但是，由于预报来水误差和设备调节误差是不可避免的，因此在实时发电优化的动态调度过程中无法彻底避免出现某一级或某几级的库水位违反约束条件的情况。当预报误差越大，设备调节误差越大以及 Trl 个数越少时，库水位违反约束条件的情况出现的概率也越大。这几种因素的影响因素还会相互叠加，例如当实际来水比预报来水偏大，刚好前期的调节过程中实际下泄流量又比实时发电调度要求的理论下泄流量偏小时，两者会出现误差累加效应，进一步增加库水位越限的程度。此外，在实际运行中无法预知的事故停机也可能使水电站群各水电站流量失去平衡从而导致库水位越限。

水电站群实际调度中经常会出于防洪、施工等原因而对库水位进行严格的控制。若某水电站库水位在动态调度过程中突破库水位限制条件，将对水电站群的防洪、施工等带来直接的不利影响，此时仍然应用最大蓄能量模型追求水资源利用效率显然是不合适的。因此，针对库水位越限的情况提出最小库水位越限模型，其调度准则是使库水位越限程度最严重的那级水电站的库水位越限值最小。

$$J = Min\{Max\{\delta_i\}\} \quad i = 1,2,\cdots,N \tag{8-28}$$

式中：δ_i——第 i 级电站 $Tr2$ 个时段以后的库水位与设定上下限的越限值。

$$V_i^{Tr2} = \begin{cases} V_i^0 + \sum\limits_{t=1}^{Tr2}(q_i^t - Q_i^t - y_i^t) \cdot \Delta T & i = 1 \\[3mm] V_i^0 + \sum\limits_{t=1}^{Tr2}(q_i^t + Q_{i-1}^{t-\tau_{i-1}} + y_{i-1}^{t-\tau_{i-1}} - Q_i^t - y_i^t) \cdot \Delta T & i = 2,\cdots,N \end{cases} \tag{8-29}$$

$$Z_i^{Tr2} = f_{zv}(V_i^{Tr2}) \tag{8-30}$$

$$\delta_i = \begin{cases} 0 & \underline{Z_i} \leqslant Z_i^{Tr2} \leqslant \overline{Z_i} \\ Z_i^{Tr2} - \overline{Z_i} & Z_i^{Tr2} > \overline{Z_i} \quad i = 1,\cdots,N \\ \underline{Z_i} - Z_i^{Tr2} & Z_i^{Tr2} < \underline{Z_i} \end{cases} \tag{8-31}$$

式中：$Tr2$——对发电后期库水位进行预测计算的时段数；

$\qquad Z_i^{Tr2}$——第 i 级电站 $Tr2$ 个时段以后的预测库水位；

$\qquad \underline{Z_i}$——第 i 级电站允许最低库水位；

$\qquad \overline{Z_i}$——第 i 级电站允许最高库水位；

$\qquad V_i^t$——第 i 级电站第 t 个时段末的水库蓄水量；

$\qquad \Delta T$——时段长。

模型内部参数 $Tr2$ 的大小应该综合考虑调度计算的实时性要求以及可接收的负荷波动范围两个因素来确定。$Tr2$ 参数越大，负荷波动越平稳，计算量也越大。选取的具体方法是通过对调度资料的大量仿真计算，分析 $Tr2$ 参数大小和负荷波动及计算时间的相关关系，并在满足实时性要求的前提下选择尽可能大的值。

由于水位调节实际上是通过各电站之间的有功负荷转移来实现的，而这种负荷转移会带来不可避免的开停机操作及机组负荷波动。因此，在本模型的目标函数中不应再对机组频繁启停、负荷波动及站间负荷转移进行惩罚。可以通过模型内部参数 $Tr2$ 的合理率定来满足这些调度要求。

最小库水位越限模型除了具有上述将各水电站库水位恢复至设定的正常范围内的作用以外，还具备水位调节功能。例如，当出于实际调度要求需要将某一级水电站的库水位调节至某预想水位值时，可以在线将水位正常范围设定至该预想水位值附近的一个小区间内。此时，实时发电优化调度将利用该模型确保该水电站的库水位稳定在预想水位值附近。

3. 边界约束条件

常用的约束条件如下。

（1）出力平衡约束。

$$P_{c,t} = \sum_{i=1}^{n} P_{i,t} \tag{8-32}$$

式中：$P_{c,t}$——t 时段电网下达给梯级 EDC 的有功功率给定值；

$\qquad P_{i,t}$——t 时段梯级 EDC 分配给 i 电站的有功功率给定值；

$\qquad n$——参与 EDC 的梯级电站个数。

（2）水量平衡约束。

$$V_{i,t+1} = V_{i,t} + (q_{i,t} - Q_{i,t})\Delta t \tag{8-33}$$

式中：$V_{i,t}$、$V_{i,t+1}$——i 电站 t 时段初、末水库蓄水量；

$\qquad q_{i,t}$——i 电站 t 时段内的平均入库流量；

$\qquad Q_{i,t}$——i 电站 t 时段内的平均出库流量；

$\qquad \Delta t$——时段长。

（3）流量平衡约束。

$$Q_{i,t} = Q_{i,t}^{fd} + Q_{i,t}^{qs} \tag{8-34}$$

$$q_{i,t} = Q_{i-1,t-\tau} + q_{i,t}^{qu} \tag{8-35}$$

式中：$Q_{i,t}^{fd}$——i 电站 t 时刻的发电流量；

$\qquad Q_{i,t}^{qs}$——i 电站 t 时段内的平均弃水流量；

$\qquad q_{i,t}^{qu}$——i 电站 t 时段内的平均区间来水流量；

$\quad Q_{i-1,t-\tau}$——$i-1$ 电站 $t-\tau$ 时刻的出库流量，取 $t-\tau$ 至 t 时刻内的平均值，τ 为时滞。

（4）水位约束。

$$\underline{Z}_{i,t} \leqslant Z_{i,t} \leqslant \overline{Z}_{i,t} \tag{8-36}$$

式中：$Z_{i,t}$、$\overline{Z}_{i,t}$、$\underline{Z}_{i,t}$——i 电站 t 时段初的水库水位及其上下限。

（5）发电流量约束。

$$\underline{Q_{i,t}^{fd}} \leqslant Q_{i,t}^{fd} \leqslant \overline{Q_{i,t}^{fd}} \tag{8-37}$$

式中：$\overline{Q_{i,t}^{fd}}$、$\underline{Q_{i,t}^{fd}}$——i 电站 t 时段内所允许的最大过机流量和最小过机流量。

（6）出库流量约束。

$$Q_{i,t} \geqslant \underline{Q}_{i,t} \tag{8-38}$$

式中：$\underline{Q}_{i,t}$——i 电站 t 时段内应保证的最小下泄流量。

（7）有功功率可调区间约束。

$$\underline{P}_{i,t} \leqslant P_{i,t} \leqslant \overline{P}_{i,t} \tag{8-39}$$

式中：$\overline{P}_{i,t}$、$\underline{P}_{i,t}$——i 电站 t 时段内的有功可调区间上下限，由 i 电站 t 时段内的开机机组的有功可调区间组合求解得到。

（8）电站出力变幅约束。

$$|P_{i,t} - P_{i,t}^{sf}| \leqslant \Delta P_i \tag{8-40}$$

式中：$P_{i,t}^{sf}$——i 电站 t 时段初的实发出力；

$\qquad \Delta P_i$——i 电站允许的最大出力变幅，以防止电站的分配负荷相对于当前实发出力变化过大而不被电站 AGC 接受，由电站 AGC 的系统特性决定。

（9）避开振动区约束。

$$(P_{i,t} - \underline{P_{i,t}^m})(P_{i,t} - \overline{P_{i,t}^m}) > 0 \tag{8-41}$$

式中：m——i 电站 t 时段存在于有功可调间内的等值振动区个数；

$\overline{P_{i,t}^m}$、$\underline{P_{i,t}^m}$——i 电站 t 时段第 m 个等值振动区的上下限，由电站开机机组在实时水头

下的振动区组合求解得到。

（10）站间负荷转移约束。

$$|P_{i,t} - P_{i,t}^{sf}| \leqslant \Delta P_t \tag{8-42}$$

式中：ΔP_t——t 时段梯级发电负荷指令值相对于当前总实发出力值的变化量。

流域梯级和站群的经济运行问题一直是研究的热点问题[123-126]，成果众多，各种新的优化算法理论在该领域均有研究。在约束限制条件方面，涉及因素较多，特别是在考虑多能互补的情况下，约束限制条件更为复杂，而相应的优化问题也更加复杂。

三、控制策略

流域 EDC 模块组成及接口如图 8-7 所示。

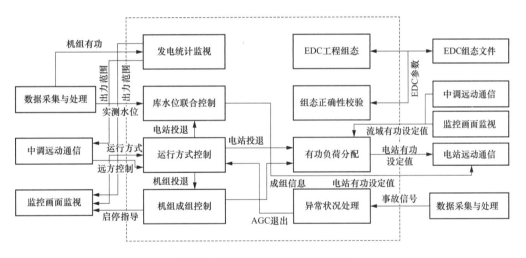

图 8-7　流域 EDC 模块组成及接口

1. 主要功能

（1）实时负荷优化分配。

根据网调或运行人员当前给定的流域总有功负荷要求，通过调用相应的优化调度模型，综合考虑流量平衡、电量平衡、站间负荷转移、站间联合躲避振动区等调度约束，将流域总负荷合理地分配至各水电站。在此过程中，也可根据网调要求，合理考虑电网潮流平衡及梯级各水电站有功出力约束等因素。

（2）梯级发电流量平衡。

针对部分库容不大的反调节电站，能够合理地控制上游电站及反调节电站的发电流量，通过两级电站的发电流量平衡，使得反调节电站维持在合理的高水位上，并在发电过

程中始终保持相对稳定的状态。

（3）库水位联合控制。

当由于通航、生态、防洪、施工等因素需要调整库水位时，可根据运行人员设定的各水电站预期水位目标值，通过合理调整流域总负荷在各梯级水电站之间的分配方案，使得库水位达到或尽可能接近设定值，并在运行过程中尽可能维持库水位在该设定水位。

（4）站间联合躲避振动区。

通过优化不同梯级电站的开机组合及运行区间，合理规避不同机组的振动区，使得整个梯级具备完整的有功出力调节区间，减少机组频繁穿越振动区，有效提高级水电机组的源网协调调节能力。

（5）电网潮流平衡控制。

具有机组成组控制功能，用户可根据梯级各出线、电压等级、地域等相关关系将机组分成若干组合，对于各成组的机组群可采用出力范围限制，或设定各成组的负荷分配优先顺序，EDC 按照机组群进行负荷优化分配，以满足电网潮流平衡控制的要求。

（6）运行异常应急响应。

当梯级某水电站机组突发事故停机且该水电站 AGC 软件无法将事故停机机组原先的有功负荷全部转移至其它机组时，流域 EDC 软件实时将剩余有功负荷转移至梯级其他各水电站的机组。此外，EDC 能够实时正确判别电网事故、水电站全厂事故、通信中断等各类异常情况，并自动采取相应的正确应对策略。

2. 运行方式

（1）投入/退出。

流域 EDC 投入时由 EDC 完成梯级各水电站之间的负荷优化分配，流域 EDC 退出时应通过水电站 AGC 设定各水电站有功负荷，或人工直接设定各台机组的有功负荷。

（2）开环/闭环。

流域 EDC 开环时 EDC 仅进行负荷优化分配、库水位联合控制等运行策略的指导，流域 EDC 闭环时 EDC 将协同各水电站 AGC，共同完成流域水电站群发电过程的自动优化控制。开环方式也可用于 EDC 软件调试，确保调试过程中流域发电的安全性。

（3）曲线/定值。

在曲线方式下，流域 EDC 自动接收网调下达的梯级日发电计划曲线并进行梯级日负荷优化分配，得到梯级各水电站的优化日发电计划曲线。在定值方式下，流域 EDC 软件实时接收网调下达的梯级总有功负荷指令，并进行梯级实时发电优化调度计算，得到梯级各电站的最优有功负荷分配值。

3. 控制策略

（1）梯级电站自动开停机策略。

通过对电网负荷需求的实时监测，EDC 系统可以自动进行不同电站机组的启停，从而实现对梯级水电站整体出力的调整；EDC 的自动开停机功能可以有效减轻运行人员工作强度，提高了工作效率。梯级电站自动开停机流程如图 8-8 所示。

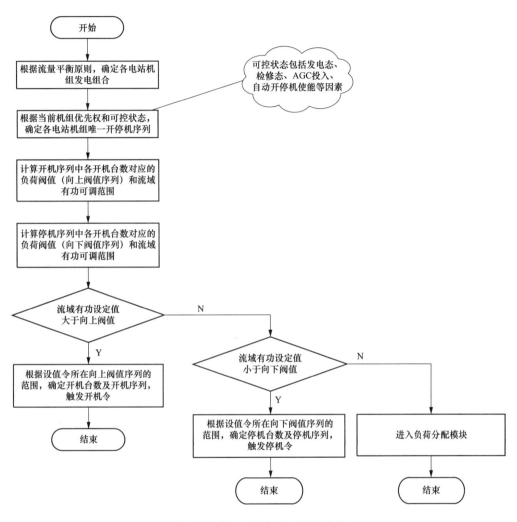

图 8-8 梯级电站自动开停机流程

（2）梯级电站联合躲避振动区策略。

该策略可以有效避免机组运行在振动区，并尽量使机组在高效率区运行；采取这种策略可以达到减少机组损耗，降低运行维护的成本的作用。梯级电站联合躲避振动区工作流程如图 8-9 所示。

以三级梯级电站为例，根据流量平衡原则进行各电站负荷调整的处理方法如下：在当前设定值所在的可运行区域对初始分配值进行越限校验处理，若二、三级电站任何一个越限，则优先按照流量平衡调整另外一级电站，调整完成后若还有差值，则调整到首级站；否则，若只是首级站越限，则将差值按流量平衡分配到二、三级电站。在当前设定值所在的可运行区域对初始分配值进行越限校验处理，并对其不可调节方向进行标记，在该步骤中可能产生越限处理差值；对上面产生的越限处理差值进行重新分配，若越限处理差值大于零则依次寻找可向上调节的电站进行分配，反之若越限处理差值小于零则依次寻找可向下调节的电站进行分配。

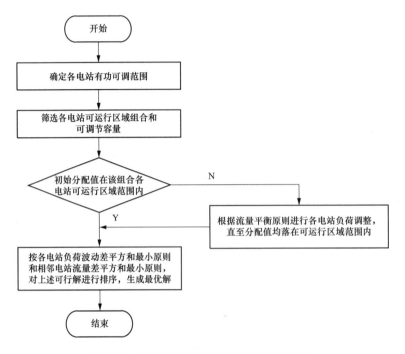

图 8-9　梯级电站联合躲避振动区工作流程

（3）下级电站对上级电站的反调节控制策略。

以国内某流域为例，当该流域处于冬季时，由于下游电站溢洪道弧门结冰不能开启，因此上游电站机组下泄流量不能超过下游电站的最大发电引用流量，以避免造成下游电站漫坝事故。上游电站单机引用流量为 123.59m³/s，而下游电站的最大发电引用流量 100m³/s，因此必须以下游电站的流量控制上游电站机组流量，确保上游电站所有机组流量不超过下游电站机组流量。

（4）梯级水电站小负荷调整策略。

解决了梯级电站对小负荷调整响应速度慢的问题，该策略先依据梯级各电站的优先级（小负荷变化出力由一个站来负担，水位高的电站优先增负荷，水位低的优先减负荷）和对应机组的调节余量排序，确定机组优先级和需要参与小负荷分配的机组台数，再完成小负荷差额分配。该策略不仅提高负荷调整响应速度，还可以提高机组的运行效率。

（5）水位到达限值流量闭锁。

当下级电站的水位到达设定上限值时，上级电站下泄流量不能超过下级电站的当前下泄流量，以避免造成漫坝事故。

第四节　智能预警报警

一、基本原理

传统水电站计算机监控系统的报警主要是面对测点的直接报警，开关量主要是变位报警，模拟量主要是越复限报警、梯度报警等，通过脚本计算可以进行部分综合量报警。整体而言，传统水电站无法智能地分析设备状态进行报警，而是依赖运行人员通过测点报警进行人为评估设备状态，现场大量的信息往往使得运行人员无法对异常工况及时采取有效的措施进而导致事故发生，这已成为发电企业运行、管理人员亟待解决的问题。为了提高报警有效性和人员工作效率，使运行维护人员能够及时、高效地掌控全厂设备运行状态，需要研究生产运行智能化报警技术，并基于一体化管控平台研制相应的智能应用组件。

二、主要功能

生产运行智能化报警组件主要包括人机交互和数据服务两部分。人机交互主要负责画面展示、报表查询、设置和管理报警组态信息、报警推送，以实现报警策略的智能化配置，并对有效报警信息进行及时确认功能。数据服务以智能水电站一体化管控平台监控系统为基础，主要承担事务逻辑的处理，包括：数据采集、特征值抽取、指标计算、设备状态判断、流程逻辑判断、趋势分析判断并根据判断结果触发报警，相关报警结果通过组播同步到客户端与其他服务器。功能结构图如图 8-10 所示。

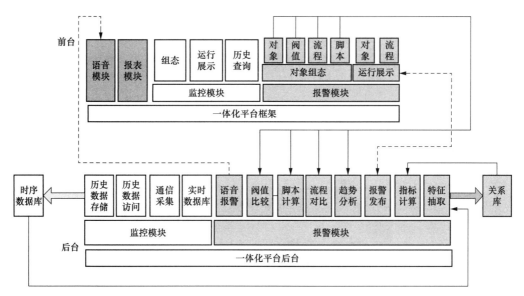

图 8-10　水电站运行设备智能报警系统功能结构图

（一）数据收集及存储

生产运行智能化报警直接访问一体化管控平台数据中心的实时数据。针对水电站生产数据产生频率快、测点多信息量大且严重依赖采集时间的特点，历史数据库数据存储周期不大于 1s；可进行数据有效性检查（范围检查、变化率检查、数据是否发生变化、关联工况检查、关联变量检查等），剔除无效数据。同时，定期从历史数据库中抽取特征数据存入设备模型数据库供智能报警模块使用，以提高系统报警效率。实时数据库实现实时海量数据存储，关系型数据库实现设备数据模型、报警策略，数据分析、挖掘，同时要完成数据清洗、特征值抽取功能，如图 8-11 所示。

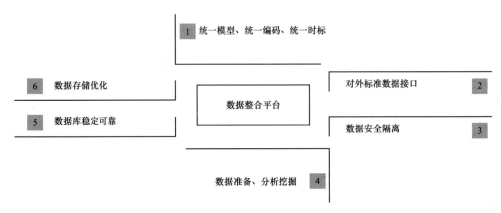

图 8-11　数据收集与存储示意图

（二）设备模型功能设计

利用平台的设备模型数据库，综合所有设备及设备之间的相关量，以便于更全面、准确地判断设备状态。可以进行网状结构的对象展示，每个对象节点均可以设置逻辑并创建自己的逻辑参数，其他节点也可以引用改逻辑属性，对象节点可以收缩，报警发生时自动展开到特定的路径，如图 8-12 所示。

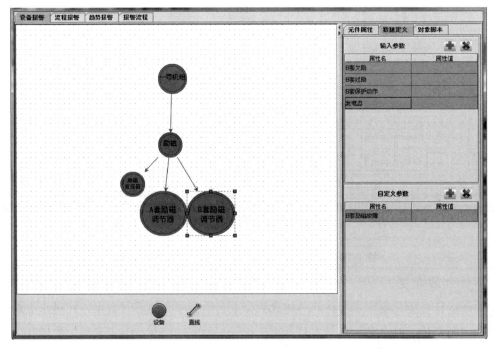

图 8-12　设备对象的展示与设置（机组单元下励磁分系统的可视化展现）

1. 设备状态判断。

以水电站各类设备对象为基本单元构建设备状态模型库，旨在对设备状态进行综合报警。如在设备状态库中定义高压油系统为一个设备对象，该设备状态分为：系统启动（高压油1号或2号泵启动、高压油顶起完成、高压油油流总管压力＞10MPa）、系统停止（高压油1号、2号泵停泵、高压油油流总管压力＜3MPa）。对于机组本身要进行工况判断，停机、空转、空载、发电等基本工况判断，还需结合负载、水头等信息进行综合机组运行工况判断。

2. 操作流程状态判断。

在数据服务器上建立设备操作流程模型库，使系统对设备操作流程具备综合分析处理能力。以一体化管控平台为基础，监视所有设备在执行流程，用于需结合流程状态判断的智能报警。对于流程本身报警功能实现包括：①顺控流程，对顺控流程的每步建立模型，判断该步操作是否成功；②单控流程，对单个设备操作判断是否操作成功；③自动触发的流程，判断流程是否自动触发成功。通过本智能应用组件，智能报警可简化操作过程及检查量：操作前的风险评估及相应的提示，操作过程中的智能报警，操作完成后的智能评估和检查。

3. 关联设备状态判断。

建立各设备运行时相互关联分析，判断在设备对象状态发生变化或可能发生变化时（由运行操作或自动跳闸引起）相关设备的联动反应，判断可能发生的报警事件或自动响应操作，指导运行人员进行下一步操作，并对现场设备是否按预期动作给出评估。例如，高压油系统的设备关系库数据包括推力瓦温、机组转速、开机流程启动、停机流程启动、机组自用电400V电压等。当高压油系统发生故障时，运行人员可通过设备关系库快速查看相关数据量状态，判断故障风险及影响。

4. 设备趋势学习判断。

根据工作中积累的与设备故障相关的经验建立模型，计算性能指标，进行预警报警，能够便利地进行收据纵向、横向对比，并生成相应曲线图便于导出，同时具备手动在线趋势分析功能。

（三）智能报警功能

对已配置的设备、操作流程及自定义报警点实现智能化报警推送，其逻辑结构如图8-13所示。根据自定义规则将水电站与设备相关的测点信息自动识别到设备对象，标识关键属性，根据对象类型、关键属性和预定义的专家库自动生效报警判断逻辑，同时提供人工脚本功能，允许用户根据电站特殊性，添加判断逻辑。判断逻辑能够以不同工况情况下数据的历史统计信息为基础进行判断。对象报警自动调用知识库，设备变化趋势采用神经网络算法进行识别，提高了后台逻辑运算效率，优化智能报警性能。

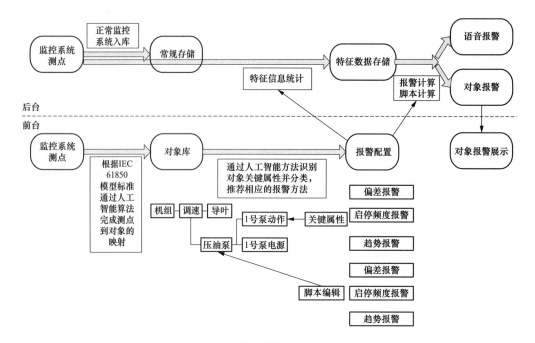

图 8-13　智能报警模块逻辑结构图

依据建立的设备对象库中的设备事故报警，按设备层级建立树状结构的设备综合报警界面，发生事故时自动弹出界面，并以树状结构显示事故报警信号，同时显示相关量数据点状态，便于运行人员快速掌握事故原因及事故后的设备动作情况。

（四）通用设备趋势报警

设备状态预警同时以历史数据接口和实时数据接口为基础，根据设备长期运行的特征数据和相关运行经验建立报警模型，通过建立符合电站设备运行状况的特征抽取方法，剔除干扰数据，判断特征趋势，实现设备运行工况的趋势报警。例如，温度分析：水电站计算机监控系统包含大量的温度测点，设备状态报警系统应能实现对温度量的趋势分析，包含温度跳变等数据有效性检测、温度缓变报警（对比 1h、4h、1 天、3 天、7 天等，当变化幅度超过限值时给出报警，并能够有效避开负荷调整、开停机等）。油位分析：对调速器液压系统、水导外油箱油位等进行智能趋势分析，能够计算总油量，自动跟踪分析变化趋势，当油量变化超过限值时报警提示，同时判断机组运行时油箱油位的变化趋势，若变化趋势明显发生变化，则产生报警及时提示。集水井水位分析：根据集水井的水位变化，计算漏水量，并能准确识别水位计故障（数据长时间未变化等），当漏水量异常变化时报警提示。需要抽取的特征包括：

（1）变化趋势特征：剔除条件后数据变化趋势。当数据变化趋势幅度超过预定阈值，产生预警信息。

（2）稳态分布特征：计算数据分布区间和算术平均值。如机组振摆数据，判断当前数据是否偏离经验值，若偏离则产生报警信息。

（3）启停频率特征：记录油泵、排水泵、空压机等周期启动设备的启停周期和运行时间，并与历史稳定运行值比较，若存在较大差异，则产生报警。

除此以外，系统可以将多数据综合计算分析报警。通过多个数据的算术运行，得到具有一定实际意义的综合数据，并通过上述方法进行分析。趋势分析主要分为纵向趋势分析和横向趋势分析，趋势分析主要是分析同一个设备数据在时间维度上的变化趋势，预测后期变化方向与梯度，横向趋势分析主要分析某个设备数据与同类设备数据或平均值的横向数据对比，分析出同类设备中某个设备数据的异常变化趋势。

纵向趋势分析功能采用"$L_t - L_{t-1min} \leqslant N$（$N \geqslant 0$ 流量升高，$N \leqslant 0$ 流量降低），N 为趋势变化阈值（N 为经验值或设备相关指标），连续变化 M 次即产生报警"的逻辑，即 t 时的流量值与 $t-1min$ 时的流量值进行比较，连续 M 次正向（流量升高）或者负向（流量降低）变化即报警，就可以判断流量连续升高或者降低。

横向趋势分析功能采用"$|L_{1F} - P| = N \geqslant M$（$L_{1F}$ 一号机组运行流量，M 值为流量偏差设定值，P 值为运行机组流量平均值）"的逻辑，即分别与所有运行机组流量平均值进行比较，差值绝对值超过偏差设定值就产生报警，说明该流量值相对其他机组有异常。

相关设备趋势分析中还需结合设备工况进行综合判断，例如机组在高负荷、低负荷 2 个不同工况对于温升趋势判断的阈值是不一样的。

（五）设备综合信息报警

需要实现面向设备或系统的综合分析报警分析，根据设备或系统的属性，综合设备直接测点状态、设备工作趋势等综合信息，进行设备运行工况分析、报警。根据报警等级不同，主要分为异常报警与故障报警。以电站辅机中最常见的排水系统为例。其报警分级及相关量状态见表 8-1。

表 8-1   排水系统综合分析报警列表

一级	二级	三级	相关量状态
排水系统报警	排水系统异常	水位计异常	水位信号
		来水量趋势异常	来水量短时突变
			来水量长时间缓变
		水泵启停异常	单泵启停频繁
			排水系统启停频繁
		系统方式异常	小于 N 台泵"自动"
	排水系统故障	控制系统故障	系统电源故障
			排水泵故障
			PLC 未运行
			备用泵投入
		排水系统故障	水位超高
			启备泵水位
			排水效率低

1. 异常类

异常状态表示系统工作与常态不一致，但尚不能直接得出系统已故障的结论，需与关注，给出异常报警。

（1）水位异常：趋势分析功能分析出集水井水位计或来水量异常时及时报出；

（2）泵启停异常：趋势分析功能分析出泵启停异常时及时报出即泵启停次数高于正常值。

（3）控制方式异常：当系统小于 N 台排水泵自动可用时，报异常。报警逻辑：泵"自动"方式数小于 N，N 为人为确定。

2. 故障类

故障状态是指报警模块已分析认为设备已故障，此报警等级高于异常报警。

（1）泵启动或排水故障：当排水系统水位计水位无异常，智能报警系自动扫查水位计水位模拟量数值，当水位超过启泵水位值＋10min（待定）or 运行效率低 or 启备泵水位 or 集水井水位超高，能自动报警。

（2）排水系统电源系统故障：综合分析倒换厂用电导致排水系统现地 PLC 控制柜或者单台泵上级电源短时消失，并报出相应故障，减少误报、避免漏报。

（3）报警逻辑：系统控制电源综合故障 or 电源系统两路 DC 24V 电源电压失压＋延时5s（躲避厂用电倒换引起的报警）；泵故障台数≥1；PLC 通信中断；备用泵投入。

（六）操作流程报警

除了基于设备的报警，还需要支持操作流程监视，分析设备操作流程的过程。当流程启动后，后台系统自动跟踪流程的执行过程，并同步在显示界面上弹出流程执行监视窗口，显示当前流程的执行过程。

如果流程执行过程偏离了相应的步骤就会触发报警，在流程执行监视窗口中用明确的文字或图符显示流程当前执行什么操作、是否成功以及下一步将要执行的操作。若不成功，则显示流程执行失败原因，不需要显示流程详细执行过程。对流程执行结果成功、失败和异常的显示须用带颜色的字体（或高亮、闪烁）标识，并对失败或成功结果用语音报出。对于流程执行过程中产生的不影响流程执行的设备异常，则在流程执行完成后给出提示信息；若有多个流程同时启动执行，同时弹出多个流程执行监视窗口平铺显示用于分别监视，可使用缩放技术充分利用显示屏空间，做到既能监视流程，也不遮挡其他背景数据。

此外，还要实现因流程操作造成的信号异常报警，即在设备操作中的部分模拟量越限或开关量变位属于正常现象，应结合流程控制工况产生报警。一方面避免非故障报警；另一方面也要保证报警的准确性，避免漏报。例如，在滤水器排污、技术供水正反向倒换和滤水器倒换操作中，会产生大量水信号开关量变位及模拟量越限报警并复归，为避免此类情况的发生，对相关信号报警结合控制流程监视增加闭锁功能，当技术供水正反向倒换令启动技术供水流程时，在切换流程执行的时间内闭锁调技术供水中断信号报警，技术供水水压模拟量越低限等报警，避免因流程执行造成的正常信息干扰运行人员，当流程执行结束后恢复相关信息报警，避免信息漏报。

（七）报警运行期界面

按设备层级将趋势报警、条件报警等所有报警信息进行树状结构归并，生成设备综合报警信息。右击报警时自动弹出界面，以树状结构显示详细报警信息，同时提供查看相关数据点状态功能，便于运行人员快速掌握事故原因及事故后的设备动作情况。

将设备报警严重程度将报警信息分为预警、异常、故障、事故四个等级，在报警主界面上以不同方式显示（如预警：黄色；异常：橙色；故障：红色；事故：白色）。其中预警是指设备趋于报警，但还未达到报警状态，比如通过温度变化趋势计算，发现温度有升高趋势；异常是指设备能够继续运行，但某些部件发生故障，不需要运行介入，只需维护人员现场处理，如双路电源跳闸一路；故障是指设备发生故障，需要运行人员介入；事故是指发生事故停机等严重事故。

三、典型案例

（一）系统拓扑设计

典型智能预警告警系统如图 8-14 所示，数据服务器通过隔离装置采集Ⅰ、Ⅱ区各系统的数据。

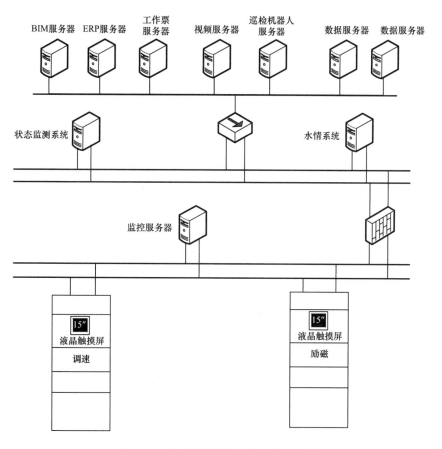

图 8-14　典型智能预警告警系统拓扑图

（二）采集系统设计

智能告警各根据需要汇聚各生产系统数据，主要如下：

（1）Ⅰ区系统：计算机监控系统、调速系统、励磁系统。

（2）Ⅱ区系统：水情水调系统、状态监测系统。

（3）Ⅲ区系统：状态检修系统、工业电视系统、消防系统。

（三）典型对象设计

某项目智能预警告警对象设计如图 8-15 所示。

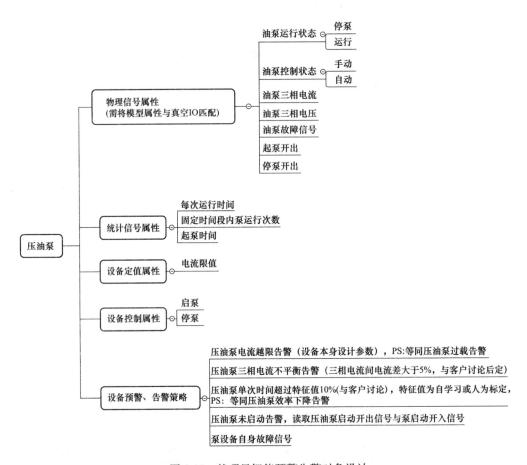

图 8-15　某项目智能预警告警对象设计

（四）主要功能设计

1. 设备实时运行状态报警

主要对设备从各维度综合判断设备实时运行状态，进行设备异常报警。

采用面向对象的方式，将相关的信息放在一起形成逻辑对象，建立设备对象库。通过综合报警，将原先系统中大量的过程信息过滤掉，只留下其中确实出现故障的报警信息，更全面、准确判断设备状态。

按设备层级，建立树状结构的设备综合报警界面。以树状结构显示综合报警信号，同时显示相关量数据点状态，便于运行人员快速掌握事故原因及事故后的设备动作情况。

实现数据越限报警功能，设定设备运行状态数据的越限定值，可以根据不同运行条件、运行环境设置不同的越限值。

2. 设备状态趋势分析预测报警

对短期或者长期历史数据的学习，抽取设备运行特征曲线，建立设备健康图谱。从多维度和不同工况分析设备性能和效率。通过设备突变趋势分析、设备缓变趋势分析、纵向趋势分析、横向趋势分析进行预警。

3. 设备操作流程过程及结果分析报警

主要跟踪开停机步序是否正常、每步控制时长是否正常并报警，如图 8-16 所示。

1号机组停机到空转 流程报警分析

序号	本次流程		标准流程	
1	0s(1)	停机到空转令	5s(1)	停机到空转令
2	15s(1)	调速器液压锁定一退出	20s(1)	调速器液压锁定一退出
3	3s(1)	机坑加热器退出	5s(1)	机坑加热器退出
4	20s(1)	技术供水泵运行	30s(1)	技术供水泵运行
5	30s(1)	主轴密封供水阀打开	40s(1)	主轴密封供水阀打开
6	15s(1)	球阀主供油隔离阀打开	20s(1)	球阀主供油隔离阀打开
7	89s(1)	主轴密封供水阀流量正常	120s(1)	主轴密封供水阀流量正常
8	91s(1)	水导外循环油泵运行	120s(1)	水导外循环油泵运行
9	98s(1)	推力轴承外循环油泵运行	120s(1)	推力轴承外循环油泵运行
10	15s(1)	高压注油泵运行	30s(1)	高压注油泵运行
11	10s(1)	油雾吸收装置运行	20s(1)	油雾吸收装置运行
12	10s(1)	碳粉收集装置运行	20s(1)	碳粉收集装置运行
13	90s(1)	机组各部分冷却水流量正常	120s(1)	机组各部分冷却水流量正常
14	91s(1)	各轴承油流量正常	120s(1)	各轴承油流量正常
15	8s(1)	机械制动退出	20s(1)	机械制动退出
16	100s(1)	停机热备态	130s(1)	停机热备态
17	12s(16)	发电换相刀闸合位	20s(16)	发电换相刀闸合位
18	8s(16)	电调已开启水轮机模式	10s(16)	电调已开启水轮机模式
19	80s(18)	球阀开度50%及以上	70s(18)	球阀开度50%及以上
20	6s(19)	调速器系统已开机态	10s(19)	调速器系统已开机态
21	0s(20)	测速装置是否无故障	5s(20)	测速装置是否无故障
22	15s(20)	机组转速>5%Ne	20s(20)	机组转速>5%Ne
23	45s(20)	机组转速>95%Ne	60s(20)	机组转速>95%Ne
24	5s(23)	高压注油泵停止	10s(23)	高压注油泵停止
25	145s(18)	球阀全开	150s(18)	球阀全开
26	180s(16)	空转态	180s(16)	空转态

"球阀开度50%及以上"信号比正常流程晚10s

图 8-16 操作流程报警

4. 应急处置指导

当事故报警产生事自动推出事故应急预案，指导运行人员处理事故（见图 8-17）。

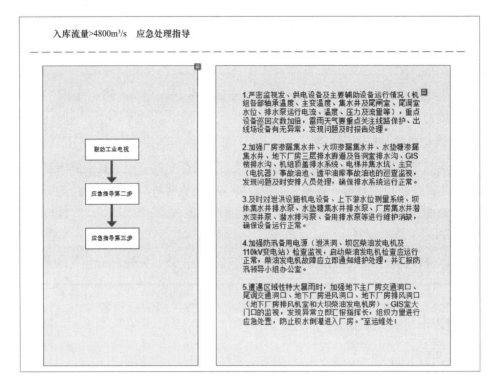

入库流量>4800m³/s　应急处理指导

联动工业电视

应急指导第二步

应急指导第三步

1.严密监视发、供电设备及主要辅助设备运行情况（机组各部轴承温度、主变温度、集水井及尾闸室、尾调室水位、排水泵运行电流、温度、压力及流量等），重点设备巡回次数加倍，雷雨天气要重点关注线路保护、出线场设备有无异常，发现问题及时报告处理。

2.加强厂房渗漏集水井、大坝渗漏集水井、水垫塘渗漏集水井、地下厂房三层排水廊道及各洞室排水沟、GIS楼排水沟、机组顶盖排水系统、电梯井集水坑、主变（电抗器）事故油池、透平油库事故油池的巡查监视，发现问题及时安排人员处理，确保排水系统运行正常。

3.及时对泄洪设施机电设备、上下游水位测量系统、坝体集水井排水泵、水垫塘集水井排水泵、厂房集水井潜水深井泵、潜水排污泵、备用排水泵等进行维护消缺，确保设备运行正常。

4.加强防汛备用电源（泄洪洞、坝区柴油发电机及110kV变电站）检查监视，启动柴油发电机检查应运行正常，柴油发电机故障应立即通知维护处理，并汇报防汛领导小组办公室。

5.遭遇区域性特大暴雨时，加强地下主厂房交通洞口、尾调交通洞口、地下厂房进风洞口、地下厂房排风洞口（地下厂房排风机室和大坝柴油发电机房）、GIS室大门口的监视，发现异常立即汇报指挥长，组织力量进行应急处置，防止积水倒灌进入厂房。"至运维处；

图 8-17　应急处置指导

第五节　设备状态分析评价

一、基本原理

1. 设备状态分析评价意义

水电生产过程是通过水轮机与发电机将水流动能转化为机械能并最终转化为电能的过程，同时也是涉及水、机、电等方面相互影响的复杂的联合过渡过程。水电机组是水电生产系统中关键、核心的设备，它的安全、可靠、稳定的运行将直接影响到水电企业安全、可靠以及高效的生产；同时，随着水电容量在电力系统中比重的不断提升，水电机组的安全、可靠、稳定的运行甚至会影响到整个电网系统的安全、稳定。随着我国水电企业逐步实现"无人值班，少人值守"的管理方式，水电站检修模式也正在逐步从事后检修和计划检修向状态检修和预知维修过渡。随着水电机组尺寸不断增大，单机容量逐渐上升，水电机组的运行稳定性越加重要。

为保障水电机组安全、稳定、可靠的运行，依据收集到的水电机组的状态信息，实现对水电机组状态的有效识别和状态趋势的准确分析，将为水电企业实现状态检修与预知检修提供充实而可靠的支持。因此，水电机组故障诊断方法的研究对保证水电企业安全运行，以及实现水电企业状态检修与预知维修具有重要的理论意义与工程实用价值。

水轮发电机组设备状态分析主要是通过对机组的主轴摆度、结构振动、轴向位移、压力脉动、空气间隙、磁通密度、局部放电、定子线棒端部振动、相关工况参数及过程量参数进行实时采集分析,实现对水轮发电机组运行状态的实时在线监测、分析和诊断,及时掌握机组的运行状态,尽早发现故障早期征兆,避免严重事故的发生,保障机组安全稳定运行,并为优化运行、检修指导和实现状态检修提供有力的技术支持。

2. 设备状态分析评价原理

信号分析是设备状态精确分析评价的主要手段,特别是疑难故障更是离不开各种丰富的信号分析方法与工具。20 世纪 70 年代和 80 年代的小型便携式频谱分析仪曾给各类用户带来巨大的利益。巡回监测离线分析系统一般有通道数较少、分析方法单一、用于设备状态分析评价时对使用人员的要求很高。在线综合分析系统一般对数据的存储与管理有统一的考虑,分析方法也与测点布置和机组结构振动特点相关联,分析手段的使用帮助给用户提供了十分友好的界面,便于对比分析和各种相关分析,利于设备状态分析评价。但是决定分析成功的主要关键在于使用者的领域专门知识和对机器设备的熟悉程度,以及分析系统为使用者提供的有效分析方法和工具。

最常见的分析是时基分析,适应于各种信号。例如:慢变信号稳态压力和温度的时域信号显示,快变信号振动信号的时域信号显示,一般都给出峰值、有效值、平均值等参量,可细化、扫屏和缩放等;基于统计的概率方法也是常见的工具,特别对于载荷谱的估计与确认有专门的用途,适用于疲劳损坏分析和可靠性分析。以 FFT 为基础的频谱分析是一般状态监测分析诊断系统不可缺少的手段,特别是研究振动等一类动态信号的规律和破坏机理有十分重要的作用。通常的形式有 FFT 分析、功率谱图、阶次比分析、瀑布图和级联图、相位分析、矢量图等,对旋转机械还有轴心轨迹图和多轴心轨迹图、三维全息谱图等。时间序列分析、相干分析、传递函数分析、模态分析等方法,对于一些专用设备还有专门的分析方法和工具。例如:水电机组的盘车计算、水轮机的动平衡计算等。由于对分析工具模块寄予很高的期望,因此需求不断推动各种新分析方法和理论的出现,逐渐引用到设备状态分析评价系统中来。例如:小波包-自回归分析方法用于非平稳工况信号、时间-频率分析方法、最大熵谱谱阵分析方法。

迄今为止,设备状态分析评价主要成功的现场应用实例是通过状态监测和信号分析工具做到的。设备状态分析评价专家系统的理论到实践已进行了广泛、深入、普及的研究,状态分析评价系统的理论与实践有大量丰富的成果。但是设备状态分析评价系统的问题是一个综合性的问题,其成败和毁誉不仅仅决定设备状态分析评价系统本身。证据信息的可信性、诊断知识的针对性、完备性和一致性、推理机制的适用性等都会影响设备状态分析评价效果。

二、主要功能

（一）数据获取及处理

数据获取模块为系统的输入和外部接口模块。依据状态评价导则和设备相关规程,通过相关接口设计与配置，本模块的主要任务是通过通信数据服务总线有效获取生产管理系统、计算机监控系统或现地在线监测系统（装置）中反映设备健康状态指标的各类基础数据、实时数据、人工检查数据、试验数据和其他数据，为进一步的数据处理与判断提供完整的信息资源。

数据处理模块是对数据获取层获得的分析对象原始数据，根据监测、分析诊断等业务需要进行必要的过滤、换算、组合等数据加工和处理过程，使其成为反映设备健康状况的状态量数据，以供监测预警和状态评价使用。系统通过集成设备在线监测数据、离线检测数据（包含设备历年缺陷数据、预防性试验数据、巡检数据、缺陷处理数据等），实现对水电站关键设备的监测功能，并能根据自定义的时间段查询在线监测数据的历史趋势，能组态多个监测量进行关联历史趋势查询与分析。

（二）专业分析功能

1. 水轮机部分专业应用功能

（1）波形频谱分析。

状态监测应用软件的波形分析功能可以对任一机组的任意 1～4 个通道的实时和历史数据进行分析。通常每个波形显示通道显示连续采样点的波形数据，同时，在波形图中可方便地控制波形的显示（如暂停波形显示、放大或缩小某一时间段内的波形等），以便于观察（见图 8-18）。

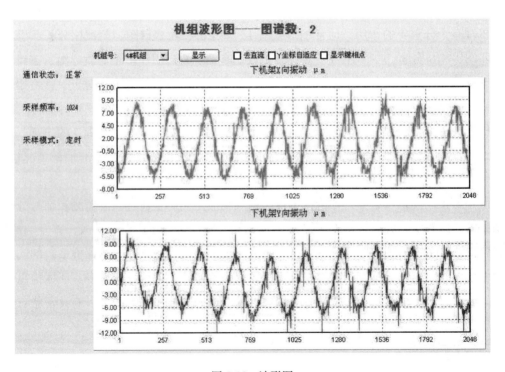

图 8-18　波形图

状态监测应用软件的频谱分析图可以对任一机组的任一通道的实时和历史数据进行分析，同时还能显示所选通道的对应时域波形图。频谱图的横坐标为 Hz，由于振动摆度的特征频率通常是转频的整数倍，因此也可将横坐标显示为转频的整数倍。在频谱分析图中可以方便放大某一频率范围内的谱线，同时还可显示幅值最大的两根谱线的频率、幅值和相位信息。

（2）瀑布图分析。

基于时间的瀑布图主要用于分析机组在某一时间段内相同工况下振动、摆度、压力脉动各种频率成分随时间变化规律，有助于掌握机组在稳定运行工况下的任何异常变化和发生事故时分析机组异常原因（见图 8-19）。

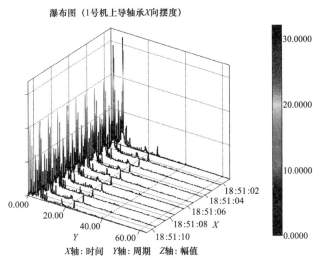

图 8-19　瀑布图

（3）振摆趋势分析。

通过分析趋势图可以有效地预测振动的发展趋势，为提高设备运行状况的稳定提供了保证。

状态监测应用软件提供多种形式的趋势分析功能，可以显示所有机组的快变量及过程量监测通道参数的实时趋势和历史趋势，有利于运行人员及时掌握机组最新的运行状态及瞬态过程的特征。监测参数可在菜单中方便选择，所选监测通道可以在同一坐标中单独显示，也可以在同一坐标中联合显示。

振动趋势专用于振动摆度等快变量通道分析，不包括对过程量通道的分析。根据当前或历史数据，绘制出相应通道信号的趋势图，可选定任一机组任意多个通道的峰值、平均值或有效值随时间变化的曲线，最多可以同时选取 6 个通道进行趋势分析。在趋势曲线的右方，可以设置用以显示的每个通道对应的趋势幅值坐标范围，同时，在趋势曲线的下方，可以显示当前所选通道的统计值（最大值、最小值、当前值等）（见图 8-20）。

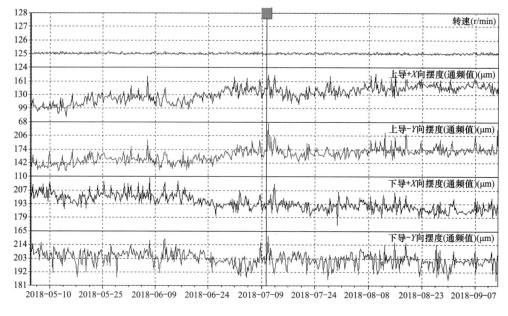

图 8-20　趋势图

2. 发电机部分专业应用功能

（1）气隙监测分析。

状态监测应用软件中气隙监测分析功能如下：

利用前端气隙监测装置对安装在发电机定子内壁的 4 个或 8 个空气间隙传感器电流输出信号进行采集和处理，形成各种图谱，监测各磁极气隙变化趋势，分析判断异常情况或故障，并在必要时输出开关量故障告警信号。

通过气隙圆图、磁极形貌图、相关趋势图分析评价发电机气隙特性、检察转子各磁极是否伸长、了解定子结构的变形规律、评价发电机转子的机械特性。系统可通过气隙圆图、磁极形貌图实时监测最小气隙、最大气隙、平均气隙及其发生的准确角度和磁极号，给出转子中心和定子中心的偏移量，并模拟磁极周向形貌。

通过监测比较不同时刻转子形貌和分析各磁极对应气隙的长期趋势，检察转子各磁极是否伸长；通过监测各气隙传感器平均间隙的长期变化趋势了解定子结构的变形规律。

（2）局放监测分析。

通过数据采集平台数据总线获取现地发电机局部放电监测系统采集分析安装在发电机定子高压出线端的电容耦合器的输出信号，连续并自动检测水轮发电机正常工作时的定子线圈绝缘状态，得到发电机局部放电脉冲的各相放电量、放电相位、放电次数。

持续检测发电机定子绕组各相的最大局部放电量，指示当前绝缘状态；进行放电量变化率分析，提供放电的谱图分析手段，绘制二维或三维曲线，以便更形象地了解发电机局部放电各相关参量的关系；根据历史资料进行趋势分析。

（3）局放趋势分析。

局放二维图是将测量得到的局放数据以二维图方式进行显示，横坐标为放电脉冲电压幅值，纵坐标为放电脉冲次数，在每一个图上显示每一相两个耦合器测量得到的正向和负向脉冲，如图 8-21 所示。局放二维图可用于深入分析造成发电机绝缘恶化的原因。软件中可还配置有绝缘内部局放、绕组表面局放、绕组铜导体表面局放的二维图、历史趋势查询等。

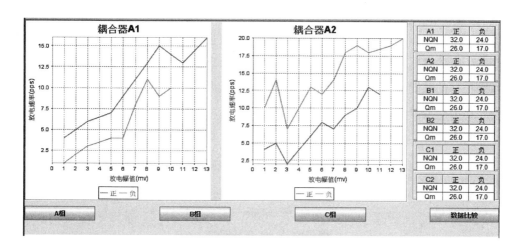

图 8-21　局放二维图

3. GIS 设备部分专业应用功能

（1）二维分析图（见图 8-22）。

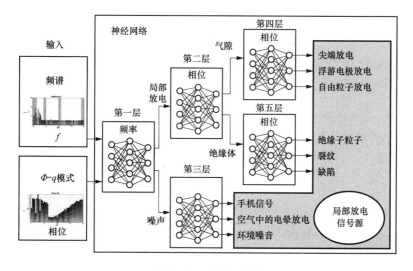

图 8-22　二维分析图

（2）局放趋势分析。

GIS 局部放电量监测分析软件专为 GIS 内部的绝缘状态监测而设计的，运用采集外置式传感器技术实时检测 GIS 局放信号，通过后台的数据分析软件和智能诊断系统，对信号进行分析和处理，评估 GIS 的绝缘状态，判断缺陷类型和缺陷的大致位置，并给出维护建议。

4. 变压器设备部分专业应用功能

（1）色谱监测与分析。

主变压器作为电力系统的核心电气设备，它的健康状况对电力系统的安全稳定性有着直接影响。通过分析溶解气体数据，有助于详细了解变压器当前的运行状况。开发出变压器状态监测与故障诊断系统，对存在异常的变压器数据进行深入分析，从而对设备可能存在的缺陷、故障发生部位以及故障的性质作出科学合理的判断，及时消除设备缺陷以及故障，改善设备的性能，为编制合理的检修措施提供重要依据。

（2）色谱趋势分析。

状态监测应用软件可对色谱数据进行计算分析，自动生成浓度变化趋势图，并通过系统进行趋势分析（见图 8-23）。

诊断结果： 高温过热（高于700℃）

注意：此诊断结果依据改良三比值法(GB/T 7252-2001 《导则》)判断而来，仅供参考。

改良三比值法　故障类型判断方法

编码组合			故障类型判断	故障实例(参考)
C_2H_2/C_2H_4	CH_4/H_2	C_2H_4/C_2H_6		
0	0	1	低温过热(低于150℃)	绝缘导线过热，注意 CO 和 CO_2 的含量以及 CO_2/CO 值
	2	0	低温过热(150~300℃)	分接开关接触不良，引线夹件螺丝松动或接头焊接不良，涡流引起铜过热，铁芯漏磁，局部短路，层间绝缘不良，铁芯多点接地等
	2	1	中温过热(300~700℃)	
	0，1，2	2	高温过热(高于700℃)	
	1	0	局部放电	高湿度、高含气量引起油中低能量密集的局部放电
1	0，1	0，1，2	低能放电	引线对电位未固定的部件之间连续火花放电，分接抽头引线和油隙闪络，不同电位之间的油中火花放电或悬浮电位之间的电花放电
	2	0，1，2	低能放电兼过热	
2	0，1	0，1，2	电弧放电	线圈匝间、层间短路，相间闪络、分接头引线间油隙闪络、引线对箱壳放电、线圈熔断、分接开关飞弧、因环路电流引起电弧、引线对其他接地体放电等
	2	0，1，2	电弧放电兼过热	

图 8-23　改良三比值法

（三）历史趋势分析

1. 图形化数据显示

提供定期自动历史趋势分析功能，通过对历史数据的处理，动态生成饼状图、柱状图和趋势图，实现状态监测趋势的图形化显示。

2. 基本数据分析

根据历史数据库中的历史数据，实现温度、液位、压力、振动、流量等过程量的偏差分析、相关量分析、趋势分析，利用直方图、散点图等工具进行分析并给出分析结果；自动生成趋势分析报告和报表。

模块能分析所有监测参数的实时和历史趋势，可独立坐标显示，也可以同一坐标显示，图中可放大、缩小某一范围内的趋势，趋势分析通道数目可用户自定义。能分析用户关心时段内选定的负荷段和水头段内机组状态参数的趋势。

（1）散点图分析。

利用"散点图"的展现形式，反映数据序列随时间轴向的值分布规律，对一维数据序列进行分析。

（2）相关量分析。

基于对象概念的集合趋势分析方法。在定制对象之后，比较和参照与主属性测点紧密相关的所有测点的数据分布规律（见图8-24）。

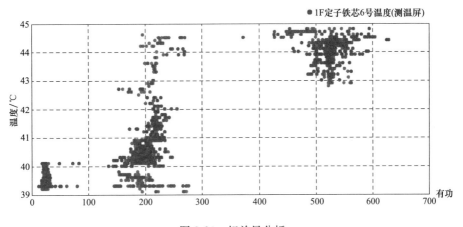

图 8-24　相关量分析

（3）趋势分析。

由多种数据分析方法和数字特征分析算法组成的综合分析。数据序列趋势分析中应用了移动平均趋势分析算法。该算法具有数据自参照性、抗数据毛刺干扰、趋势分析敏感性好等特征；算法采用数据窗口移动技术描述数据发展趋势，兼顾整体和局部的趋势；算法采用可扩展数列进行赋权，依据数据分析中公认的"最近数据有效原则"。

（4）偏差分析。

基于数据序列的数字特征和偏差特性进行分析的方法，偏差分析将给出相关数据序列的趋势分析结果、最大值、最小值、平均值、标准差和百分比标准差。

（5）报警分析。

报警分析是基于越限报警信息快速定位问题数据的分析方法。该分析方法可以在线监控16个模拟量或开关量的数字特征（包括平均值、最大值、最小值、百分比标准差）的变化，并且根据先前设定的监控高限和监控低限进行实时报警分析。当监测的测点数字特征数值超过高限或低于低限时，报警栏将自动增加一条报警记录，报警内容包括：时间段、测点名描述、报警原因、检测值、监控高限或监控低限。

（6）最值综合分析。

是将同类型测点的数据按时间序列抽取最大值、最小值来进行分析的方法。在对设定时段内数量众多的同类型数据进行统计分析，其分析的准确性与高效性尤为明显。

3. 设备分析

设备分析是指以某个设备的某类数据或数据群为对象的设备状态分析方法，主要有数据分布分析、过程分析、统计分析等。

（1）空间分布分析。

以实时数据或历史数据为基础，以某一类数据为研究对象，按照设定的数学模型或图表进行某时间点数据分布状态的分析。数据分布分析须按研究子对象的实际空间位置，形成雷达图等图表。

（2）事件过程分析。

事件过程分析主要以发电运行中某些特定过程为研究对象，计算过程变化时间、变化幅度、变化率，并与历史数据对比，形成时间变化过程曲线和与历史变化过程对比曲线。事件过程分析重点研究某一过程的变化情况，从而反映设备内在性能变化趋势。

（3）统计分析。

统计分析功能主要利用历史数据库、实时数据库数据中关键信号变为情况判断设备运行状况，形成饼图；进行同比或环比，须形成柱状图等。

（4）原理分析。

原理分析指基于设备运行或控制的基本原理的设备评价手段。通过建立该简化的数学模型，计算设备评价指标。通过同类设备指标的对比，比较设备性能差异；通过某一指标历史变化趋势，研究设备性能变化趋势。

（四）状态报告报表分析

系统应提供实用的设备状态报告报表定制功能，便于使用人员方便地了解和掌握机组的运行状态。

系统应全面支持设备状态报告及运行状态报表的自动生成，全面提供反映机组动稳态特性和机组各部件运行状态变化，使用人员无需繁琐的操作即可得到完整的报告，所有报告采用与 Excel、Word 等标准处理程序兼容的文件格式存储。

（五）报警与预警

系统具有报警功能，即当测量得到的参数超过设定限值后发出报警信号，系统提供实时的机组报警信息一览表，从中可方便浏览到机组的报警信息。当机组出现报警/预警或系统模块出现故障时，报警平台窗口将自动弹出，并以醒目的颜色变化提示相关人员注意，同时系统根据相关报警信息提供相应的处理意见和可能的故障。系统所有报警事件均会自动存储，用户可以通过事件列表调取事件记录。

系统所有报警信息还可以通过短信平台以短信形式发布到相关人员的手机上。

三、典型案例

（一）项目背景

某集控中心为实现流域水电站群集约化生产运行管理，逐步实现下属各水电站"无人值班、少人值守"的目标，并通过流域水电站群联合优化调度，提高流域水能资源的利用效率，逐步推进流域集中控制，优化各企业电站生产管理，构建主设备状态监测与状态检修决策支持平台。

（二）现状分析

目前各电站均存在许多设备监测系统，但各系统之间未实现集成，设备状态、数据分散且不同步。为满足集控中心对信息集成的需求，实现所辖水电站主设备运行状态的集中在线监测是集控中心建设的重要内容。首先需通过各种手段获取现场状态监测设备对象的状态信息。

1. 机组状态监测系统

水轮机稳定性方面，主要包括主轴摆度，机组结构振动、水压力脉动的状态监测。主要应用的传感器有：位移传感器、低频振动传感器、压力传感器等。

水轮机状态监测方面，目前仅有水轮机能量效率线监测技术相对比较成熟。在水轮机空化与泥沙磨损状态、水轮机主要部件的应力与裂纹的状态监测等项目的检测，尚有许多工作有待深入研究。

发电机系统主要监测项目包括：发电机定子振动、发电机定子线棒振动、发电机空气气隙与磁场强度、绝缘与局部放电参数、定子线棒温度、定子铁芯温度、转子磁极温度、转子线棒温度等。发电机定子振动和定子线棒振动监测与水轮机稳定性监测同属主机稳定性监测项目，相关物理参数和信号的监测手段和方法相同，监测技术相对比较成熟。

水轮发电机定子与转子之间的空气间隙反映了发电机运行过程中定子的变形趋势和大小、转子磁极的松动和结构变形，磁拉力不平衡诱发振动等问题。因此，发电机气隙监测已经成为水电机组状态监测系统的一个重要组成部分，已有成熟实用的产品，在我国大中型水电机组上有广泛的应用。

2. 输变电设备状态监测系统

输变电设备状态监测主要包括主变监测、断路器监测、GIS 监测、容性设备监测等，对变压器油中气体的检测分析是对变压器运行状态进行判断的重要监测手段。变压器在运行中由于种种原因产生的内部故障，如局部过热、放电、绝缘纸老化等都会导致绝缘劣化并产生一定量的气体溶解于油中，不同的故障引起油分解所产生的气体组分也不尽相同，从而可通过分析油中气体组成的含量来判断变压器的内部故障或潜伏性故障。对变压器油中溶解气体采用在线监测方法，能准确地反映变压器的主要状况，使管理人员能随时掌握各站主变的运行状态，以便及时作出决策，预防事故的发生。

目前，变压器油中气体检测分析技术成熟可靠，已越来越多地应用在变电站、电站的大中型变压器状态监测。

（三）系统结构

1. 系统结构及组成

主设备状态监测分析系统结构如图 8-25 所示。

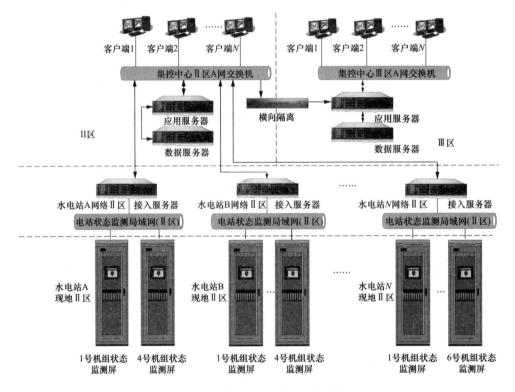

图 8-25　主设备状态监测分析系统结构图

状态监测分析系统利用一体化管控平台与电站水轮机、发电机、变压器、断路器等主设备状态监测系统设备的信息交互接口，实现发变电主设备运行状态数据信息的实时监测及越限告警，并把这些数据在一体化管控平台中进行汇总和存储，为后续分析评估等高级应用功能奠定基础。

系统由以下部分组成：

（1）厂站Ⅱ区接入服务器：各电站状态监测设备采集分析数据接入服务；

（2）集控Ⅱ区数据服务器：集控中心主设备状态监测接入数据存储查询服务；

（3）集控Ⅱ区应用服务器：集控中心主设备状态监测分析操作访问应用服务；

（4）工程师站：系统设备模型定义、画面报表编辑、用户权限管理及数据库维护服务；

（5）网络辅助设备：安全网络连接服务。

2. 数据流拓扑

主设备状态监测分析系统数据流拓扑如图 8-26 所示。

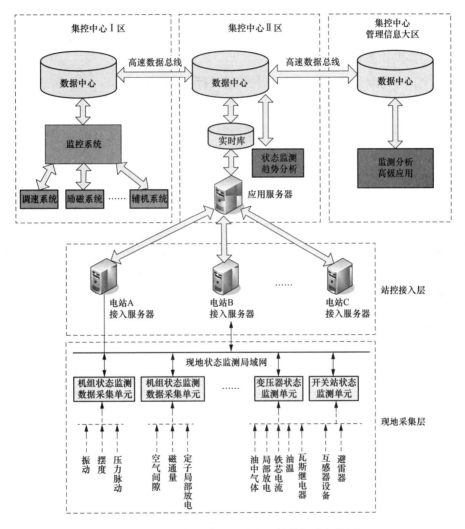

图 8-26　主设备状态监测分析系统数据流拓扑图

（四）系统功能

1. 数据获取

数据获取模块为系统的输入和外部接口模块。依据状态评价导则和设备相关规程，通过相关接口设计与配置，本模块的主要任务是通过一体化管控平台数据服务总线有效获取计算机监控系统或现地在线监测系统中反映设备健康状态指标的各类基础数据、实时数据、试验数据和其他数据，为进一步的数据处理与判断提供完整的信息资源。

2. 数据处理

数据处理是对数据获取层获得的分析对象原始数据，根据监测、分析评价等业务需要进行必要的过滤、换算、组合等数据加工和处理过程，使其成为反映设备健康状况的状态量数据，以供后续应用分析。

3. 状态监测与分析

状态分析模块是对利用在线监测的报警模块判断异常后，可采用有针对性的状态分析方法分析设备当前运行状态，为随时掌握设备健康状况提供参考。具体分析方法如下：

（1）振动摆度状态监测分析。

振动摆度状态监测分析模块主要是对振动摆度量进行状态分析，主要包括机组结构主监视图、棒图、波形图等形式实时动态显示所监测设备的状态数据。提供时域波形分析、频域分析、轴心轨迹图、空间轴线图、瀑布图、趋势分析等多种专业分析手段，分析机组稳态数据，以评价机组在稳态运行时的状态；提供相关性分析、瀑布图分析、连续波形等多种分析手段用于分析机组在启停机、甩负荷、变励磁、变负荷等过渡过程中的状态。

（2）压力脉动状态监测分析。

压力脉动状态监测分析模块主要是对压力脉动进行监测，实时显示压力脉动的波形并分析压力脉动的频率成分以及压力脉动随工况的变化情况，分析各压力脉动及其频域特性与负荷、开度之间的关系；监测机组运行过程中尾水压力及压力脉动的大小，分析引起机组异常振动的水力因素，如尾水管压力脉动过大、尾水管涡带。

（3）发电机运行参数状态分析。

发电机运行参数状态分析模块主要是通过一体化管控平台数据总线获取监控系统LCU采集的机组各部位瓦温、油温、油位、定子线圈及铁芯温度、冷却水温度、发电机定子绕组温度、定子电压和电流、转子电压和电流、有功功率和无功功率、负序电流和零序电流，发电机内功角和电势等电气参数，深入分析发电机的运行状态。

（4）机组优化运行状态分析。

通过一定时间段数据积累，自动统计各个工况下的参数，并根据这些参数生成实际运行的运转特性曲线图；分析各工况点下的效率、振动、摆度、压力脉动、气隙、磁通量值，可以逐步得到机组运行的良好工况区域，明确危险或不良工况区，从而指导机组尽可能避开危险工况区运行；在机组运行过程中，通过对机组运行数据分析，随时警示机组是否在危险工况点运行，提醒使用者通过调整负荷来避开危险点等措施，保障机组寿命；利用机组实测效率曲线等性能测试结果，合理调度机组，优化经济指标；自动统计某一时间段内的机组运行工况点、各工况累计运行时间和开停机次数，并可自动生成运行报表。

4. 历史趋势分析

动态生成饼状图、柱状图，实现状态监测趋势图形化显示；实现温度、液位、压力、振动、流量等过程量的偏差分析、相关量分析、趋势分析，利用直方图、散点图等工具进行分析并给出分析结果；提供电站事故、故障或异常情况历史追溯，方便生产管理人员调用各历史数据曲线并进行直观分析、判断。

通过定期趋势分析，及时发现异常，提出预警，做好预控，避免发生设备非停，如通过分析测点数据序列的变化趋势，对油槽设备缓慢漏油、轴瓦损坏造成的瓦温缓慢上升等隐患进行分析。

5. 状态报告报表分析

系统应提供实用的设备状态报告报表定制功能，便于使用人员方便地了解和掌握机组的运行状态。

系统应全面支持设备状态报告及运行状态报表的自动生成，全面提供反映机组动稳态特性和机组各部件运行状态变化，使用人员无需繁琐的操作即可得到完整的报告，所有报告采用与 Excel、Word 等标准处理程序兼容的文件格式存储。

6. 报警与预警

系统具有报警功能，即当测量得到的参数超过设定限值后发出报警信号，系统提供实时的机组报警信息一览表，从中可方便浏览到机组的报警信息。

系统的报警/预警平台应基于一体化管控平台开发，当机组出现报警/预警或系统模块出现故障时，报警平台窗口将自动弹出，并以醒目的颜色变化提示相关人员注意，同时系统根据相关报警信息提供相应的处理意见和可能的故障。系统所有报警事件均会自动存储，用户可以通过事件列表调取事件记录。

系统所有报警信息还可以通过一体化管控平台共用的短信平台以短信形式发布到相关人员的手机上。

7. 系统对时

系统应具体接收全厂 NTP 统一网络对时信号接口功能，实现系统内部各计算机节点对时功能。

探索与思考

1. 电站层的 AGC、AVC 功能模块，以及梯级和站群集控中心的 EDC 模块都是非实时的优化计算模型，算法也是越来越复杂。然而机组间或站间负荷频繁转移可能诱发电网功率波动的不稳定，如何理解优化和稳定之间的关系？

2. 智能预警系统能够给出更多的潜在风险，为水电站的运行管理提供决策支持，智能预警与设备状态分析评价或故障诊断之间有何异同？

第九章 SC 2000 组态快速入门

第一节 组态软件简介

一、概述

20 世纪 90 年代，南瑞自动控制有限公司推出自主产权的面向过程方法的水电站计算机监控系统软件 NARI Access，实现首套水电站计算机监控软件的国产化，打破了国外计算机监控系统厂商在国内市场的垄断。

同时在 2010 年左右，根据智能化水电站的建设要求，借鉴智能电网的特点与优势，充分考虑并采用先进、主流、可靠的应用技术，遵照 IEC 61850、IEC 61970 等先进的国际标准，南瑞汇集监控、水情、大坝安全监测、状态检修等专业开发人员，开发建立 IMC 智能水电站一体化软件平台，实现一次设备智能化、二次设备网络化、高级应用互动化、运行管理一体化以及辅助决策智能化，保证系统的可靠性、高效性、稳定性、互动性、开放性。2017 年，为提升软件易用性，降低运维人员的使用难度，对软件组态设计和人机接口操作进行优化开发形成的 SC 2000 计算机监控系统软件。

目前监控系统软件版本有 Linux 版本、Windows 版本。

二、系统主要功能

SC2000 计算机监控系统软件是一款真正具有跨平台能力、全面支持异构平台的多层分布式面向对象的计算机监控系统软件，它包含分布式对象架构，全面支持异构平台的特性，提供了高效安全可靠的监控内核、功能强大的组态工具、精细美观的图形界面、实用方便的应用界面、多种符合国际标准的接口以及紧贴水利水电用户和梯级集控调度应用需求的各种常规及高级功能，具体功能如下：

（1）系统节点配置管理与进程管理；

（2）分区组态配置；

（3）通信设备接口配置；

（4）实时及历史数据库组态；

（5）人机界面组态配置；

（6）报表组态配置与查询；

（7）网络通信及冗余；

（8）历史数据库和生产管理；

（9）自诊断及自恢复；

（10）数据采集；

（11）数据处理；

（12）人机界面；

（13）控制和调节；

（14）自动发电控制；

（15）自动电压控制。

三、系统特点

1. 安全可靠的系统平台

系统采用各系列高性能的服务器和开放健壮的 UNIX 操作系统，例如 SUN 公司的 SPARC 平台服务器、IBM 公司的 AIX 系统服务器、HP 公司的 HP-UX 服务器等，同时系统也可以在当前的开源操作系统上安全稳定运行，例如美国 Redhat Linux 平台等。

2. 面向对象的设计思路

系统以对象以单位进行数据组织。主要对象有发电机、闸门、开关、辅助设备等；按对象直观方便地控制操作，减少误操作；按对象信息查询，能迅速判断和分析事故；按对象计算各种二次计算量、状态量；按对象处理相关事件，并综合分析处理；按对象设置设备状态（检修、报警、投退）；按对象进行各种历史数据的统计分析。

3. 丰富多彩的图形界面

系统采用Java2D 技术，建立艺术级的图形效果；具有丰富的电力系统专业图符元件库；支持 GIF、JPG、AVI 等格式的第三方图形；支持按对象生成设备控制操作菜单；支持按对象的前景连接和替换功能；采用矢量绘图，实现无失真的无级缩放；自适应屏幕分辨率显示；支持单屏、双屏、三屏、四屏等多种模式；支持动态潮流显示、功率圆显示等仪表显示；支持多层图形显示，有效利用屏幕空间；支持屏幕画面拷贝输出、打印，所见所得；支持监控图形的无缝 Web 展示。

4. 形式多样的报表系统

系统采用电子表格方式组织、显示报表，美观大方；兼容 Excel 报表格式（99%），通用方便；支持运行日志、月、年统计以及各种特殊统计表格；根据行业报表特点，设计专业数据连接，制作快速简洁；以棒图、拼图等模式直观显示，图文并茂；支持各种公式计算，便于二次处理；支持召唤打印和定时打印输出；支持报表数据离线查询。

5. 智能化的报警处理

系统光字画面可自动生成，不同级别的光字可定义不同的颜色；提供按不同的对象及不同的光字级别查询光字的手段；提供光字牌多种确认方法：按对象确认、逐个确认、全屏确认具有对象光字报警提示功能，用对象树图标的颜色区分有无光字报警。提供面向对象的多种查询方法，既可按对象，也可按事件类型查询。

6. 专业的高级应用软件

系统支持多种高级专业的应用软件。包括事故追忆软件、AGC 自动发电控制、AVC 自动电压控制、EDC 经济调度控制、培训仿真系统等。

7. 全面支持 Web 浏览

系统采用 J2EE 架构和面向服务的思想设计，支持异构环境；支持利用 XML 技术和 SOAP 协议进行对外的数据交互，支持各种国际标准数据接口，如 JDBC、ODBC、TCP/IP 等；有效数据流量控制，具有动态负载均衡能力；多级用户访问权限，实现统一认证管理；监控系统与 Web 系统实现无缝连接；支持防火墙配置，满足二次防护要求，确保系统安全。

8. 丰富简洁的组态工具

系统有系统配置组态、I/O 数据库组态、对象数据库组态、图形组态、可视化流程组态、历史库组态、报表组态。

9. 自动化部署与集中管理

监控系统包含大量的应用功能，如 AGC/AVC，LCU 数据采集、IEC 104/101 调度通信、直采直送功能等，每个应用的部署均须维护配置信息，手动配置经常会导致错误和不一致性的发生。系统提供了智能的资源配置界面，根据应用要求、协议标准、闭锁原则，自动生成必要的配置信息，对标准的通信程序还提供了通信监视界面，简化上述应用功能的调试和维护。

提供直观图形化的操作界面，展示操作系统资源信息、应用进程信息并可进行可视化操作，使系统维护更加简便和通用；实现了监控系统进程的状态诊断，提供可靠的进程守护功能；实现系统进程日志登载，提供在异常情况下自动生成系统的异常自诊断报告功能，以便于系统问题的离线分析；在不重启操作系统条件下，实现了监控系统的安全可靠重载和进程启停。

10. 支持 IEC 61850 标准接入

系统依照 IEC 61850 标准把水电站实际生产设备抽象为监控系统中的对象，如水轮发电机组、变压器、输电线路、开关、辅助设备等，并且可方便地利用组态工具生成满足信息传输要求的数据模型。支持与满足 IEC 61850 标准定义的 IED 设备通过 MMS 网直接接入。

11. 引入分区概念

采用分布式架构，建立实时数据存储与发布机制，通过提升系统横向扩展能力，解决海量实时数据环境下流域集控监控系统运行负担重的问题。通过将一个复杂工程按通信或服务功能划分为多个分区，不同节点可以加载不同的一个或多个分区实时数据库，订阅分区的实时信息，进行设备监控和历史数据存储。单独的电站工程也可以设置一个分区。

第二节　快　速　入　门

一、概述

为了更加清晰的讲解 SC2000 监控组态软件的基本操作，通过建立一个工程实例来讲解。SC2000 监控组态软件的学习可以从建立工程，连接设备驱动，点组态，画面设计，趋势曲线以下几方面入手，具体的流程可根据使用者自身的情况决定，比如可以先做画面，然后再建立设备并连接点等。通常建立一个工程可以参考按照以下六个步骤，如图 9-1 所示。

二、工程简介

本节通过设计一个虚拟电站渗漏排水自动控制系统为例，讲解如何应用 SC2000 组态软件创建一个工程。本例工程中涉及动画制作、控制流程的编写、模拟设备的连接等多项组态操作，通过这些讲解，对控制组态的基本步骤和主要元素初步认识。

图 9-1　控制组态设计主要步骤　　图 9-2　深井泵渗漏排水系统

工程概述：kmust 虚拟水电站渗漏排水自动控制系统组态（见图 9-2）。

（1）实时显示集水井水位、深井泵轴承温度，并绘制实时曲线。

（2）动态显示深井泵、阀门状态（红—停、绿—开）和压力表状态，管路液流流动状态。

（3）工作泵与备用泵相互切换（可按运行次数切换，也可按时间切换）。

（4）设计参考：

1）深井泵轴承温度＞60℃，冷却水投入；

2）停泵水位：0.4m；

3）工作泵启动水位：1.5m；

4）备用泵启动水位：2.1m；

5）报警水位：2.2m。

三、Windows 平台软件安装

将 SC2000 计算机监控系统软件安装包拷贝到任意目录，双击软件安装包，弹出软件安装界面，如图 9-3 所示，选择安装目录，安装目录需设置在盘的根目录。

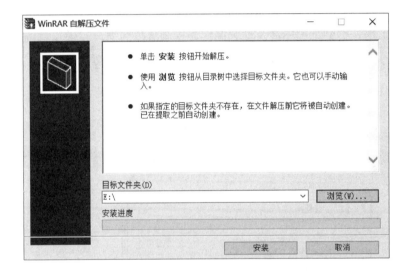

图 9-3　登录界面

图 9-4　软件启动图标

选择确定安装目录后，点击安装按钮，开始安装。安装完成后，在桌面产生软件启动图标，如图 9-4 所示，双击图标启动监控系统软件。

四、系统登录

安装完成 SC2000 监控组态软件后可以通过以下方式进入工程管理器：点击桌面的快捷方式或者点击"开始"菜单打开 SC2000 监控软件。

SC2000 系统初始化完成后自动进入登录界面，如图 9-5 所示。

在进行具体的组态软件工程操作之前，需要进行切换到管理员权限登录。用鼠标左键点击任务栏上的"⚙"按钮，弹出配置菜单，如图 9-6 所示。鼠标移至"重新登录"菜单项并点击，系统弹出"用户登录"窗口。

图 9-5 登录界面 图 9-6 配置菜单

五、用户权限设置

为了保证监控系统的安全运行，监控系统的用户默认分四种角色：管理员、操作员、维护员、未登录用户。各级别用户具有不同的用户权限，本例工程中涉及动画制作、控制流程的编写、模拟设备的连接等多项组态操作，因此将用户设置为管理员用户。

SC2000 系统登录后，点击配置菜单上的"用户管理"菜单项，弹出"用户管理器"窗口，如图 9-7 所示。

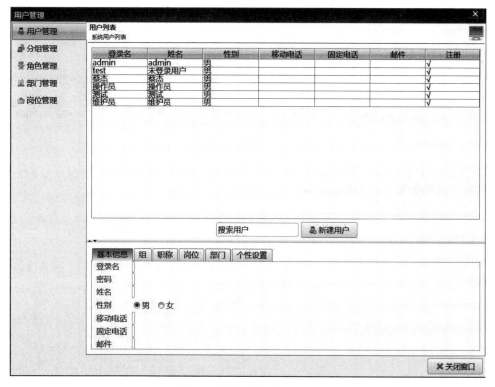

图 9-7 "用户管理器"界面

在"用户管理"窗口中，用鼠标左键点击"新建用户"按钮，按照提示，分别输入"登录名""密码"和"姓名"信息；进入用户配置信息中的"组"，点击"添加"按钮，在选择组下拉菜单里选取组为"AdminTeam"，点击确定。类似可配置用户职称、岗位、部门及个性设置等。新用户添加完成后，注意点击"保存用户"按钮，保存名为"kmust虚拟电站"的用户。

六、建立工程

"kmust 虚拟电站渗漏排水自动控制系统"是以 SC2000 计算机监控系统组态软件为依据进行工程建立的，首先需要建立电站工程。

在以管理员账户登录系统后，进入左侧"功能导航/综合组态"，如图 9-8 所示。点击窗口菜单："文件/新建厂站"，"新建厂站"窗口如图 9-9 所示。

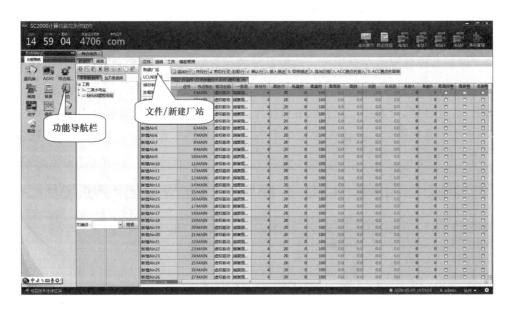

图 9-8　新建厂站菜单

电站名称采用中文名称，电站别名采用英文名称，节点 ID 是电站在工程树中的 ID 号。

SC2000 是为电力行业监控系统专门研发的，采用图 9-8 所示的基本单元数量定义方式，在各种单元数量确定之后可自动生成各基本单元的数据库类型，极大简化了数据库的分类划分工作。

根据实际需要设定机组台数，开关站数量以及公用系统数量，设置完成后，点击"确认"按钮，新建电站就完成了。在工程目录中出现"kmust 虚拟电站"目录，该目录下自动生成个单元所需数据库类型，如图 9-10 所示。

图 9-9　"新建厂站"窗口

图 9-10 自动生成的数据库类型

七、数据库点组态

数据库是计算机监控系统的基础，监控系统与所有设备通信及其交换的数据都需要在数据库中组态。管理员身份登录 SC2000 计算机监控系统，点击左侧功能导航栏上的"综合组态"配置项，系统即自动弹出"数据库编辑"窗口，如图 9-11 所示。"数据库编辑"

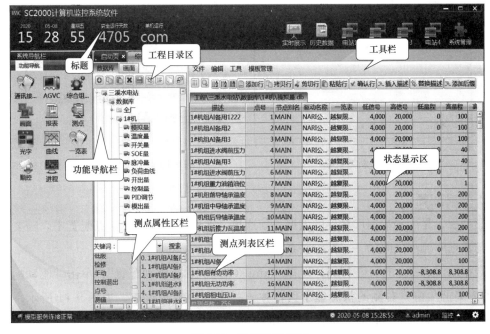

图 9-11 数据库功能区

窗口主要由标题栏、菜单栏、工具栏、功能导航栏、状态显示区、工程目录区、测点属性区和测点列表区组成。

1. 新建渗漏排水系统设备模件组

由于在第四部分已经完成了"工程"的建立，接下来可以在数据库中进行相应的测点设置以及相关的组态设计。在"数据库编辑"窗口下，打开工程树，找到名为"kmust 虚拟电站"的工程，打开该工程树枝（kmust 虚拟电站/数据库）。

在水电站总渗漏排水系统属于公用系统，可以利用工业系统下的数据库类型定义数据点来实现，这里通过新建数据库来实现。

鼠标左键点击工程树编辑菜单上的⊕新建按钮，系统弹出"增加"窗口，在"中文名称"栏和"英文名称"栏分别输入添加设备的中文名称和英文名称（为直观方便，直接采用中文名的首字母），如图 9-12 所示，添加完成之后，点击编辑菜单上的"保存"🖫按钮，保存工程的基本数据库，如图 9-13 所示。

图 9-12　新增数据库

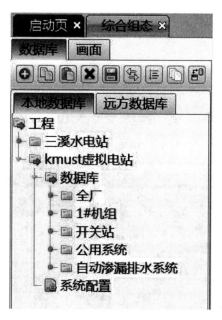

图 9-13　完成的新增数据库

2. 驱动配置

驱动配置是配置数据库对外的数据通信通道，在后续的数据库测点配置中，需要建立驱动与数据库测点之间的一一对应关系。

数据库组态下，打开工程树，选择"kmust 虚拟电站/驱动配置"，单击"驱动配置"，"数据库编辑"窗口右侧的状态显示区，弹出一个驱动编辑窗口，如图 9-14 所示。单击"添加"，弹出驱动配置窗口，如图 9-15 所示。

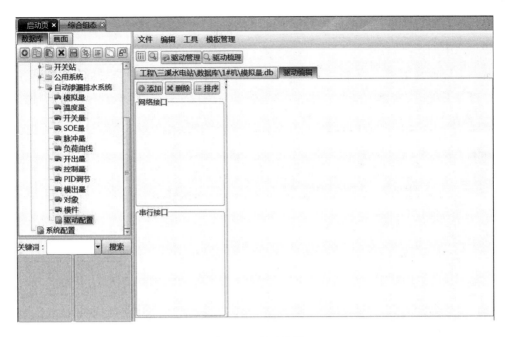

图 9-14　驱动编辑

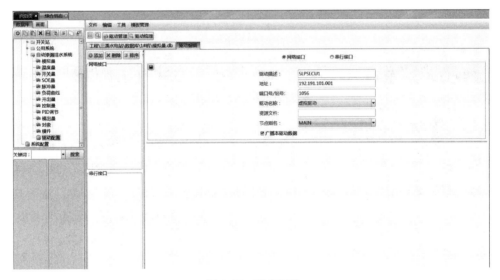

图 9-15　驱动配置

SC2000 系统与 LCU 通信方式为网络形式，只需填写"网络接口"配置区。"地址"栏输入 LCU 设备的 IP 地址（此处为虚拟地址）；"端口号"栏输入与 LCU 设备通信的端口号（此处为虚拟端口号）；由于并没有实际设备的链接，所以在"驱动名称"栏的下拉选项中选择"虚拟驱动"；点击按钮，添加一个驱动。

3. 基本数据库测点组态

对于"模拟量""温度量""开关量""SOE 量""脉冲量""模出量""开出量""控制量"和"PID 调节"，若测点是与驱动相关联，称为基本 I/O 量；若测点不与驱动关联，称为虚拟 I/O 量。数据库中的各种数据库测点独立显示，每种数据库测点通过表格形式显示其数据库中的所有属性。

基本 I/O 测点的增加/编辑：下面以增加/编辑模拟量为例进行说明。在数据库组态画面下，打开工程树，选择"kmust 虚拟电站/自动渗漏排水系统/模拟量"，双击"模拟量""数据库编辑"窗口右侧的状态显示区，弹出一个模拟量编辑窗口，如图 9-16 所示。

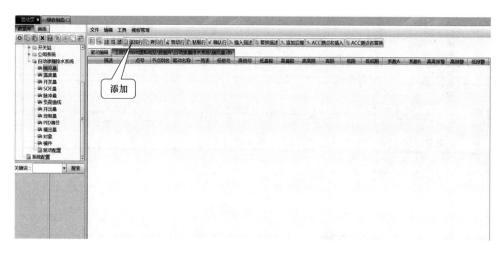

图 9-16　模拟量组态

点击菜单栏"添加行"，弹出模拟量添加对话框，如图 9-17 所示。

填写新增行数，在"驱动描述"下拉选项中选择对应的驱动名称，点击"确认"，完成添加。添加后如图 9-18 所示。在状态显示区，可以编辑模拟量对应的状态。

图 9-17　添加模拟量

虚拟 I/O 测点的增加/编辑：与基本 I/O 测点类似，区别为添加测点时，驱动描述处选择"虚拟点"，如图 9-19 所示。

当基本 I/O 测点设置完成后，可利用"对象"进行组态设计，对象主要用于综合数据的计算，以及构造各种控制对象供人机界面使用。

"对象编辑"窗口包含 5 个面板，分别是"输入属性"面板、"控制属性"面板、"计算属性"面板、"脚本编辑"面板和"图像编辑"面板。由于本工程较为简单，所以只采用了输入属性和脚本编辑两个面板。

"输入属性"面板表示此面板内的所有属性都是输入属性，即每个属性源于数据库中其他测点。点击"输入属性"面板左侧的"增加"按钮，"输入属性"列表中增加栏新的输入属性。新增的输入属性除"属性号"自动生成外，其余栏为空，"输入属性"的编

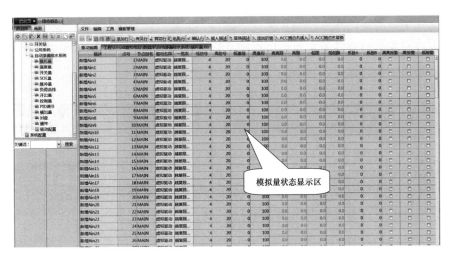

图 9-18　模拟量添加完成

辑如下（以模拟量数据库中的"水位"为例）：

（1）在输入属性的"描述"单元格内双击，出现输入光标，修改属性描述为水位。

（2）点击工程树中"模拟量"数据库，从测点列表区选择名为"水位"的测点，从测点属性区选择相应属性，拖入"输入测点连接"栏。

（3）根据需要置输入属性的"主要参数"标志。

编辑完成之后的"输入属性"面板如图 9-20 所示。

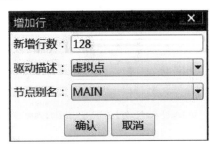

图 9-19　添加虚拟模拟量

图 9-20　"输入属性"对象编辑窗

当数据库中所需要的测点在输入属性中编辑完成之后，可进行脚本编辑。"脚本编辑"面板提供用户对于本对象的所有属性进行综合运算的手段。点击"脚本编辑"项，对象编辑切换至脚本编辑组态界面，如图 9-21 所示。

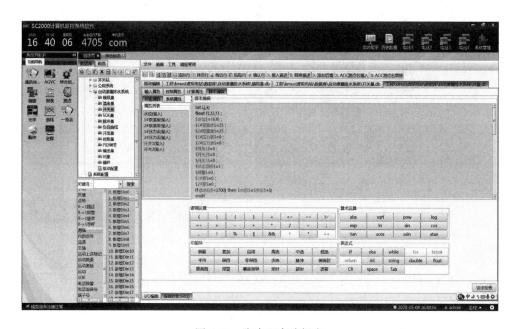

图 9-21　脚本程序编辑窗

根据要求所编辑的脚本如下：

int i,j,k;

float f1,f2,f3;

$水位$ = 1630；

$1#泵温度$ = 25；

$2#泵温度$ = 25；

$1#压力表$ = 0；

$2#压力表$ = 0；

$开关1$ = 0；

$开关2$ = 0；

$开关3$ = 0；

$状态切换$ = 1；

$报警$ = 0；

$1#泵$ = 0；

$2#泵$ = 0；

if（$水位$<1700）then $水位$ = $水位$ + 5；

```
      endif
    if ($水位$<=1640) then $1#泵$=0;$2#泵$=0;
      endif
    if ($水位$>=1650) then $1#泵$=1;
      endif
    if ($1#泵$==1) then $水位$=$水位$-2;$1#泵温度$=$1#泵温度$+
rand(5);
          $1#压力表$=3;else $1#压力表$=0;
      endif
    if ($水位$>=1660) then $2#泵$=1;
      endif
    if ($2#泵$==1) then $水位$=$水位$-4;$2#压力表$=$2#压力表$+
rand(5);
          $2#压力表$=3;else $2#压力表$=0;
      endif
    if ($水位$>=1670) then $报警$=1;
      endif
    if ($1#泵温度$>=60) then $开关1$;$开关2$=1;
      endif
    if (switch1.PV==1) &&($开关2$==1)then $1#泵温度$=$1#泵温度$-3;
      endif
    if ($2#压力表$>=60) then $开关1$;$开关3$=1;
      endif
    if ($开关1$==1) &&($开关3$==1)then $2#压力表$=$2#压力表$-3;
      endif
    if ($水位$>1700) then $水位$=1630;
      endif
    if ($1#泵温度$<30) then $开关2$=0;
      endif
    if ($2#压力表$<30) then $开关3$=0;
      endif
    if ($水位$<1636) then $状态切换$=$状态切换$+1;
      endif
    if ($状态切换$>5)&&($水位$>1638) then $2#泵$=1;
```

```
endif
```

if（＄状态切换＄＞10）then ＄状态切换＄＝1；

Endif

脚本程序的程序控制与大多数编程语言类似，主要运算符已给出，相对于其他编程语言，变量定义采用传统的中文形式定义变量，使得变量的表达式略显复杂。

八、画面作图

图形组态是计算机监控系统重要组成部分，它通过图形来表示实时运行过程的设备状态和现场运行情况，给人以直接、生动、一目了然的效果。图形组态软件可以在图形编辑和实时图形显示两种状态之间切换。图形编辑和实时图形显示分别实现生成图形和实时显示图形两种功能。实时图形显示将实时数据快速准确、形象直观地通过图形方式在屏幕上显示出来，同时能接受用户指令完成相应的操作。

下面根据工程需要对 kmust 虚拟水电站渗漏排水系统的画面进行设计。

点击左侧导航栏"综合组态"按钮，打开综合组态界面。选择"画面"栏目，如图 9-21 所示。在"基本画面"下找到目录名为"kmust 虚拟水电站"的工程，打开画面树，选择"自动渗漏排水系统"的树枝，点击菜单栏里的 ⊕ 按钮，新建名为"渗漏排水自动控制系统"的画面，如图 9-22 所示。为了方便英文名称为中文名的大写首字母"SLPSZD-KZXT"，点击"确认"，生成名为渗漏排水自动控制系统的子树，双击鼠标，打开后生成"渗漏排水自动控制系统"的编辑画面。

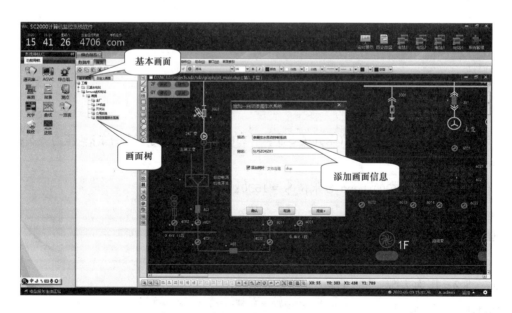

图 9-22　新建画面窗口

画面窗口是组态软件制作监视和控制界面的平台，有常用的绘图元素和工具，以及图形化的常用元件库可直接调用。画面窗口的各种工具和图库使用，简单直观，不再详细介绍。

样例中需要两台水泵，点击左侧工具条中的图片按钮，这时将弹出一个图库，从图库中选择"pump7"，如图 9-23 所示。鼠标双击打开，这样该图元就会增添到画面中，长按鼠标左键调整该水泵大小，按此方法绘制两个水泵。

类似的，根据渗漏排水系统的简图，在图库中选择合适的阀门，添加到图形编辑区内，如图 9-24 所示。元件放入图形编辑区后可拖动调整大小和位置。

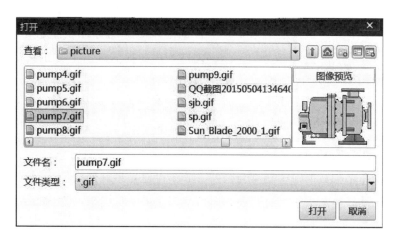

图 9-23 添加泵图形元素

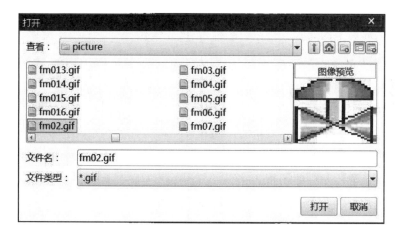

图 9-24 添加阀门图形元素

当阀门和泵的图形元件添加完成后，着手开始绘制管道，简图中要绘制多条管道，各条管道的作用也明显不同，因此需要单独绘制。

点击工具条中的"线"按钮，鼠标移动到图形编辑区时，鼠标光标会变成十字形，在画面相应位置单击鼠标左键，然后将光标移至另一个顶点（此时在起点与第二个顶点间画出一条边），单击鼠标左键，再将光标移至下一个顶点，单击鼠标左键，画出另一条边。依此方法，画出所需形状的管道，在最后一个顶点处单击鼠标右键，则管道形成。画出所需要的所有管道后，可设置管道颜色、置前等。

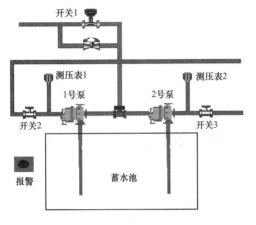

开关1

测压表1　　　　测压表2
1号泵　　　　2号泵

开关2　　　　　　　　　　　开关3

报警　　　　蓄水池

图 9-25　渗漏排水系统画面

为使画面显示更加清晰明了，需要标注图中的主要元件，显示水流方向。

由于选择的背景色是黑色，因此将标注设置为白色，在上方菜单栏中点击"边框色"，选择"白色"，然后点击左侧设置条中的"文字" 🅰 按钮，在各个主要元件的相应位置输入对应的标注。注意在输入相应文字之前，需要提前点击上方工具栏中的"字体"按钮。

调整设备布置和连接、并添加文字标注后的画面如图 9-25 所示。

九、 图符动态连接

动态连接操作是将数据库中测点与画面中的图符建立某种连接。实际运行时，根据该测点的测值进行动态显示，或通过直观的图形动态效果反映出来，为运行人员提供理想的人机界面。

动态连接包括动态显示和鼠标操作两种，如图 9-26 所示。动态显示是指界面上的元素（有对应测点的图形元素）根据对应数据测点数值的变化产生相应的显示动作，鼠标操作是指鼠标点击界面上的元素（按钮、图标），该元素执行对应的操作流程。

（1）数据显示：将测点的测值以指定的字体、字符大小、颜色和格式显示。

（2）字符串：根据测点的测值变化和所在的不同范围，以指定字体、字符大小、颜色显示指定的不同字符串。

（3）动态颜色：根据测点的测值变化和所在的不同范围，用指定的不同颜色显示相应的图符。

（4）动态闪烁：根据测点的测值变化和所在的不同范围，在满足条件时，以闪烁方式显示相应的图符。当发生事故时，图符闪烁，可以提醒运行人员。

（5）动态大小：根据测点的测值，控制矩形图符的大小，以表示当前值和最大值的比值。

图 9-26　动态连接

（6）动态移动：根据测点的测值，控制相应图符的位置。当一个图符对应的数据变化时，图符的位置也相应变化。

（7）动态物体：根据测点的测值变化和所在的不同范围，在成组的图符中显示满足要求的其中一个图符。即可通过显示成组图符中的某个图符，来显示测点的当前状态。

（8）动画连接：根据测点的测值变化和所在的不同范围，以相应的速度播放动画文件。

（9）画面显示：通过鼠标操作可切换到指定画面。

（10）输入数据：可输入各种类型的数据，常用于设置负荷给定值或模拟量数值。

（11）设置状态：可设置对应的测点的状态，常用于设置投退状态或开关量数值。

（12）启动流程：可启动某个顺控流程。

（13）控制操作：可对图符对应的设备进行控制操作，如机组的开机、停机操作。

（14）功率调节：可对机组的有功和无功进行调节。在运行状态，当鼠标移动至具有鼠标操作类型的动态连接图符时，光标会变成手形，表明该图符可进行操作。

图 9-26 中的每一个按钮，选中后会弹出对应的事件处理窗口，在弹出窗口中进行相应的配置。

1．示例：数据显示

在图 9-25 的画面中选中"1♯泵温度"后的文字字符"♯♯♯♯"，动态数据的字体、字符大小、颜色由该文字图符确定。点击"动态连接"按钮，在弹出的动态连接对话框中，选择"数据显示"按钮，系统弹出动态数据对话框，如图 9-27 所示。

动态连接是建立界面元素与数据库测点的联系。这里"1♯泵温度"的测值来自现场传感器，点击"I/O测点"按钮，出现"动态连接"窗口，如图 9-28 所示。

图 9-27　数据显示弹出窗

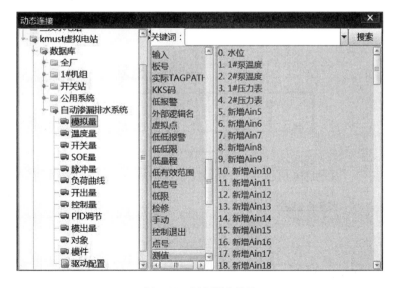

图 9-28　I/O测点选取

在数据库树中，选择动态连接测点所在的厂名、LCU 名和类型，再选择相应的测点及其属性（缺省为测值）。双击测点名，动态连接对话框关闭。如果测点及其属性满足数

图9-29 动态颜色设置

据显示连接要求，则此测点及其属性被选中，并在测点描述框中显示出来（动态连接中选择I/O测点的方法同上）。

2. 示例：动态颜色

在画面中选中一个图符，点击"动态连接"按钮，在弹出的"动态连接"对话框中，选择"动态颜色"按钮，系统弹出"动态颜色"对话框，如图9-29所示。

选择动态连接的相应测点，相应测点选择后，"测值类型"已自动指定。可根据需要，在属性栏中点击按钮或按钮，增加或减少组数。"组数"最少为2组。在属性栏中指定每一组的"低限值""高限值""图符颜色"。图符有前景色和背景色之分，可按要求选择，例如线条、文字应选择"背景变化"，填充部分应选择"前景变化"。实时运行时，测点的实测值，按照"动态颜色"属性中定义的不同组限值的范围来显示颜色。若实测值满足某组范围时，即实测值大于或等于低限值，且小于高限值时，则用相应的颜色显示图符。

在图9-29中，对"2#泵温度"这一测点，测值为0时，用绿色显示，表示关闭状态；测值为1时显示红色，表示打开状态。

十、渗漏排水系自动控制系统动态演示

首先设置停泵水位、启动主用泵水位、启动备用泵水位三个水位参数，用来控制主用泵、备用泵的自动启停。如图9-30所示：本演示示例分别设置为0.4m、1.5m、2.1m。

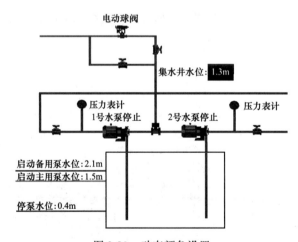

图9-30 动态颜色设置

演示系统人机界面可以显示集水井实时水位值，并提供实时水位设置接口，可以动态调整实时水位值，根据设置的水位值，演示系统动态显示水泵运行状态。如将水位值设置到1.6m，演示系统中1号水泵由停止状态变为运行状态；如继续将水位值设置到2.2m，演示系统中2号水泵也由停止状态变为运行状态，此时两台水泵同时运行；如继续将水位

调整为 0.35m，1 号水泵和 2 号水泵同时由运行状态变为停止状态。

第三节　水电站计算机监控系统实例简介

本节以云南某水电站计算机监控系统项目为例，本项目采用星形单网结构，上位机及网络设备配置 1 台主交换机、2 台主机兼操作员工作站、1 台工程师工作站、1 台通信工作站，现地控制单元配置 2 台机组 LCU、1 台开关站 LCU 以及 1 台公用辅助设备 LCU。系统网络结构如图 9-31 所示。

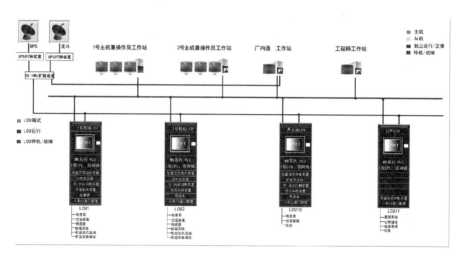

图 9-31　监控系统结构

（1）主机兼操作员工作站，主要用于监控系统数据采集、处理及系统管理，形成系统实时数据库及历史数据库。同时完成系统人机接口功能，供运行人员从事电站所有机电设备的工况监视和发布运行操作指令。

（2）工程师工作站，主要用于用户培训、调试及系统维护。

（3）通信工作站，直接从系统获取调度所需的数据，实现远动信息的直采直送；具有远动数据处理、规约转换及通信功能，满足调度自动化的要求，并具有串口和网络口输出能力，能同时适应调度数据网和专线通道与各级调度端主站系统通信的要求。

一、节点配置

新建一个项目，首先在"综合组态"工具里"系统配置"中增加所有工作站节点信息。本项目增加四个工作站节点，节点名称分别为：main1、main2、com、eng，每台配置网络地址。节点名称与网络地址的配置与操作系统主机名及网卡 IP 一致。每个节点分配"节点别名"。互为冗余的两个"节点别名"需要一致，并在"冗余节点"配置对方节点名称。"历史服务"等功能选项根据节点功能安排进行勾选，不同功能选项会配置不同进程选项。配置完成后，点击保存。具体配置如图 9-32 所示。

图 9-32　系统配置

二、分区配置

本项目只设计一个分区，完成系统节点配置保存后，打开"分区配置"功能项，点击"导入本地节点" ![图标]，将刚保存的节点配置信息导入分区配置，然后点击保存即可。分区配置如图 9-33 所示。

图 9-33　分区配置

三、驱动及数据库配置

根据电站 LCU 配置，通过"新建树"生成数据库结构树，如图 9-34 所示。

在"本地数据库"的工程下是"电站"节点，对于集控项目，可以在"工程"下建立多个电站。"电站"节点下，前面已经完成节点配置，本节根据本项目进行数据库组态配置。"全厂"为系统默认生成，一般进行综合计算点配置。"1♯机组"配置分为各种类型测点配置和"驱动配置"。

（一）驱动配置

打开数据库组态界面左侧工程树，定位到"工程→电站→数据库→1♯机组"，打开"驱动配置"，在"驱动编辑"窗口点击"添加"，根据机组现地控制单元的通信硬件接口类型选择"网络接口"或"串行接口"，当前一般使用网络接口设备较多。

选择"网络接口"类型，填写"驱动描述："内容 LCU1；"地址""端口号"可任意填写；"资源文件"内容自动生成，保存在～/NC3.0/projects.bf/drv 目录下；"节点别名"在下拉菜单中选择需要运行该驱动的节点别名；软件内置"南瑞""GE"

图 9-34　数据库配置

"施耐德"厂家 PLC，如列表中不存在，在工具栏打开"驱动管理"窗口，在驱动列表末尾添加驱动信息，包括驱动中文名称（显示描述）、驱动英文名（程序名）等，添加完点击保存;"驱动名称"在下拉列表中选择"南瑞公司 MB80 系列",在驱动扩展配置参数出现 PLC 驱动配置界面。

PLC 驱动配置界面"PLC 类型"支持主流 PLC;"PLC 模式"根据网络结构分为四种模式;"IP"根据 PLC 模式填写 IP 地址;"PID 系数"根据发电机功率单位选择:kW 时选择 1,MW 时选择 10;报警文件名默认为 MBtcpMsg.info。配置完成后点击 PLC 驱动配置界面下方的"保存"按钮和驱动编辑窗口左上角的"保存"按钮(见图 9-35)。

图 9-35 驱动配置

(二)测点配置

完成驱动配置后进行测点组态,双击"驱动配置"同级树枝下的测点类型,在顶部工具栏点击"添加行"为每种类型添加测点,并在"驱动描述"项选择"驱动配置"的驱动描述,点击"确定"。

1. 模拟量

模拟量一般包括 4~20mA 变送器、直接上送以及经压缩上送信号。4~20mA 变送器信号"算法"需选择"线性变换二",并设置高量程、低量程、高信号、低信号。直接上送的模拟量值"算法"选择"自定义"。交流采样数据一般采用压缩上送,所以"算法"需选择"反压缩算法",并根据需要设置系数 A、系数 B。

1 号机组 LCU 模拟量信号一般包括导叶开度、励磁电压、励磁电流、蜗壳压力、油泵压力、机组转速、机组三相电压、三相电流、有功、无功、频率等实际采集数据以及机组状态、开停机流程步号、有功设定值、无功设定值等计算量。

开关站 LCU 模拟量主要包括变压器温度,各交流量采集点的电压、电流、有功、无功、频率和功率因数。

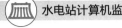

公用 LCU 模拟量主要包括集水井水位、油压装置油压、低压系统压力、中压系统压力等。

2. 温度量

温度量测点"算法"选择"自定义"，并根据缩放比例设置系数 A、系数 B，可勾选"高报警""低报警"等选项并设置相应限值。

机组 LCU 温度量信号一般包括多个定子温度、线圈温度、上导轴瓦温度、下导轴瓦温度、水导轴瓦温度等。

3. 开关量/SOE 量

开关量和 SOE 量填写测点描述，根据需要勾选光字、入历史库、语音报警等功能，设置语音号，选择一览表类型。

机组 LCU SOE 量测点主要包括机组出口断路器位置、保护动作、事故信号、过速信号等重要开关量信号，SOE 信号动作时带有毫秒级时标，用于发生事故时的分析。开关量测点包括闸门、调速、励磁、保护、制动和转速等设备的开关量信号。

开关站 LCU SOE 量测点主要包括开关站各个断路器位置信号、变压器保护信号、线路保护信号等重要信号量。开关量包括开关站各个隔离开关位置信号、接地开关位置信号、断路器其他信号等。

公用 LCU SOE 量/开关量包括水位高、水位过高、水位低、油压低、事故低油压、油压高、气压低、气压过低、气压高等启停信号以及泵的运行、手/自动等设备运行状态信号。

4. 负荷曲线

机组 LCU 负荷曲线一般设置有功负荷曲线和无功负荷曲线两个测点，并将模拟量中有功、无功测值引入负荷曲线的输入列。曲线类型常用 24h 曲线、最近 24h 曲线和设定值曲线。24h 曲线固定从 0 时开始显示曲线；最近 24h 曲线以当前时间开始显示后续 24h 的曲线，如图 9-36 所示。

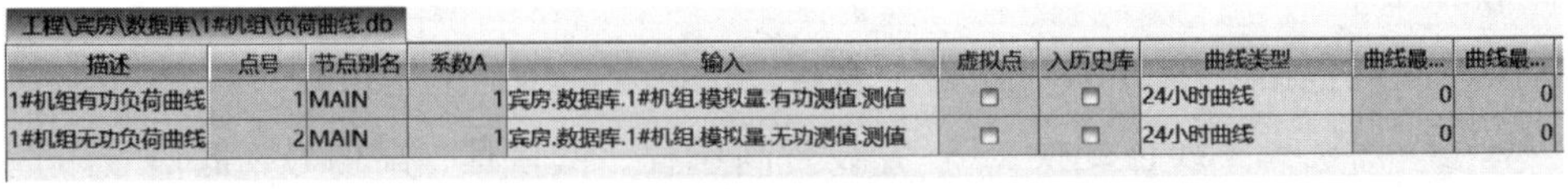

| 工程\实房\数据库\1#机组\负荷曲线.db | | | | | | | | | |
描述	点号	节点别名	系数A	输入	虚拟点	入历史库	曲线类型	曲线最...	曲线最...
1#机组有功负荷曲线	1	MAIN	1	实房.数据库.1#机组.模拟量.有功测值.测值	☐	☐	24小时曲线	0	0
1#机组无功负荷曲线	2	MAIN	1	实房.数据库.1#机组.模拟量.无功测值.测值	☐	☐	24小时曲线	0	0

图 9-36　负荷曲线配置

5. 开出量

开出量配置测点描述，勾选"上位机报警""报警"及"入历史库"，开出类型根据实际情况勾选"脉冲型"或"保持型"。

机组 LCU 开出信号主要包括分/合断路器、开/停调速励磁、调速器紧急停机、投/退制动、开/关技术供水、启动同期等信号，用于控制现地设备。

开关站 LCU 开出量主要是分/合各断路器信号、启动同期、选同期对象等信号，隔离开关、接地开关具备远控功能的也可以设置分/合隔离开关、接地开关信号。

公用 LCU 开出量主要是启/停水泵、油泵、空压机信号。

6. 控制量

控制量用于下发流程控制令，命令内容包括开出对象和开出命令，控制量配置描述、开出对象、开出命令，开出对象和开出命令需与 PLC 程序一致（见图 9-37）。

工程\宾房\数据库\1#机组\控制量.db

描述	点号	节点别名	驱动名称	虚拟点	入历史库	开出对象	开出命令
停机	1	MAIN	MODIC...	☐	☐	1	10
空转	2	MAIN	MODIC...	☐	☐	1	11
空载	3	MAIN	MODIC...	☐	☐	1	12
发电	4	MAIN	MODIC...	☐	☐	1	13
机械事故停机	5	MAIN	MODIC...	☐	☐	1	7
电气事故停机	6	MAIN	MODIC...	☐	☐	1	6
紧急事故停机	7	MAIN	MODIC...	☐	☐	1	3
清流程	8	MAIN	MODIC...	☐	☐	1	2
出口断路器同期合闸	9	MAIN	MODIC...	☐	☐	11	6
出口断路器无压合闸	10	MAIN	MODIC...	☐	☐	11	7
出口断路器分闸	11	MAIN	MODIC...	☐	☐	11	5

图 9-37　控制流程配置

机组 LCU 控制量主要包括"机组"对象的停机、空转、空载、发电、机械事故停机、电气事故停机、紧急停机令及"出口断路器"对象的同期合闸、无压合闸、分闸令。

开关站 LCU 控制量主要包括同期点断路器对象的同期合闸、无压合闸、分闸令以及非同期点断路器或隔离开关/接地开关的合闸令、分闸令。

公用 LCU 控制量根据是否需要在监控软件手动远方操作控制确定是否配置。如需在监控软件手动远方操作，则添加相应设备控制量。例如：启动1号水泵、停止1号水泵等。

7. PID 调节

机组 LCU PID 调节设置有功调节、无功调节两个测点，配置勾选"PLC 调节"，有功勾选"有功调节"，无功不勾选"有功调节"，设置"PID 步长""PID 最大值""PID 最小值""条件源"引入开关量中"有功可调""无功可调"测值，"A 系数源""B 系数源"引入模拟量中"有功""无功"测值的系数 A、系数 B，"测量源"引入模拟量中"有功测值""无功测值"的测值。

8. 对象

机组 LCU 对象包括"机组操作"和"断路器控制"，配置"描述"和"节点别名"，点击"对象编辑"，配置输入属性、控制属性、计算属性和脚本。

开关站 LCU 对象是每个需要操作的断路器和隔离开关、接地开关，配置内容及属性编辑内容与机组的对象类似。配置完对象后在画面组态图形元件上链接需要操作的对象。

公用 LCU 对象同样根据是否需要在监控软件手动远方操作控制确定是否配置。如需在监控软件手动远方操作，则添加相应设备对象并进行对象编辑。配置完对象后在画面组态图形元件上链接需要操作的对象。

以机组为例：输入属性添加机组状态，并引入模拟量中机组状态测值。

控制属性添加与机组对象控制令相同的属性，"顺控连接"链接到控制量中相应的测点，"允许条件"引入本对象的计算属性，如图 9-38 所示。

工程\宾房\数据库\1#机组\对象.db

| 输入属性 | 控制属性 | 计算属性 | 脚本编辑 |

属性号	描述	顺控连接	允许条件
9	停机	停机.测值	1#机组.对象.1#机组操作.停机允许
10	空转	空转.测值	1#机组.对象.1#机组操作.空转允许
11	空载	空载.测值	1#机组.对象.1#机组操作.空载允许
12	发电	发电.测值	1#机组.对象.1#机组操作.发电允许
13	机械事故停机	机械事故停机.测值	1#机组.对象.1#机组操作.机械事...
14	电气事故停机	电气事故停机.测值	1#机组.对象.1#机组操作.电气事...
15	紧急事故停机	紧急事故停机.测值	1#机组.对象.1#机组操作.紧急事...
16	清流程	清流程.测值	1#机组.对象.1#机组操作.清流程...

（描述选择菜单）

图 9-38　控制流程属性配置

计算属性添加闭锁信号，通过脚本计算设置闭锁信号的分合，实现控制令闭锁。

画面组态设置图形元件的动态链接时选择控制操作，打开顺控对象选择框，选择"对象"中配置的机组对象或断路器对象，保存后画面切换至运行态，鼠标点击该图形元件，就会弹出选择对象的控制面板，面板上的控制令根据计算属性的脚本运算结果可控或不可控。

（三）其他机组 LCU 配置

"2 号机组"配置与"1 号机组"基本一致，在完成"1 号机组"的驱动配置与测点配置后可通过"拷贝树""粘贴树"的方式，快捷完成"2 号机组"的驱动与组态配置。

四、画面组态

数据库组态完成后，需要进行画面组态，将实时数据库测点实时数据通过丰富的画面图元呈现给用户。常规需要制作画面索引、机组单元监视图、机组流程监视图、运行监视图、油系统图、气系统图和水系统图等，对于有 AGC/AVC 功能要求的，需要制作 AVC、AGC 操作图。

（1）画面索引，监控软件不再制作独立的画面索引画面，而是在画面划分独立区域，用于放置二级索引菜单，处于置顶状态。切换至任何画面，二级索引菜单都存在，画面切换时无须切换回画面索引（见图 9-39）。

图 9-39　画面索引

（2）机组单元监视，用于监视水轮发电机组及其相关二次设备的状态，并进行机组状态轮换的控制操作。监视信号主要包括：机组状态及单元接线各开关状态、重要温度量、机组实发有功、无功曲线及柱状图、三相电压、三相电流重要模拟量以及调速、励磁、蝶阀、技术供水等系统的重要状态。控制操作包括：机组停机、空转、空载、发电、事故停机、紧急停机，机组有功、无功调节投退和设值，断路器同期合闸、无压合闸、分闸（见图9-40）。

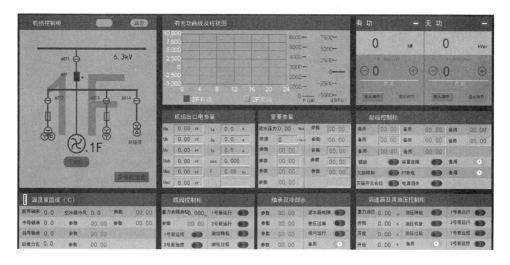

图 9-40　机组单元监控界面

（3）机组流程监视，用于监视水轮发电机组状态切换过程中，流程自动执行情况（见图 9-41）。

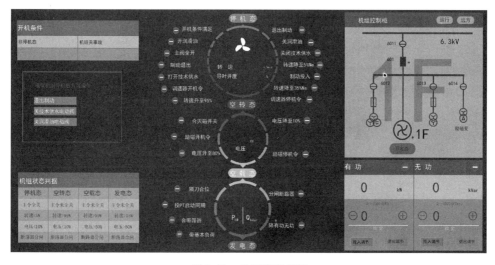

图 9-41　机组流程监视

（4）运行监视，基于电站主接线图监视全厂各间隔设备开关状态、电气量监视以及潮流，并可进行断路器的分合控制操作（见图9-42）。

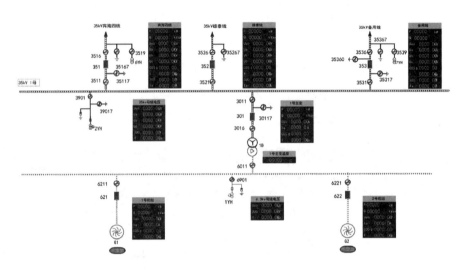

图9-42　运行监视界面

（5）气系统监视，用于监视气系统压力状态，在自动化元件丰富的情况下可以监视各个阀门的开关状态（见图9-43）。

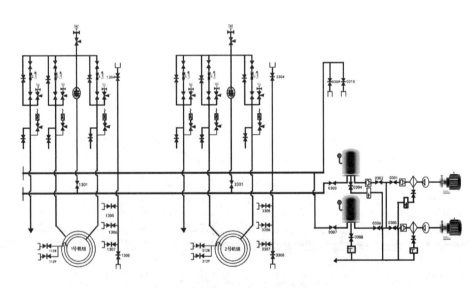

图9-43　气系统监视界面

（6）油系统监视，用于监视油系统压力、油位、油温状态（见图9-44）。

（7）水系统监视，用于监视水系统压力、示流状态、油温状态及阀门的开关状态（见图9-45）。

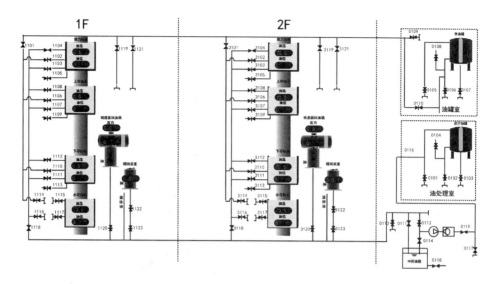

图 9-44　油系统监视界面

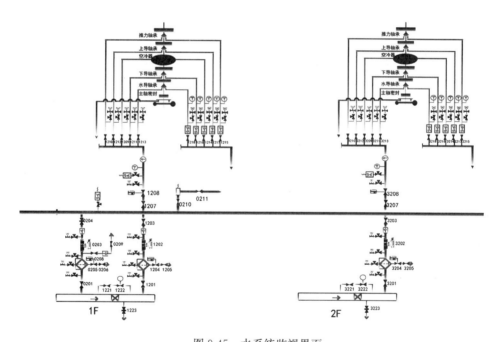

图 9-45　水系统监视界面

（8）AGC 控制监视，用于监视全厂 AGC 参数状态、各机组 AGC 投退状态，并提供全厂及单机 AGC 的投退、AGC 设值、调节方式等操作（见图 9-46）。

（9）AVC 控制监视，用于监视母线电压曲线、全厂 AVC 投退状态、调节方式、单机 AVC 投退状态、分配值等，提供全厂 AVC 投退、调节方式选择、单机 AVC 投退、AVC 无功设值等控制操作（见图 9-47）。

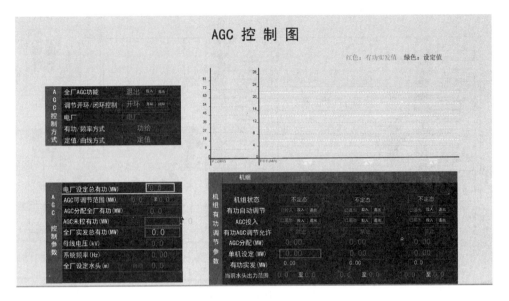

图 9-46　AGC 监视界面

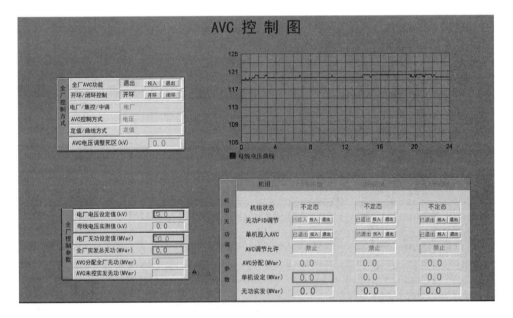

图 9-47　AVC 监视界面

附录： 监控系统控制组态设计作业

一、任务一

1. 水电站渗漏排水自动控制系统组态

参照第九章第二节快速入门的介绍，完成水电站渗漏排水自动控制系统组态（见附图1）。

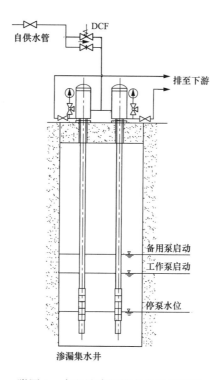

附图1 水电站渗漏排水自动控制图

2. 设计要求

（1）实时显示集水井水位、深井泵轴承温度，并绘制实时曲线。

（2）动态显示深井泵、阀门状态（红—停、绿—开）和压力表状态，管路液流流动状态。

（3）工作泵与备用泵相互切换（可按运行次数切换，也可按时间切换）。

（4）设计参考：

1）深井泵轴承温度>60℃，冷却水投入。

2) 控制参数见附表 1：

附表 1   控 制 参 数

停泵水位	1640
工作泵启动水位	1650
备用泵启动水位	1660
报警水位	1670

（5）扩展要求：提出一项提高系统可靠性的措施，并在组态设计中实现。

3. 提交上机报告（见附表 2）

附表 2   **水电站计算机监控上机任务报告单**

姓名： _____   学号： _____

运行画面截图

表 1   **水电站渗漏排水自动控制系统变量列表**

序号	点名（NAME）	类型（KIND）	说明（DESC）

表 2   **水电站渗漏排水自动控制系统脚本程序——初始条件（进入程序）**

表 3   **水电站渗漏排水自动控制系统脚本程序——运行程序（程序运行周期执行）**

二、任务二

1. 水电站油压装置自动控制系统组态

油压装置如附图 2 所示，完成水电站油压装置自动控制系统组态。

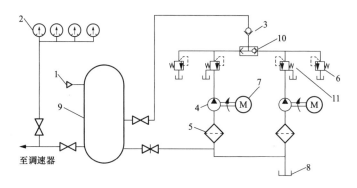

附图 2 油压装置系统图

1—气压源；2—电接点压力表；3—单向阀；4—油泵；5—过滤器；6—溢流阀（安全阀）；

7—电动机；8—回油箱；9—压力油罐；10—或门梭阀；11—顺序阀

2. 设计要求

（1）实时显示压力油罐、回油箱油位，油泵温度并绘制实时曲线。

（2）动态显示油泵、阀门状态（红—停、绿—开）和压力油罐压力状态，管路液流流动状态。

（3）压力油罐正常油位为 30%～40%；在正常油位以下，当压力降低时启动油泵。如在正常油位以上，当压力降低时则补气。

（4）工作泵与备用泵相互切换（可按运行次数切换，也可按时间切换）。

（5）设计参考：

1）油泵轴承温度＞80℃，停泵。

2）控制参数见附表 3。

附表 3　　　　　　　　　　　　控　制　参　数

停泵压力	4.0MPa
工作泵启动压力	3.8MPa
备用泵启动压力（光字牌报警）	3.6MPa
声响报警、事故低油压	3.3MPa

注　可设置一个用油设备（调速器或主阀），手动控制，当用油设备启动后油压、油位开始下降（同时回油箱油位上升）。

（6）扩展要求：在界面和控制中增加一个设计的创新点。

3. 上机报告按任务一给出的形式组织

三、任务三

1. 运行控制界面

以第五章的图 5-1 厂用电系统示意图（见附图 3）为例，设计运行控制界面。

2. 设计要求

（1）用模拟方式，显示线路运行参数（有功、无功、电压）；

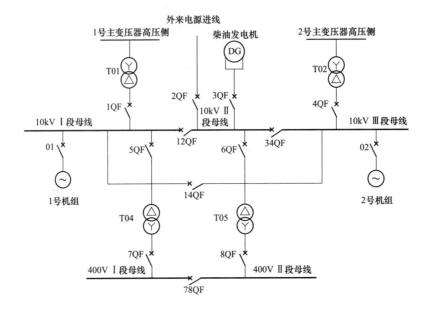

附图 3　厂用电接线图

（2）所有断路器手动（屏幕）/自动操作，可模拟厂用电供电运行控制；

（3）采用动画设计模拟系统运行状态，用流动性表示供电方向；

（4）增加历史数据窗口；

（5）扩展要求：设置 2～3 个开关故障，进行故障模拟处理和分析。

3. 上机报告按任务一给出的形式组织

参 考 文 献

[1] DL/T 578—1995，水电厂计算机监控系统基本技术条件，1995. 12.

[2] DL/T 5065—1996，水力发电厂计算机监控系统设计规定［S］. 北京：中国电力出版社，1997. 12.

[3] 汪福明，张在德，吕军. SJ-100 装置在下苇甸无人值班电站计算机监控系统中的应用［J］. 水电厂自动化，1996，4，45-48，34.

[4] 谢传萍，王亦宁，滕刚. SJ-100 型中小型水电站综合自动化系统的设计和应用［J］. 2007，水电厂自动化，2007，4，84-90.

[5] 杨树涛，王亦宁，谢传萍. 基于 MB40 智能可编程逻辑控制器的小水电综合自动化系统［J］. 水电自动化与大坝监测，2009，33（3），11-14.

[6] 王亦宁，朱辰，杨树涛，谢传萍. 小水电综合自动化系统技术现状与发展趋势［J］. 中国农村水利水电，2009，8，136-139.

[7] 程国清. 水电厂计算机监控系统改造探讨［J］. 水电厂自动化，2011，32（3），15-17，33.

[8] 谢传萍，徐进. 几种小水电综自网络系统的架构和分析［J］. 小水电，2012，5，61-63.

[9] 冯黎兵. 中小型智能水电厂体系结构与改造路线探讨［J］. 人民长江，2016，47（3），98-102.

[10] 谢传萍. CAN 总线技术在低压机组一体化装置中的应用［J］. 水电站机电技术，2016，39（6），34-35，47.

[11] 徐松，陈方毅，谢传萍，臧磊. 区域小水电站群集控系统模式设计与探讨［J］. 水电站自动化与大坝监测，2013，37（5），18-21，28.

[12] 陈遵荣，郑才华，李聪，鲁卫延，寇鑫斌. 农村小水电站互联网集成远程监控开发与设计［J］. 机械，2016，2，34-39.

[13] 龚传利，张海，陈曙东，谌斐鸣. 中小水电集控系统总体方案探讨［J］. 水电站机电技术，2016，39（8），34-37，104.

[14] 苏文辉. 湘投国际南片河流域水电站集控建设的思考［J］. 水电站机电技术，2018，41（5），29-32.

[15] 覃思师. 中小水电集控运行模式的探讨［J］. 红水河，2018，37（2），18-20.

[16] 陈怡. 集群小水电站联合运行模式研究［J］. 2020，1，45-49.

[17] 曹伟，许英坚，王劲夫，林峰. 扩大厂站模式的火溪河梯级计算机监控系统［J］. 水电站设计，2006，22（2），61-66，78.

[18] 吴建斌，王洪英. 田湾河流域梯级电站计算机监控系统［J］. 水电厂自动化，2007，2，8-12.

[19] 贺洁，阎应飞. 浅谈雅砻江流域集中控制中心计算机监控系统的设计［J］. 水电厂自动化，2012，33（4），4-9，27.

[20] 王刚，庞争争，侯飞，高志勇，杨永洪. 雅砻江流域梯级电站集控中心计算机监控系统设计［J］. 云南水力发电，2014，30（6），115-118.

［21］ 谌斐鸣，陈曙东，汪涛. 流域梯级集控及水电厂智能化建设规划初探［C］，中国水力发电工程学会信息化专委会、水电控制设备专委会，2015 年学术交流论文集，9-14.

［22］ 华涛，芮钧，刘观标，徐洁，郑健兵. 流域智能集控体系架构设计与应用［J］. 水电与抽水蓄能，2017，3（3），35-41.

［23］ 华涛，芮钧，刘观标，徐洁，郑健兵. 流域智能集控体系架构研究［J］. 水电厂自动化，2018，39（1），21-25.

［24］ 赵英宏，伍英伟，方显能. 红水河流域智慧集控与数字电厂的建设探索与研究［J］. 红水河，2019，38（6），1-4.

［25］ 黄一晟. 流域智慧集控中心建设方法与思路探讨［J］. 广西电业，2019，9，69-72，76.

［26］ 朱明星. 乌江、北盘江跨流域水电站群协调优化调度系统建设与应用［J］. 红水河，2019，38（3），4-9.

［27］ 姜海军，吴正义，汪军，戎刚，单鹏珠，杜晨辉. 抽水蓄能电站计算机监控技术发展与展望［J］. 水电自动化，2013，34（3），6-10.

［28］ 姜海军，王惠民，单鹏珠，杜晨辉，喻洋洋. 抽水蓄能电站计算机监控系统自主化历程与成就［J］. 水电与抽水蓄能，2016，2（1），63-66，102.

［29］ 刘观标，李晓斌，李永红，高磊. 智能水电厂的体系结构［J］. 水电自动化与大坝监测. 2011，35（1），1-4.

［30］ 王德宽，张毅，刘晓波，何飞跃，余江城，段振国. 智能水电厂自动化系统总体构想［J］. 水电自动化与大坝监测. 2011（1），5-9.

［31］ DL/T 1547—2016，智能水电厂技术导则［S］，2016，6.

［32］ 李文金，周明志. 浅谈智能水电厂发展方向及关键技术［C］，中国水力发电工程学会信息化专委会、水电控制设备专委会，2015 年学术交流论文集，15-19.

［33］ 冯黎兵，智能水电厂机组现地控制单元结构体系研究［J］. 中国农村水利水电，2016，10，119-112，127.

［34］ 缪益平，二滩水电厂智能化建设构想［J］. 水电厂自动化，2016，27（3），66-71.

［35］ 王德宽，文正国，黄帆. 面向对象的 H9000 V6.0 系统主要技术特征［J］. 水电站机电技术，2018，41（3），16-20.

［36］ 郑健兵，花胜强. 智能水电厂一体化管控平台关键技术研究［J］. 水电与抽水蓄能，2017，3（3），24-28.

［37］ 王栋，陈传鹏，颜佳，郭靓，来风刚. 新一代电力信息网络安全架构的思考［J］. 电力系统自动化，2016，40（2），6-11.

［38］ 胡少英，姜晓，芮钧，王铭业，曹曲. 基于 IEC 61850 的智能水电厂测试流程及关键技术研究［J］. 中国农村水利水电，2016，11，196-198.

［39］ 潘伟峰，孙尔军，朱传古，朱正伟，董阳伟，唐拥军. 智能水电厂振摆保护与状态监测装置典型设计［J］，水电与抽水蓄能，2018，4（4），48-53.

［40］ 彭滋忠，水电厂发电设备智能化设计的探讨［J］. 水电站机电技术，2018，41（5），26-28，56.

［41］ 易永辉，沈燕华，张玉宝，吕灵芝，韩宇. 新一代大型智能水电厂发变组保护装置设计及应用

[J]. 电力系统保护与控制，2018，46（7），138-143.

[42] 蔡卫江，邢红超，罗海春，徐青. 智能水电厂调速系统的设计及功能研究 [J]. 水电与抽水蓄能，2019，5（4），41-46.

[43] 高磊，李永红，郑健兵. 智能水电厂一体化数据平台设计 [J]. 水电自动化与大坝监测，2012.

[44] 芮钧，徐洁，李永红，郑健兵，赵宇，高磊. 基于一体化管控平台的智能水电厂经济运行系统构建 [J]. 水电自动化与大坝监测，2014，38（4），1-5.

[45] 赵宇，芮钧. 智能水电厂经济运行系统及其关键技术 [J]. 水电与抽水蓄能，2018，4（2），77-81，67.

[46] 乔亮亮，陈启卷. 智能水电厂状态检修辅助决策系统研究 [J]. 水电厂自动化，2013，34（4），71-74.

[47] 潘伟峰，孙尔军，朱传古. 智能水电厂主设备状态监测与状态检修技术浅析 [J]. 水电与抽水蓄能，2017，3（3），29-34，88.

[48] 李占海. 松江河梯级水电站智能化平台系统建设 [D]. 吉林大学，2013，12.

[49] 刘贵仁，姜相东. 白山电厂智能化建设方向探索 [J]. 水电站机电技术，36（3），5-6，11.

[50] 杨承熹. 多流域、多机型水电远程集控中心存在的风险及应对措施 [J]. 红水河，2019，38（3），35-38，61.

[51] 王德宽，何飞跃，张毅. ｉP9000 智能平台及其应用 [J]. 中国水利水电可以研究院学报，2016，14（5），350-355.

[52] 芮钧，徐洁，王梅枝，马军建，郑健兵，刘成俊，智能水电厂技术标准体系研究及标准现状 [J]. 水电厂自动化，2017，38（4），64-66.

[53] DL/T 578—2008，水电厂计算机监控系统基本技术条件 [S]，2008，11.

[54] DL/T 5065—2009，水力发电厂计算机监控系统设计规范 [S]，2009，12.

[55] 李鸿宇. 西藏金河瓦托水电站计算机监控系统配置 [J]. 水电与抽水蓄能，2019，5（5），66-69，74.

[56] 操俊磊，苏明勇. 基于 NC3.0 的天生桥一级水电厂监控系统上位机改造 [J]. 水电厂自动化，2016，37（1），7-9，12.

[57] 文正国，杨春霞，余静，迟海龙. 瀑布沟水电站计算机监控系统的网络设计与实现 [J]. 水电站机电技术，2010，33（3），18-21.

[58] 赵良成. 李家峡水电站水轮发电机组及监控系统改造研究 [D]. 西安理工大学，2018，6.

[59] 胡操，王靖欧. 湖北隔河岩水电厂计算机监控系统改造 [J]. 2016，37（1），4-6.

[60] 刘养涛，姜海军，李军，郭阳，靳祥林. 蒲石河抽水蓄能电站计算机监控系统简介 [J]. 水电站自动化，2013，34（1），1-4.

[61] 邵芳，徐文佳，李东. 抽水蓄能电站计算机监控系统 [C]. 可编程控制器与工厂自动化，2010，12，55-57.

[62] 操俊磊，张吉刚，仙居抽水蓄能电站计算机监控系统设计 [J]. 水电厂自动化，2017，38（5），1-5.

[63] 黄卉，徐利君，洪屏抽水蓄能电站计算机监控系统设计 [J]. 水力发电，2016，42（8），95-98.

[64] 仝亮. 冗余技术在漫湾水电站计算机监控系统中的应用 [C]. 2013 电力行业信息化年会论文集,486-490.

[65] 李镇江,王鹏宇,王雨生,孙晋东. 龙滩水力发电厂监控系统主控层优化与实现 [J]. 水力发电,2017,43 (4),44-47.

[66] 郝秀峰,刘军. 拉西瓦水电站计算机监控系统设计 [J]. 水电厂自动化,2009,30 (4),30-34.

[67] 付廷勤,沈利平,王茂元. SJ-500 型计算机监控系统在刘家峡水电厂的应用 [J],水电厂自动化,2009,30 (1),1-4.

[68] 魏巍. 丹江口水电厂监控系统改造 [J]. 水电厂自动化,2010,31 (4),14-16.

[69] 廖波,二滩水电厂计算机监控系统浅析 [J]. 水电厂自动化,2001,1,1-7.

[70] 郑德芳,韩勇,周佳. 浅析二滩水电站监控系统升级改造 [J]. 四川水力发电,2014,33 (2),111-114.

[71] 高勤. NARI-NC2000 计算机监控系统在葛洲坝二江电厂的应用 [J]. 水电厂自动化,2008,29 (4),15-19.

[72] 杜晨辉,单鹏珠,刁东海,姜海军,喻洋洋. 抽水蓄能电站监控系统 LCU 设计 [J]. 智慧工厂,2015,12,68-70,98.

[73] 李力,罗云. 向家坝水电站计算机监控系统设计及关键技术 [J]. 水电与抽水蓄能,2018,4 (4),27-33.

[74] 袁宏,文正国,陈果,任延明,王阳. 三峡右岸电站监控系统在线升级和地下电站监控接入 [J]. 水电站机电技术,2012,35 (3),32-34.

[75] 程建,瞿卫华. 三峡右岸电站监控系统的功能设计与开发 [J]. 水电站机电技术,2011,34 (3),14-16.

[76] 赵天洪. 新一代现地控制装置一 SJ-600 型 LCU [J]. 水电厂自动化,1999,4,5-8.

[77] 赵馨,陈兵阳. SJ-600 现地控制装置在珊溪电厂 4 号机组的应用 [J]. 水电厂自动化,2009,30 (2),7-9.

[78] 严杰,蔡守辉. 智能水电厂现地控制单元发展趋势 [J]. 水电自动化与大坝监测,2011,35 (2),1-4.

[79] 刘成俊,彭文才,徐方明,姜鑫. 智能水电厂现地设备研究与设计 [J]. 水电与抽水蓄能,2018,4 (2),68-72,41.

[80] 帅小乐,陈自然,陆劲松. 800MW 巨型水轮发电机组调速器有功功率调节模型优化研究 [J]. 水力发电,2014,40 (10),35-37,95.

[81] 赵传辉,陈昕,郁光,顾祥武. 水电机组开度调节超时原因分析与处理 [J]. 自动化应用,2020,118-119,125.

[82] 张伟,褚福嘉,张正松. 300MW 抽水蓄能机组振动状态监测分析诊断系统研究 [J]. 清华大学学报(自然科学版),1998,38 (4),108-112.

[83] 潘罗平,周叶,唐封,桂中华. 水轮发电机组状态监测技术的现状及展望 [J]. 水电站机电技术,2008,31 (6),1-7.

[84] 刘娟,潘罗平,桂中华,周叶. 国内水电机组状态监测和故障诊断技术现状 [J]. 大电机技术,

2010，2，45-49.

[85] 杨虹，刘刚，刘旸，李江华. 水电机组状态监测现状及发展趋势分析 [J]. 中国水利水电科学研究院学报，2014，12 (3)，300-305.

[86] 艾远高，基于虚拟现实的水电机组状态监测及分析方法研究 [D]. 华中科技大学，2012，8.

[87] Tennant，J. J.. Determination and Correction of Rotor and Stator Shapes using Air Gap Monitoring System at Wells Generating Station [C]，User Conference on Machine Condition Monitoring，Orlando，Florida，USA，2001.

[88] H. Zhu，V. Green，M. Sasic，S. Halliburto，Increased sensitivity of capacitive couplers for in-service PD measurement in rotating machines，IEEE Transactions on Energy Conversion，1999，14 (4)，1184-1192.

[89] McDermin W，Bromley J. C.，Experience with directional couplers for partial discharge measurements on rotating machines in operation [J]. IEEE Transactions on Energy Convention，1999，14 (2)：175-184.

[90] 汪鑫，李朝晖，王宏. 水轮发电机状态监测与诊断系统的研究 [J]. 大电机技术，2004，2，11-6.

[91] 陈培兴. 状态监测分析系统在大型立式离心泵组中的应用 [J]. 水电自动化与大坝监测，2011，35 (5)，24-27.

[92] 常禹，李冰，郭壁垒. 水轮发电机气隙监测技术应用 [J]. 水电自动化与大坝监测，2013，37 (2)，20-23.

[93] 童琳，张大朋. 基于 SJ-90B 装置的 SSJ-9000 机组振摆保护系统在白山水力发电厂的应用 [J]. 水电自动化与大坝监测，2013，37 (2)，50-23，64.

[94] 韩翀. SJ-9000 水电机组在线监测系统在乌金峡水电站中的应用 [J]. 水电与新能源，2018，32 (12)，55-59.

[95] 李建善. TN8000 机组振动摆度监测系统在乌溪江水力发电厂的应用 [J]. 水电厂自动化，2007，11，221-225.

[96] 孟利平，杨小松，机组状态监测系统在大唐国际水电站的应用 [J]. 水电站机电技术，2009，32 (3)，99-101.

[97] 郑宇. TN8000 水电机组状态监测系统在彭水电厂的应用 [J]. 水电与新能源，2013，增刊，7-11，16.

[98] 桂中华，潘罗平，唐澍，周叶，孙峰. HM9000 水电机组状态监测综合分析系统的开发与应用 [J]. 水电自动化与大坝监测，2007，31 (6)，32-35.

[99] 毛江. 大型水电厂设备远程状态监测与故障诊断系统的构建 [J]. 水电站机电技术，2010，33 (3)，110-112.

[100] 陈小松，何飞跃，王峥瀛，王德宽，王桂平. ｉSMA2000 一体化状态监测及趋势分析系统 [J]. 水电站机电技术，2014，37 (3)，86-87.

[101] 严映峰，黄天文，邱华. SMA2000 状态监测分析系统在瀑布沟水电站的应用研究 [J]. 水电自动化与大坝监测，2014，38 (1)，1-3.

[102] 李德银，莫祖凤，郑涛. SMA2000 状态监测趋势分析系统在溪洛渡电厂中的应用 [J]. 水电与

新能源，2016，10，44-47，78.

[103] 林礼清，陈伟，任继顺. 水口水电厂设备状态监测与诊断分析系统 [J]. 电网技术，2006，30（增刊），513-517.

[104] 宋柯，喻永松，杨军. 瀑布沟水电站水轮发电机组 PSTA2003 在线监测分析系统应用 [J]. 水电站机电技术，2010，33（6），80-83.

[105] 骆宾，孙伟. 机组状态监测系统在水布垭水电站的开发及应用 [J]. 水电与新能源，2010，4，20-24.

[106] 段云丰，蒋鹏程，钟宇翔，乔杨，王定涛，季鸿蒙，郭寻. 基于 PSTA2003 状态监测分析系统在水电厂的应用研究 [J]. 水电厂自动化，2017，38（1），37-40.

[107] 李友平，程永权，程建，司汉松，彭兵. 三峡集团公司水电厂机组设备状态监测与故障诊断中心统一平台及应用 [J]. 水电厂自动化，2013，34（3），21-24.

[108] 罗云，吴想，李时华. 向家坝水电站状态监测系统设计与应用 [J]. 水电与抽水蓄能，2019，5（4），52-55，92.

[109] 李明，孙涛. 网络化水轮机组状态监测与故障诊断系统设计 [J]. 农业工程学报，2011，27（5），213-218.

[110] 潘罗平. 基于健康评估和劣化趋势预测的水电机组故障诊断系统研究 [D]. 中国水利水电科学研究院，2013，3.

[111] 夏伟，潘罗平，周叶，谭志锋. 水电站状态监测系统与监测子系统接口技术分析 [J]. 水电站机电技术，2015，6，36-38.

[112] 谢永涛，刘俊俊，贾嵘，董开松. 灯泡贯流式机组的状态监测与故障诊断系统设计 [J]. 电网与清洁能源，2015，31（11），89-92，100.

[113] 庄明. 基于故障参数辨识的水轮发电机组综合状态监测系统研究 [J]. 水电站机电技术，2017，40（4），13-17.

[114] 黄宗碧. 人工智能技术在水电状态监测中的需求及应用 [J]. 水电与抽水蓄能，2019，5（2），8-14.

[115] 黄丽琴，汪玮，孙杰. 一次调频功能在监控系统的实现 [J]. 水电与抽水蓄能，2015，1（2），5-9.

[116] 郝秀峰，李丽，朱华. 小湾水电厂高精度自动发电控制策略的实现 [J]. 水电自动化与大坝监测，2013，37（1），1-4.

[117] 唐亚波. 提高水电机组 AGC 与一次调频调节性能的关键技术问题探究与改进 [J]. 水电站机电技术，2015，38（2），54-57.

[118] 何常胜，董鸿魁，翟鹏，苏杭，王新乐，丁永胜. 水电机组一次调频与 AGC 典型控制策略的工程分析及优化 [J]. 电力系统自动化，2015，39（3），146-151.

[119] 赵万宗，李滨，韦化，韦昌福，邓俊. 互联电网 CPS 标准下计及一次调频的最优 AGC 控制模型 [J]. 中国电机工程学报，2016，36（10），2656-2664.

[120] 胡林，申建建，唐海. 考虑复杂约束的水电站 AGC 控制策略 [J]. 中国电机工程学报，2017，37（19），5643-5654.

[121] 石发太，邓兆鹏，李世豪，刘峰. 大型水电站 AGC 运行与安全闭锁策略分析 [J]. 水电站机电

技术，2020，43（1），46，71.

[122] 路小俊，伊建伟，李炎. 基于多目标网格自适应搜索算法的储能系统参与 AGC 优化控制策略 [J]. 电网技术，2019，43（6），2116-2124.

[123] 吴正义，汤洁，邹建国，施冲. 乌江流域梯级水电站的经济运行研究 [J]. 水电厂自动化，2005，1，109-113.

[124] 贺洁，阎应飞，单鹏珠，郝秀峰. 经济运行系统在九龙河集控的实现 [J]. 水电自动化与大坝监测，2013，37（2），34-36.

[125] 唐海东，芮钧，吴正义. 基于混合蝙蝠算法的梯级水电站群优化调度研究 [J]. 2015，1（4），36-40.

[126] 芮钧，华涛，刘帅. 大规模水电站群短期发电优化调度算法改进 [J]. 水电能源科学，2017，35（11），55-58，54.